ライブ形式で理解する

量子力学入門

—現代的アプローチから—

初田泰之［著］

共立出版

まえがき

　本書は現代的な視点からの量子力学の入門用解説書です．量子力学は言うまでもなく，現代の物理学の土台であり，その応用は極めて多岐にわたります．物理学だけにとどまらず，工学，化学，数学，生物学，情報科学，コンピュータサイエンスなど分野の垣根を超えてその重要性はますます増しつつあります．つまり，量子力学は現在の自然科学の「公用語」であり，量子力学なくして現在の科学は語れません．

　このような情勢を鑑みると，大学における量子力学の教育は転換期を迎えつつあると個人的には思います．従来の理工系大学の量子力学の講義で教えられる，いわゆる波動形式の量子力学（波動力学）では波動関数の微分・積分が頻出するため，式の見た目が複雑になりがちです．標準的な教え方だと，途中からこの煩雑さを避けるためにディラックのブラ・ケット記法を導入して状態ベクトルでの記述を併用していきます．しかし，このプロセスは量子コンピュータや量子情報理論に興味がある人にとっては最初の敷居が高く回り道となりますし，さらに物理系，工学系，化学系の学生にとってさえも，記述の煩雑さゆえに初期段階で躓いてしまい，何をやっているのか状況を理解できず，それ以降はシュレーディンガー方程式の解法パターンの暗記に終止してしまうという展開に陥りがちです．特に量子力学の考え方や時間発展の記述法などの視点が欠け，結局量子力学とはどういうものなのかを理解できないまま大学を卒業していく人も多いのではないでしょうか？

　このような問題意識から本書では，できるだけ早く量子力学の本質的な部分の理解が得られるように，ディラックのブラ・ケット記法をベースとした演算子形式の量子力学から出発します．このようなアプローチの利点は，できるだけ簡単な設定（いわゆる有限準位系）で量子力学を学ぶことができ，しかもこの設定はまさに量子コンピュータや量子情報理論の舞台となるため，これらを学ぶ人にとってはうってつけのルートと言えます．物理系・工学系・化学系の学

生にとっても，まず最初に量子力学の考え方に慣れ，その理論体系を把握しておくことには大きな意味があります．本書ではこのような準備段階を経て，できるだけスムーズな流れで従来の波動形式の量子力学に移行できるように，首尾一貫した構成を心掛けました．決して波動形式を軽視しているわけではないことを強調しておきます．量子力学においてはどちらも同じくらい大事だけど，導入部としては演算子形式の方が適しているという立場です．本書の後半ではむしろ波動形式がメインになります．

　量子力学にある程度精通した方ならご存知のように，このようなスタイルは本書が初めてではありません．本書は著者が立教大学理学部物理学科3年生向けに教えている「量子力学1」の講義資料をもとにしていますが，その講義資料作成にあたっては，特に清水明著『新版 量子論の基礎』（サイエンス社）とJ. J. Sakurai著『現代の量子力学（上)』（吉岡書店）の影響を強く受けています．このような現代的なスタイルの優れた教科書がある中で本書を執筆する価値はあるのかと自問自答しましたが，著者自身の講義経験に基づいて，初めて量子力学を学ぶ読者に向けてできるだけ簡潔にそのエッセンスを解説することで，量子力学の敷居を下げることに一役買うことができるのではないかと思い執筆に至りました．また，後半には著者の研究の興味を踏まえた，他の量子力学のテキストにはあまり見られないアドバンストな内容を盛り込みました．

　本書の原稿に関して有用なコメントをくださった東京大学の桂法称氏，講義で数多くの有用な質問をしてくれた立教大学の学生諸君，また本書の執筆をすすめてくださった共立出版の中村一貴氏に心より感謝致します．

2024年12月

初田泰之

目　次

第 0 章　導　入 　　　1

0.1	量子力学へのアプローチ方法と本書の構成 ………………	1
0.2	本書を読むために必要な予備知識 …………………………	4
0.3	確認事項 ………………………………………………………	5

第 1 章　準備 — 量子力学の記述法 　　　9

1.1 ディラックのブラ・ケット記法 ………………………… 9

1.2 ブラ・ケットの応用 ……………………………………… 16

　1.2.1　正規直交基底の完全性　　16

　1.2.2　スペクトル分解　　24

　1.2.3　固有値に縮退がある場合　　31

1.3 複素ヒルベルト空間 ……………………………………… 36

　1.3.1　ヒルベルト空間　　37

　1.3.2　完備性について　　39

第 2 章　量子力学の枠組み 　　　41

2.1 メンタリティ ……………………………………………… 41

2.2 量子力学のルール ………………………………………… 42

2.3 ルール I：状態と物理量 ………………………………… 45

　2.3.1　状態について　　45

　2.3.2　物理量について　　50

iv 目 次

2.4 ルール II：ボルンの確率則 ･･････････････････････ 51

    2.4.1 状態の意味　53

    2.4.2 規格化の意味　55

    2.4.3 期待値　56

    2.4.4 固有状態は確定状態　57

2.5 ルール III：シュレーディンガー方程式 ･･････････ 60

    2.5.1 シュレーディンガー方程式の意義　61

    2.5.2 エネルギー固有状態　65

2.6 ルール IV：射影仮説 ････････････････････････････ 68

2.7 固有値に縮退がある場合 ･･････････････････････････ 71

2.8 シュレーディンガー表示とハイゼンベルク表示 ････ 74

    2.8.1 ハイゼンベルク方程式　74

    2.8.2 ボルンの確率則について　79

    2.8.3 遷移振幅　80

第3章　連続変数の量子力学　　　　　83

3.1 離散量と連続量 ････････････････････････････････････ 83

3.2 若干のルール修正 ････････････････････････････････ 86

3.3 位置演算子 ･･ 87

3.4 運動量演算子 ････････････････････････････････････ 93

    3.4.1 正準交換関係　94

    3.4.2 並進演算子の性質　95

    3.4.3 微小並進と運動量演算子　96

    3.4.4 位置表示での運動量演算子の作用　98

3.5 不確定性原理 ････････････････････････････････････ 104

    3.5.1 不確定性を表す不等式　104

    3.5.2 不確定性関係の導出　108

3.6 シュレーディンガー方程式 ････････････････････････ 111

    3.6.1 エネルギー固有状態　112

目 次　v

　　3.6.2　ハミルトニアンを知る　**113**
　　3.6.3　位置表示のシュレーディンガー方程式　**116**
　　3.6.4　波動関数の時間発展　**120**
　　3.6.5　確率の流れ　**122**

3.7　3次元への拡張 ……………………………………… 124

第4章　シュレーディンガー方程式の解析　　127

4.1　何をやっているのか？ —— 状況を理解する …………… 128

4.2　自由粒子 ……………………………………………… 130
　　4.2.1　直線上の運動　**130**
　　4.2.2　円周上の運動　**132**

4.3　井戸型ポテンシャル ………………………………… 135
　　4.3.1　無限井戸型ポテンシャル　**135**
　　4.3.2　有限井戸型ポテンシャル　**142**

4.4　デルタ関数ポテンシャル …………………………… 148

4.5　調和振動子 ……………………………………………… 151
　　4.5.1　代数的方法　**151**
　　4.5.2　解析的方法　**163**

4.6　V字型ポテンシャル ………………………………… 168

4.7　ポテンシャルによる粒子の散乱 …………………… 173

4.8　まとめと考察 ………………………………………… 178
　　4.8.1　まとめ　**178**
　　4.8.2　考察　**179**

第5章　進んだ話題　　187

5.1　混合状態と密度演算子 ……………………………… 187

5.2　合成系と部分系 ……………………………………… 193
　　5.2.1　テンソル積空間　**193**

vi 目 次

5.2.2 量子もつれ　199
5.2.3 部分トレース　200

5.3 二重井戸ポテンシャル ……………………………… 203

5.4 周期ポテンシャル ………………………………… 209
5.4.1 ブロッホの定理　209
5.4.2 マシュー・ポテンシャル　212

5.5 共鳴状態 …………………………………………… 218
5.5.1 準安定状態として　220
5.5.2 散乱の共鳴として　224

5.6 超対称量子力学 …………………………………… 227
5.6.1 厳密に解ける模型の有用性　227
5.6.2 超対称量子力学　227

5.7 $\mathcal{PT}$ 対称性 ── 非エルミート量子力学の紹介 ………… 234
5.7.1 量子力学における対称性　235
5.7.2 空間反転と時間反転　237
5.7.3 なぜ固有値が実数なのか　242
5.7.4 $\mathcal{PT}$ 対称な模型　242

補遺$\mathbf{A}$　線形代数の復習　　　251

A.1 複素ベクトル空間 ………………………………… 251
A.1.1 厳密な定義　251
A.1.2 いくつかの注意点　252
A.1.3 数ベクトル空間　253
A.1.4 別の例：多項式の空間　254

A.2 内　積 ……………………………………………… 255
A.2.1 厳密な定義　256
A.2.2 距離について　259

A.3 演算子 ……………………………………………… 261
A.3.1 厳密な定義　261
A.3.2 演算子と表現行列　261

目　次　vii

A.3.3　固有値と固有ベクトル　264

A.3.4　エルミート共役, エルミート演算子, ユニタリ演算子　267

補遺 B　特殊関数　269

B.1　ディラックのデルタ関数 ……………………………………… 269

B.2　エルミート多項式 ……………………………………………… 274

B.3　エアリー関数 …………………………………………………… 278

B.4　ベッセル関数 …………………………………………………… 280

B.4.1　ガンマ関数　280

B.4.2　ベッセル関数とハンケル関数　281

参考文献 ……………………………………………………………… 283

索　引 ………………………………………………………………… 287

第**0**章

導　入

0.1 | 量子力学へのアプローチ方法と本書の構成

　量子力学は多くの偉大な物理学者たちによって打ち立てられた 20 世紀物理学の金字塔です．これから学んでいくうちに痛感することになると思いますが，量子力学はこれまでの物理のどの分野とも似ていない全く異質な分野です．このような私たちの直観と相反する理論が自然を正しく記述すること，そしてそのような理論を人類が発見したことは非常に驚異的です．一般に「現代物理学」といえば，量子力学・相対性理論以降の物理学を指します．つまり，量子力学はまさに現代物理学の入り口です．

　伝統的なスタイルの量子力学の講義や教科書では，まず前期量子論を概観した後，古典力学におけるエネルギーの関係式に "量子化の手続き" と称した微分演算子への置き換え操作を天下り的に行うことで，波動関数の満たす微分方程式（シュレーディンガー方程式）を導き[†1]，それを出発点にして量子力学を展開していくことが多いです（いわゆる**波動形式**）．歴史に沿って量子力学を原子や分子などの微視的な世界を記述する理論として捉えると，これはもっともなアプローチではあるのですが，特に初学者にとっては記述の煩雑さに気を取られてしまい，量子力学の考え方のエッセンスを掴むのに苦労します[†2]．

[†1] あるいはほとんど同じことですが，平面波の分散関係がエネルギーの関係式を再現するように波動方程式を導入します．

[†2] 経験談です．

2 第0章 導 入

　本書では，あえて前期量子論については一切触れずに，より現代的だと思われる**演算子形式**からのアプローチを取ろうと思います．このアプローチでは，"量子化の手続き"という微分演算子への置き換え操作も比較的自然に導出できます[†3]．伝統的な量子力学のテキストとは違って，波動力学のシュレーディンガー方程式が現れるのはずっとずっと後になってです（3.6.3 項）．このようなアプローチは一見すると遠回りに思えますが，初学者が量子力学の枠組みをきちんとマスターするためには結局は最短ルートではないかと思います．

　演算子形式は簡単なセットアップで量子力学の考え方に慣れることができるというメリットがある一方で，線形代数をマスターしていないとそもそもスタートラインにすら立てないというデメリットもあります．しかし，現在の量子力学の置かれている立ち位置（量子計算や量子情報への応用）から考えて，今後はこちらが主流になると思われます．これから新たに量子力学を学ぶ人はできるだけ早くこちらの立場に慣れた方がよいでしょう．

　量子力学を学び始めるのに必要な数学は複素数と確率と微積分と線形代数です．これらがきちんとマスターできていれば，量子計算・量子情報への応用を含めて量子力学の学習が圧倒的に捗ります．複素数と確率は高校数学レベルの知識で十分です．微積分も物理を学ぶうえで必須ですので慣れている人が多いと思います．したがって，まずは線形代数と有限次元ヒルベルト空間の量子力学の習得を第 1 の目標とするのがよいでしょう．

　第 1 章では量子力学を極めて見通しよく定式化することが可能となるディラックのブラ・ケット記法を詳しく説明します．著者自身がブラ・ケット推しということもあって本書では徹頭徹尾この記法を使用します．ブラ・ケット記法ではこれまで見たことがないような表式が多く現れるので，一見すると敷居が高く感じられますが，実は真に重要な公式は完全性の関係式くらいです．この関係式を駆使すれば実にさまざまな結果を導出でき，演算子形式と波動形式を自由に行き来できるようになり，最終的には覚える事柄が激減します．

[†3] その代わりに量子力学の最低限のルール（数学の公理みたいなもの）を最初に天下り的に導入します．

第2章では有限次元ヒルベルト空間を題材に量子力学の考え方を丁寧に解説します．量子力学の本質を理解するためには，できるだけ簡単な設定で学んだ方がいいという著者の信念のもとでこのような構成にしました．有限次元ヒルベルト空間に限ることで波動形式で陥りがちな式の複雑さと数学の難しさを回避でき，本質的な部分に集中できます．ここでは，最初に量子力学の枠組みを構成する4つのルールを導入し，それを出発点として量子力学の理論を展開していきます．量子力学の登場人物，確率分布の計算方法，時間発展の記述法，測定による状態の変化などを学び，量子力学が線形代数と確率論をベースとした理論体系であることを認識してもらいます．

第3章ではミクロの世界への応用を念頭に，波動形式へ移行していきます．天下り的に波動関数のシュレーディンガー方程式を導入するのではなく，できるだけ自然な形で演算子形式から波動形式への移行を目指します．波動形式の舞台は無限次元ヒルベルト空間（とその拡張）ですが，この空間の取り扱いは数学としてはかなり高度な部類に入るので，あえて細かい数学の部分には目を瞑って議論を進めていきます．

第4章では定常状態のシュレーディンガー方程式を調べます．このような“古い題材”は現代的な量子力学の教科書では軽視されがちですが，本書では物理系，工学系，化学系の人にも対応できるように詳しく扱います．ただし簡単のために1次元問題に絞って2次元以上は扱いません．また厳密に解けるような典型的な模型を扱い，近似や数値計算の手法についてはほとんど述べません．

第5章では初学者にとっては発展的と思われる内容をいくつかピックアップします．特に他の入門書ではほとんど扱われない共鳴状態や超対称量子力学，そして近年注目を集めている $\mathcal{PT}$ 対称性を持つ量子力学模型について本書で扱える範囲で取り上げました．一部のコンピュータを使った数値計算以外は大学3年生でも計算を追えるように配慮しました．意欲的な人にとってはコンピュータを使った計算も十分フォローできると期待します．後半は著者の好みがかなり反映されています．第4章とは対照的に，典型問題としてはあまり扱われない例をできるだけ取り上げるように心掛けました．後ろに進むほど難しいので，初めて量子力学を学ぶ人は完全に理解できなくても問題はないです．

4 第 0 章 導　入

　読みながら理解を深めることができるように，説明の合間に基本的な確認問題を多数挿入しました．自習に役立つようにほとんどの問題に解答かヒントを載せてあります．自分が本当に理解できているのか，計算を自力でできるのかを自問自答しながら読み進めてください．初学者向けの入門書ということを鑑みて，硬派な教科書にありがちな難しすぎる章末問題は一切省きました．

0.2 　本書を読むために必要な予備知識

　本書は量子力学を初めて学ぶ人を想定して書かれています．物理学科の 3 年生向けの講義資料をもとにしていますが，第 1 章と第 2 章に関しては理工系大学 1 年生レベルの微積分と線形代数，それに高校数学レベルの複素数と確率の知識があれば読み進められます．物理に関する予備知識は仮定しません（が，高校で学ぶ程度の教養はあった方がいいとは思います）．

　はじめの 2 つの章を理解すれば，すぐにでも量子計算や量子情報理論の勉強に進めます．その場合は 5.1 節と 5.2 節にも目を通すことをおすすめします．線形代数は量子力学を記述するための基礎言語として特に重要です．なので，線形代数に関しては補遺 A で本書の記法に合わせたスタイルで基本事項を復習しました．

　第 3 章以降はやや敷居が高く，解析力学や波動や前期量子論の知識が多少必要になってきます．解析力学に関しては 1 自由度系のハミルトニアンの基本事項さえ知っていればなんとかなります．波動も平面波や固有振動の扱いについて知っていれば十分でしょう．第 3 章で必要となる数学（無限次元ヒルベルト空間の理論）が気になって深入りしてしまうと，物理の世界に帰って来られなくなってしまう恐れがあるので，数学に関してはおおらかな気持ちで取り組むのがいいと思います．微妙な問題点にはあえて詳しくは触れずに脚注でコメントするだけのことも多いです．量子力学で新しく必要になる特殊関数については補遺 B にまとめました．

0.3 | 確認事項

本書を読むにあたって知っておくと便利な記法や慣習をまとめておきます．物理の標準的な作法に従っています．

数と集合の記号　実数の集合 $\mathbb{R}$，複素数の集合 $\mathbb{C}$ は何の説明もなく使います．虚数単位は i で表します．変数の i と紛らわしいときがありますが，できるだけ同じ式の中には現れないように配慮します．複素数 z の複素共役は z^* で表します．

指数関数と対数関数　指数関数は基本的には e^x を使いますが，引数が複雑なときは $\exp x$ も使います．対数は自然対数の底しか出てこないので，$\log x$ を使います．文献によっては $\ln x$ を使っていることに留意してください．

オイラーの公式　これは超有名な公式ですね．量子力学でも頻繁に現れます．

$$e^{i\theta} = \cos\theta + i\sin\theta \tag{1}$$

大きさ，複素平面での位置などが即座にイメージできますか？ $e^{3\pi i/4}$，$e^{-\pi i/6}$，$e^{3\pi i/2}$ などの特別な値が素早く正確に書けますか？ 確認してください．

双曲線関数　双曲線関数は既知とします．定義は

$$\cosh x = \frac{e^x + e^{-x}}{2}, \ \sinh x = \frac{e^x - e^{-x}}{2}, \ \tanh x = \frac{\sinh x}{\cosh x} \tag{2}$$

です．上のオイラーの公式と合わせれば，$\cosh(ix) = \cos x$，$\sinh(ix) = i\sin x$ などが成り立つので，三角関数と双曲線関数は複素数の世界まで広げれば本質的に同じです．

クロネッカーのデルタ　これも便利なのでよく使います．和の公式には必ず慣れてください．

$$\delta_{ij} = \begin{cases} 1 & (i = j) \\ 0 & (i \neq j) \end{cases}, \quad \sum_j \delta_{ij} a_j = a_i \tag{3}$$

6   第 0 章   導 入

非常によく似た性質を持つものとしてディラックのデルタ関数があります
が，こちらは前提とはしないので補遺 B.1 節で解説しています．

テイラー展開とランダウ記号 O   テイラー展開（とマクローリン展開）は既知
とします．微小な量を表すときにランダウの O 記号を使います．

$$f(x + \epsilon) = f(x) + f'(x)\epsilon + \frac{f''(x)}{2!}\epsilon^2 + O(\epsilon^3) \tag{4}$$

この式は，右辺には ϵ の 3 次以上の微小な補正があるという意味です．

積分表示   積分は

$$\int_a^b f(x)dx, \quad \int_a^b dx\, f(x) \tag{5}$$

という 2 通りの書き方をします．基本的には気分で使い分けますが，強い
て言えば $f(x)$ が長い式のときは後者を使うことが多いです．

ガウス積分   個人的に最も重要な定積分だと思っています．導出できるかどう
か確認してください．

$$\int_{-\infty}^{\infty} e^{-ax^2}dx = \sqrt{\frac{\pi}{a}} \quad (a > 0) \tag{6}$$

複素積分を学んだ人は知っているはずですが，実はこの式で形式的に
$a = e^{\pi i/2} = i$ としても正しい結果が得られます（フレネル積分）．そ
こから $\cos(x^2)$ や $\sin(x^2)$ の定積分も出せます．このような安直で大胆な
拡張が功を奏すことがしばしばあります．

行列の計算   行列の積，トレース，行列式，固有値の基本的な計算はできるも
のとします．単位行列は I で表します．行列 A のトレースを $\mathrm{tr}\,A$，行列
式を $\det A$ または $|A|$ で表します．量子力学では複素数成分の行列が頻出
します．特にエルミート共役，エルミート行列，ユニタリ行列は必ず理解
しておいてください．

ゼロベクトルや恒等演算子 ゼロベクトルは面倒なので 0 と略記します. 単位行列 I や恒等演算子 $\hat{I}$ のような積の働きとして実質的に何もしないものを単に 1 と書いたり, xI を x と略したりします. 例えば行列 X の指数関数

$$e^X = 1 + X + \frac{X^2}{2!} + \frac{X^3}{3!} + \cdots \tag{7}$$

の右辺第 1 項は単位行列の意味です.

ギリシャ文字 量子力学ではギリシャ文字がよく使われます. 特に ψ (プサイ), ϕ (ファイ), φ (ファイ), Ψ (プサイ), Φ (ファイ) あたりは読み間違えやすいので注意しましょう. 初めて見る文字に出会ったら必ず読み方を確認してください.

プランク定数 前期量子論に現れる基礎物理定数であるプランク定数は

$$h = 6.62607015 \times 10^{-34}\,\mathrm{J\cdot s} \tag{8}$$

です (定義値). 量子力学では h そのものではなく,

$$\hbar := \frac{h}{2\pi} \approx 1.05457 \times 10^{-34}\,\mathrm{J\cdot s} \tag{9}$$

を使うことが圧倒的に多いです. 読み方はエイチ バーです. $\hbar$ には換算プランク定数とかディラック定数という名前がついていますが, 単にプランク定数ということも多いです. もっと先まで進むと $\hbar = 1$ となる単位系を取ることも多いのですが, 本書では $\hbar$ をきちんと書きます.

コンピュータの活用 量子力学まで来ると, 面倒な計算が結構出てきます. 既に計算方法を十分に熟知している場合は上手くコンピュータを活用することで検算したり, 時間を節約できたりします. 無料で利用できる数式処理システムとして Wolfram Alpha, SageMath などがあります. ただしコンピュータに頼りすぎると計算力の低下などの負の側面が顕在化してしまうので, 活用には十分注意してください.

第1章

準備 —— 量子力学の記述法

　この章では次章以降への準備として，量子力学を見通しよく展開するために非常に有用な記述法であるディラックのブラ・ケット記法を解説します．ここで導入する記述法は本書全体，さらには現代的な量子力学の文献で多用されるので十分に習得しておくことを推奨します．本書を読む上で知っておいた方がよい線形代数の基礎事項は補遺 A にまとめました．適宜参照しながら読み進めてください．

1.1 ディラックのブラ・ケット記法

　量子力学ではディラックが開発した**ブラ・ケット記法**が多用されます．本書では首尾一貫してこの記法を用います．ディラックの記法はベクトルと行列（正確には演算子）の表記に関する工夫です．この記法は見ただけですぐに式の構造を視覚的に読み取れるので大変優れています．この節ではウォーミングアップとして，量子力学の設定として最も簡単な複素ベクトル空間 $\mathbb{C}^2$ を例にディラックの記法を導入します．この空間は量子コンピュータの基本単位である 1 量子ビットの空間そのものです．

　出発点としてはこれまで $\vec{v}$ や $\boldsymbol{v}$ と書いていたベクトルを $|v\rangle$ と書くことにします．これを**ケットベクトル**と呼びます．省略してケットとか，あるいは単にベクトルと呼ぶこともあります．左側が縦線で，右側が折れ線です．後で出てきますが，$\langle v|$ や $\langle v|$ だと意味が全く変わるので要注意です．

10 第 1 章 準備 — 量子力学の記述法

$\mathbb{C}^2$ の場合のケットベクトルは 2 つの複素数 v_1, v_2 を成分とする列ベクトルで

$$|v\rangle = \begin{pmatrix} v_1 \\ v_2 \end{pmatrix} \quad (v_1,\ v_2 \in \mathbb{C}) \tag{1.1}$$

のように書けます[†1]. ここで, 2 つの自然な基底ベクトルを

$$|e_1\rangle = \begin{pmatrix} 1 \\ 0 \end{pmatrix}, \quad |e_2\rangle = \begin{pmatrix} 0 \\ 1 \end{pmatrix} \tag{1.2}$$

と書くことにします. 当たり前ですが, このとき任意のケットベクトルは基底ベクトル $|e_1\rangle$, $|e_2\rangle$ の線形結合で表されます.

$$|v\rangle = v_1|e_1\rangle + v_2|e_2\rangle \tag{1.3}$$

量子コンピュータの文脈では $|e_1\rangle$ と $|e_2\rangle$ の代わりに $|0\rangle$ と $|1\rangle$ で, スピンの話では $|\uparrow\rangle$ と $|\downarrow\rangle$ で表したりしますが, 見た目が違うだけで数学的な構造は全く同じです.

縦に 2 個複素数を並べたケットベクトルを 2 行 1 列の行列として見たときに, そのエルミート共役 (転置かつ複素共役) を取ったものを**ブラベクトル**と呼んで, $\langle v|$ で表します. 式 (1.1) のエルミート共役を取ると

$$\langle v| := (|v\rangle)^\dagger = \begin{pmatrix} v_1^* & v_2^* \end{pmatrix} \tag{1.4}$$

と 1 行 2 列の行ベクトルになります. ここでのブラベクトルの導入は $\mathbb{C}^2$ に特化したものですが, 初めて学ぶ段階ではとりあえずこれで十分です. 物事の理解には段階があるので, 最初から完璧を求めない方がいいです. きちんとした定義を知りたい人は補遺 A.2.1 項を見てください.

式 (1.3) のエルミート共役を取ると

$$\langle v| = \langle e_1|v_1^* + \langle e_2|v_2^* = v_1^*\langle e_1| + v_2^*\langle e_2| \tag{1.5}$$

[†1] 余裕のある人は, ベクトル空間のベクトルとは本来基底に依らない概念であり, 成分表示というのは特定の基底を定めたときに初めて現れるものであることを頭に留めておきましょう. $\mathbb{C}^2$ とは複素数 2 個を縦に並べたものの集合で, 自然に式 (1.2) のような基底が存在するので, いきなり成分表示とみなせます.

となります．係数 v_1^*, v_2^* はただの数なのでブラベクトルの前に出しても後ろの
ままでも問題ありません．

　ケットやブラはベクトルなので行列（正確には演算子）が作用することもで
きます．A を行列とすると $A|v\rangle$ はケットベクトルを表します．線形代数の講
義などで $A\vec{v}$ と書いていたものを $A|v\rangle$ と書いただけです．簡単なので成分表
示は省略します．大事なのは $A|v\rangle$ のエルミート共役を取ったときです．この
ときは

$$(A|v\rangle)^\dagger = (|v\rangle)^\dagger A^\dagger = \langle v|A^\dagger \qquad (1.6)$$

となることに注意します．$\langle v|A^\dagger$ はブラベクトルを表しています．この式変形
は超頻出なので，本書を読み進めるうちに覚えてしまうはずです．$A^\dagger$ は A に対
してエルミート共役を取った行列であり，数ではないので，$\langle v|A^\dagger$ を $A^\dagger\langle v|$ と
書いてはいけません！すぐ下で見るように，ここでやっている計算はすべて行
列の演算であり，行列には型があるので型に当てはまらない演算は許されません．

● ちょっと一言 ●

　少し脱線しますが，ケットやブラの記号の中に書かれている文字は数式では
なく，ベクトルを区別するための単なる記号（ラベル）にすぎないということを
頭の片隅に置いておくとよいです．例えば $|0+1\rangle$, $|1+0\rangle$, $|1\rangle$ はしばしば違
うベクトルとみなします．ラベルのつけ方は基本的には自由ですが，できるだ
け意味を掴みやすいようにすれば皆が幸せになれます．よく $|Av\rangle = A|v\rangle$ のよ
うな書き方をしますが，これはディラックのオリジナル記法には入っていないの
で，少し邪道な書き方です．$|Av\rangle$ の中の A を外に出したというより，$A|v\rangle$ とい
うベクトルに新しく $|Av\rangle$ という名前をつけたと思ってください．ただし，この
書き方は少し紛らわしいところがあります．例えば $\langle Av| := (|Av\rangle)^\dagger = \langle v|A^\dagger$
ですが，右辺を見たときに $A^\dagger$ が中に入れると思って $\langle A^\dagger v|$ と書いてしまうと
間違いです．ブラはケットあっての存在で，ケットが基本となります [†2]．

12 第1章 準備 — 量子力学の記述法

$\mathbb{C}^2$ の2つのケットベクトル $|v\rangle$ と $|w\rangle$ の（標準的な）内積は

$$\langle v|w\rangle = (v_1^* \quad v_2^*) \begin{pmatrix} w_1 \\ w_2 \end{pmatrix} = v_1^* w_1 + v_2^* w_2 \tag{1.7}$$

で与えられます．つまり，内積はブラとケットの行列としての積です．$|v\rangle$ と $|Aw\rangle = A|w\rangle$ との内積は

$$\langle v|Aw\rangle = \langle v|A|w\rangle \tag{1.8}$$

と書きますが，右辺は $(\langle v|A)(|w\rangle) = \langle A^\dagger v|w\rangle$ ともみなせます．つまり後者だと思えば，$|A^\dagger v\rangle = A^\dagger|v\rangle$ と $|w\rangle$ との内積になります．

問 1.1.

$\langle A^\dagger v| = \langle v|A$ を確認しなさい．

解 ケットが基本なので，まずケット $|A^\dagger v\rangle = A^\dagger|v\rangle$ から出発します．次に，エルミート共役を取ると

$$\langle A^\dagger v| = (|A^\dagger v\rangle)^\dagger = (A^\dagger|v\rangle)^\dagger = \langle v|A \tag{1.9}$$

となります．$(A^\dagger)^\dagger = A$ を使いました． ■

念のために結果を改めて書くと

$$\langle v|Aw\rangle = \langle v|A|w\rangle = \langle A^\dagger v|w\rangle \tag{1.10}$$

です．成分計算してみると，実際に成り立っていることが簡単に確かめられま

---

†2 実際，抽象的なベクトル空間ではケットはベクトルとして導入されますが，ブラを導入しようとすると線形汎関数や双対空間の概念などが現れて結構面倒です（補遺 A.2.1 項）．

す．真ん中の式が内積として $\langle v|Aw\rangle$ と $\langle A^\dagger v|w\rangle$ のどちらを表しているのか
はっきりしないというのはディラックの記法の曖昧な点なのですが，その曖昧
さ故に，逆に式の色々な解釈が可能になります．実際，ディラックの記法では
同じ式を複数の見方で見ることが非常に重要です．

　一方，ケット・ブラの順番で並べた $|v\rangle\langle w|$ は行列を表します．つまり，

$$|v\rangle\langle w| = \begin{pmatrix} v_1 \\ v_2 \end{pmatrix} \begin{pmatrix} w_1^* & w_2^* \end{pmatrix} = \begin{pmatrix} v_1 w_1^* & v_1 w_2^* \\ v_2 w_1^* & v_2 w_2^* \end{pmatrix} \tag{1.11}$$

です．内積と対比させて $|v\rangle\langle w|$ を外積ということもあります．

問 1.2.

成分表示を使って $\langle a|b\rangle^* = \langle b|a\rangle$ と $(|a\rangle\langle b|)^\dagger = |b\rangle\langle a|$ を確かめなさい．

ヒント $|a\rangle = \begin{pmatrix} a_1 \\ a_2 \end{pmatrix}$, $|b\rangle = \begin{pmatrix} b_1 \\ b_2 \end{pmatrix}$ として，自分の手を動かして愚直に計算
してください． ∎

　これらはすべて行列の演算として正しく理解できます．$A|v\rangle$ は 2×2 行列と
2×1 行列の積なので 2×1 行列，つまり列ベクトルです．$\langle v|A^\dagger$ は 1×2 行列
と 2×2 行列の積なので 1×2 行列，つまり行ベクトルです．$\langle v|w\rangle$ は 1×2 行
列と 2×1 行列の積なので 1×1 行列，すなわちただの数です．一方，$|v\rangle\langle w|$
は 2×1 行列と 1×2 行列の積なので 2×2 行列です．そうすると，例えばな
ぜ $A\langle v|$ が許されないかも納得できるでしょう．

　さて，式 (1.11) を使うと，基底 (1.2) に対しては，

$$|e_1\rangle\langle e_1| = \begin{pmatrix} 1 & 0 \\ 0 & 0 \end{pmatrix}, \quad |e_1\rangle\langle e_2| = \begin{pmatrix} 0 & 1 \\ 0 & 0 \end{pmatrix}$$
$$|e_2\rangle\langle e_1| = \begin{pmatrix} 0 & 0 \\ 1 & 0 \end{pmatrix}, \quad |e_2\rangle\langle e_2| = \begin{pmatrix} 0 & 0 \\ 0 & 1 \end{pmatrix} \tag{1.12}$$

という行列が作られるので，行列 A の成分は

14　第1章　準備 — 量子力学の記述法

$$A = \begin{pmatrix} A_{11} & A_{12} \\ A_{21} & A_{22} \end{pmatrix}$$

$$= A_{11}|e_1\rangle\langle e_1| + A_{12}|e_1\rangle\langle e_2| + A_{21}|e_2\rangle\langle e_1| + A_{22}|e_2\rangle\langle e_2|$$

$$= \sum_{i,j=1}^{2} A_{ij}|e_i\rangle\langle e_j| \tag{1.13}$$

と書くこともできます．これは "行列の基底" $|e_i\rangle\langle e_j|$ による展開とみなせます．展開係数が行列の成分に対応しています．

　面白いのは，$|v\rangle\langle w|$ は行列なので，右からケットが掛かったり，左からブラが掛かったりできます．視覚的に書くとこうです．

$$\overbrace{(|v\rangle\langle w|)}^{\text{行列}}\overbrace{(|a\rangle)}^{\text{ケット}} = \overbrace{|v\rangle}^{\text{ケット}}\overbrace{\langle w|a\rangle}^{\text{ただの数}} = |v\rangle\langle w|a\rangle = (\text{ケット}) \times (\text{係数})$$

$$\overbrace{(\langle a|)}^{\text{ブラ}}\overbrace{(|v\rangle\langle w|)}^{\text{行列}} = \overbrace{\langle a|v\rangle}^{\text{ただの数}}\overbrace{\langle w|}^{\text{ブラ}} = \langle a|v\rangle\langle w| = (\text{係数}) \times (\text{ブラ}) \tag{1.14}$$

第1式で $\langle w|a\rangle$ は，もはやただの数なので $|v\rangle$ の前に出せます．一旦ブラベクトルとケットベクトルで結合して内積の形になってしまえば，ただの数なので自由に動かせます．一方，ケット・ブラの順番の $|\cdots\rangle\langle\cdots|$ は行列なので原則動かせません．もう一度書きますが，$|v\rangle\langle w|a\rangle$ を見たときに，すぐに

$$\boxed{(\text{行列}) \times (\text{ケット}) \ \to \ |v\rangle\langle w|a\rangle \ \leftarrow \ (\text{ケット}) \times (\text{数})} \tag{1.15}$$

の2通りの見方ができるようになってください．「2通りで見る」というのがすごく大切です．$\langle v|w\rangle|a\rangle$ を $|a\rangle\langle v|w\rangle$ としてから2通りの見方をするという応用問題もあります．慣れれば自然に習得できるルールであると信じています．

　ところで，ケット単独では

$$\text{こっちからはブラと強く結合} \ \to \ |v\rangle \ \leftarrow \ \text{こっちはブラと弱く結合} \tag{1.16}$$

とみなせるので，何となく化学に出てきた原子の結合の手が思い出されます．

1.1 ディラックのブラ・ケット記法　15

表 1.1　絶対に覚えるべきブラとケットの構造.

記号	名前	反応性
$\|v\rangle$	ケット（列ベクトル）	ブラと左から強く／右から弱く結合
$\langle v\|$	ブラ（行ベクトル）	ケットと右から強く／左から弱く結合
$\langle v\|w\rangle$	ブラ・ケット（内積）	強く結合した状態
$\|v\rangle\langle w\|$	ケット・ブラ（行列）	ブラと左から／ケットと右から強く結合

強くとか弱くとかの意味はブラ・ケットの形で強く結合すると, もはやケット・ブラの弱い結合は無効になって自由に移動できるからです. まとめると表 1.1 のようになります. このルールは非常に大事ですのでゲーム感覚で必ず押さえておきましょう.

問 1.3.

成分表示を使って $(|v\rangle\langle w|)(|a\rangle) = (|v\rangle)(\langle w|a\rangle)$ を確かめなさい.

ヒント　これも $|a\rangle = \begin{pmatrix} a_1 \\ a_2 \end{pmatrix}$, $|v\rangle = \begin{pmatrix} v_1 \\ v_2 \end{pmatrix}$, $|w\rangle = \begin{pmatrix} w_1 \\ w_2 \end{pmatrix}$ として愚直に計算してください. ■

では, $|v\rangle|w\rangle$ という形はどうでしょうか? この表記は行列のルールでは許されていませんが, 通常は 2 つのベクトルの**テンソル積** $|v\rangle \otimes |w\rangle$ を省略して表していると解釈します[†3]. やや不親切な書き方ですがよく使われます. テンソル積については 5.2.1 項で扱います.

問 1.4.

成分表示を使って $\mathrm{tr}(|v\rangle\langle w|) = \langle w|v\rangle$ が成り立つことを確かめなさい.

[†3] テンソル積としての $|v\rangle|w\rangle$ と, $\langle u|v\rangle|w\rangle$ に見えているものは意味が違うので注意しましょう. この辺りは混乱を招きやすい所ではあります. 文脈から判断する必要があります.

16　第 1 章　準備 — 量子力学の記述法

> **解**　左辺の $\mathrm{tr}(|v\rangle\langle w|)$ はこれまで見たことがない形なので，思考停止しそうになるかもしれませんが，基本に立ち返って考えましょう．$|v\rangle\langle w|$ は行列なのでした．式 (1.11) より

$$\mathrm{tr}(|v\rangle\langle w|) = v_1 w_1^* + v_2 w_2^* \tag{1.17}$$

> ですが，積の順番を入れ替えれば，これは明らかに $\langle w|v\rangle$ と等しいことが分かります．この問題はブラ・ケット記法を習得すれば成分を使わずとも簡単に示せます．次節で具体的に見ます．

1.2 　ブラ・ケットの応用

　ディラックの記法を駆使すると線形代数の計算が非常に見通しよくできます．内積の表示 $\langle v|w\rangle$ はブラとケットの行列としての積と思えて，まさにブラ・ケット記法に合うようになっています．この節ではブラ・ケットを使ったテクニックを紹介します．特に 1.2.1 項で導く正規直交基底の完全性は本書全体を通じて繰り返し用いられる極めて重要な関係式なので，必ずマスターしましょう．また，この節では一般的な n 次元ベクトル空間を扱います．

1.2.1　正規直交基底の完全性

　ブラ・ケット記法は基底を使ったベクトルの展開や 2 つの基底の間の変換において特に有用です．内積が定義された n 次元複素ベクトル空間 V の正規直交基底を $|e_1\rangle, \ldots, |e_n\rangle$ としましょう．抽象的なベクトル空間を念頭に進めますが，難しく感じたら前節の一般化である複素ベクトル空間 $\mathbb{C}^n$（複素数を縦に n 個並べて作られる空間）を考えてもらっても差し支えありません．**正規直交基底**とは，それらの間の内積が

$$\langle e_i|e_j\rangle = \delta_{ij} = \begin{cases} 1 & (i = j) \\ 0 & (i \neq j) \end{cases} \tag{1.18}$$

を満たすような基底のことです．要するに互いに直交していて長さが 1 のベクトルの組のことです．前節の式 (1.2) はこの条件を満たしていることを各自で確認してください．任意の n 次元ベクトル $|v\rangle \in V$ は基底の展開として

$$|v\rangle = \sum_{i=1}^{n} v_i |e_i\rangle \tag{1.19}$$

と一意的に表せます．式 (1.3) の一般化です．ここで内積 $\langle e_j|v\rangle$ を考えると

$$\langle e_j|v\rangle = \langle e_j| \sum_{i=1}^{n} v_i |e_i\rangle = \sum_{i=1}^{n} v_i \langle e_j|e_i\rangle = \sum_{i=1}^{n} v_i \delta_{ji} = v_j \tag{1.20}$$

となるので，係数 $v_j = \langle e_j|v\rangle$ が取り出せます．これを元の式 (1.19) に代入します．

$$|v\rangle = \sum_{i=1}^{n} \langle e_i|v\rangle |e_i\rangle = \sum_{i=1}^{n} |e_i\rangle \langle e_i|v\rangle \tag{1.21}$$

 確認

> 式 (1.19) から式 (1.21) までの議論を完璧に理解しなさい．
> （何も見なくてもスラスラと導出できるという意味．）

式 (1.21) の $|e_i\rangle\langle e_i|$ の形に着目します．これは元々 $|e_i\rangle$ と $v_i = \langle e_i|v\rangle$ に分かれていたのですが，前節で説明したように $|e_i\rangle\langle e_i|$ と $|v\rangle$ の積とも思えます．何を言っているのかピンとこない人は経験値が足りていないので，前節に戻って復習しましょう．これが分からないとこの後のすべてが理解できません．

理解できたと思ったら先に進みましょう．式 (1.21) の右辺は

$$\sum_{i=1}^{n} |e_i\rangle\langle e_i|v\rangle = \left(\sum_{i=1}^{n} |e_i\rangle\langle e_i| \right) |v\rangle = \hat{M}|v\rangle \tag{1.22}$$

という風に $|v\rangle$ に何か演算子 $\hat{M}$ が掛けられたとも思えます．いきなりサラッと**演算子**という耳慣れない用語が出てきましたが，要するに "行列"（ベクトル

18 第 1 章 準備 —— 量子力学の記述法

を別のベクトルに写すもの）のことです．大学 1 年生で習った線形代数では線形変換と呼んでいたものと同じです．抽象的なベクトル空間で定義された "行列" のことを "演算子" と言っているだけです．詳細は補遺 A.3 節を参照してください．よく分からなかったら本当に行列と読み替えてください．今の段階では特に問題は起こりません．また，本書では演算子には頭にハットをつけて $\hat{A}$ のように表し，行列はハットをつけずに A の記号で表します．

ところで，式 (1.21) は $|v\rangle = \hat{M}|v\rangle$ が任意のケット $|v\rangle$ に対して成り立つと言っています．あらゆるベクトルに対して $\hat{M}|v\rangle = |v\rangle$ を満たすような演算子は恒等演算子（要するに何もしないということ）しかありえません[†4]．

結論としては，演算子 $\hat{M}$ が恒等演算子 $\hat{I}$ であることを示しています：

$$\sum_{i=1}^{n} |e_i\rangle\langle e_i| = \hat{I} \tag{1.23}$$

これは正規直交基底の**完全性**と呼ばれ，**極めて重要な式**です．この章で最も重要です．ブラ・ケットを使った非自明に見える式変形のほとんどはこの式に由来します．有限次元ならどのような正規直交基底も必ずこの性質を持ちます．なので，正規直交基底のことをしばしば完全正規直交系といったり，英語の completely orthonormal system を略して CONS といったりもします．完全性の式はこの後何回も使います．

✐ 確認 ─────────────────

今一度，式 (1.23) の導出を完璧に理解しなさい．
（何も見なくてもスラスラと導出できるという意味．）

─────────────────────────

[†4] 行列で考えてみてください．恒等演算子とは単位行列のことです．単位行列の固有値はすべて 1 に縮退しており，任意の非ゼロベクトルはいつも固有ベクトルとみなせます．このような性質を満たす行列は単位行列しかありません．

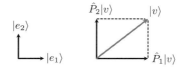

図 1.1 2次元的なベクトルの射影のイメージ図．複素ベクトル空間の抽象的なベクトルは本来矢印では表せないのですが，イメージを掴むために強引に矢印で表しています．射影演算子 $\hat{P}_i = |e_i\rangle\langle e_i|$ はベクトルを $|e_i\rangle$ の方向へ射影します．射影されたベクトルをすべての方向について足し上げれば元のベクトルが再構成され，それが基底の展開 (1.24) に他なりません．

式 (1.23) の和の中の個々の演算子 $\hat{P}_i := |e_i\rangle\langle e_i|$ はベクトルを特定の方向 $|e_i\rangle$ に射影する操作に対応します（図 1.1）．このような演算子を**射影演算子**といいます．補遺 A.3.3 項も参照してください．

この一連の操作から，考えているベクトル $|v\rangle$ に左から何もしない演算子 $\hat{I} = \sum_i |e_i\rangle\langle e_i|$ を作用させることで見かけ上，基底 $|e_1\rangle, \ldots, |e_n\rangle$ における展開が得られます．

$$|v\rangle = \hat{I}|v\rangle = \left(\sum_{i=1}^n |e_i\rangle\langle e_i|\right)|v\rangle = \sum_{i=1}^n \overbrace{|e_i\rangle}^{\text{基底}} \overbrace{\langle e_i|v\rangle}^{\text{展開係数}} \qquad (1.24)$$

この操作は非常に有用で，しばしば**完全系の挿入**と呼ばれます．無から有を生み出すところが個人的には好きです．展開係数は内積 $\langle e_i|v\rangle$ を計算すれば得られます．完全系の挿入は本当に繰り返し繰り返し何回も何回も使います．これが使いこなせればブラ・ケット記法については一人前です．

<u>例で理解する</u>

完全系の挿入は超重要な部分ですので，具体例を見ましょう．$\mathbb{C}^3$ のベクトル

$$|v\rangle = \begin{pmatrix} v_1 \\ v_2 \\ v_3 \end{pmatrix} = v_1|e_1\rangle + v_2|e_2\rangle + v_3|e_3\rangle \qquad (1.25)$$

20　第1章　準備 — 量子力学の記述法

の基底の変換を考えます. 新しい正規直交基底として例えば

$$|e_1'\rangle = \begin{pmatrix} \sin\theta\cos\phi \\ \sin\theta\sin\phi \\ \cos\theta \end{pmatrix}, \quad |e_2'\rangle = \begin{pmatrix} \cos\theta\cos\phi \\ \cos\theta\sin\phi \\ -\sin\theta \end{pmatrix}, \quad |e_3'\rangle = \begin{pmatrix} -\sin\phi \\ \cos\phi \\ 0 \end{pmatrix} \quad (1.26)$$

を選びます. $|v\rangle$ を新しい基底 $|e_1'\rangle, |e_2'\rangle, |e_3'\rangle$ で展開するのが目標です.

問 1.5.

まずは好きな方法で $|v\rangle$ を $|e_1'\rangle, |e_2'\rangle, |e_3'\rangle$ で展開してみなさい.

ヒント 典型的なやり方は $|v\rangle = v_1'|e_1'\rangle + v_2'|e_2'\rangle + v_3'|e_3'\rangle$ として係数 v_1', v_2', v_3' が満たす連立方程式を立てて解を求める方法です. 下のやり方と見比べてください. ∎

新しい基底 (1.26) での展開は完全系の挿入により

$$\begin{aligned} |v\rangle = I|v\rangle &= (|e_1'\rangle\langle e_1'| + |e_2'\rangle\langle e_2'| + |e_3'\rangle\langle e_3'|)|v\rangle \\ &= |e_1'\rangle\langle e_1'|v\rangle + |e_2'\rangle\langle e_2'|v\rangle + |e_3'\rangle\langle e_3'|v\rangle \end{aligned} \quad (1.27)$$

となります. あとは内積を真面目に計算します. 第1成分は

$$\langle e_1'|v\rangle = (\sin\theta\cos\phi \quad \sin\theta\sin\phi \quad \cos\theta)\begin{pmatrix} v_1 \\ v_2 \\ v_3 \end{pmatrix}$$

$$= v_1\sin\theta\cos\phi + v_2\sin\theta\sin\phi + v_3\cos\theta \quad (1.28)$$

と計算できます. 残りも同じように計算すれば

$$\langle e_2'|v\rangle = (\cos\theta\cos\phi \quad \cos\theta\sin\phi \quad -\sin\theta)\begin{pmatrix} v_1 \\ v_2 \\ v_3 \end{pmatrix}$$

$$= v_1\cos\theta\cos\phi + v_2\cos\theta\sin\phi - v_3\sin\theta,$$

$$\langle e_3'|v\rangle = (-\sin\phi \quad \cos\phi \quad 0)\begin{pmatrix} v_1 \\ v_2 \\ v_3 \end{pmatrix} \tag{1.29}$$

$$= -v_1\sin\phi + v_2\cos\phi$$

となります．したがって

$$\begin{aligned} |v\rangle = {} & (v_1\sin\theta\cos\phi + v_2\sin\theta\sin\phi + v_3\cos\theta)|e_1'\rangle \\ & + (v_1\cos\theta\cos\phi + v_2\cos\theta\sin\phi - v_3\sin\theta)|e_2'\rangle \\ & + (-v_1\sin\phi + v_2\cos\phi)|e_3'\rangle \end{aligned} \tag{1.30}$$

となります．

　念の為に完全性を確かめておきましょう．射影演算子 $|e_1'\rangle\langle e_1'|$，$|e_2'\rangle\langle e_2'|$，$|e_3'\rangle\langle e_3'|$ を計算します．このような計算は単なる行列の積の計算なのでどんなベクトルでも自力でできるようになってください．

$$|e_1'\rangle\langle e_1'| = \begin{pmatrix} \sin\theta\cos\phi \\ \sin\theta\sin\phi \\ \cos\theta \end{pmatrix} (\sin\theta\cos\phi \quad \sin\theta\sin\phi \quad \cos\theta)$$

$$= \begin{pmatrix} \sin^2\theta\cos^2\phi & \sin^2\theta\cos\phi\sin\phi & \cos\theta\sin\theta\cos\phi \\ \sin^2\theta\cos\phi\sin\phi & \sin^2\theta\sin^2\phi & \cos\theta\sin\theta\sin\phi \\ \cos\theta\sin\theta\cos\phi & \cos\theta\sin\theta\sin\phi & \cos^2\theta \end{pmatrix} \tag{1.31}$$

となります．

22　第 1 章　準備 — 量子力学の記述法

問 1.6.

残りの $|e_2'\rangle\langle e_2'|$, $|e_3'\rangle\langle e_3'|$ を計算して完全性を確かめなさい.

解　面倒だと思いますが, 頑張って自分の手で計算してみてください.
結果のみを書くと次のようになります.

$$|e_2'\rangle\langle e_2'| = \begin{pmatrix} \cos^2\theta\cos^2\phi & \cos^2\theta\cos\phi\sin\phi & -\cos\theta\sin\theta\cos\phi \\ \cos^2\theta\cos\phi\sin\phi & \cos^2\theta\sin^2\phi & -\cos\theta\sin\theta\sin\phi \\ -\cos\theta\sin\theta\cos\phi & -\cos\theta\sin\theta\sin\phi & \sin^2\theta \end{pmatrix}$$

$$|e_3'\rangle\langle e_3'| = \begin{pmatrix} \sin^2\phi & -\cos\phi\sin\phi & 0 \\ -\cos\phi\sin\phi & \cos^2\phi & 0 \\ 0 & 0 & 0 \end{pmatrix} \tag{1.32}$$

足せば完全性 $|e_1'\rangle\langle e_1'| + |e_2'\rangle\langle e_2'| + |e_3'\rangle\langle e_3'| = I$ がきちんと成り立っている
ことが分かります.　　　　　　　　　　　　　　　　　　　　　　　■

内積

ケットベクトル (1.21) に対して, ブラベクトルは

$$\langle v| = \sum_{i=1}^{n} \langle e_i|\langle e_i|v\rangle^* = \sum_{i=1}^{n} \langle v|e_i\rangle\langle e_i| \tag{1.33}$$

と書けるので, 今度は恒等演算子 $\hat{I} = \sum_i |e_i\rangle\langle e_i|$ を右から作用させたものと
理解できます. そうすると例えば内積はブラとケットの間に完全系を挿入する
ことで

$$\langle v|w\rangle = \langle v|\hat{I}|w\rangle = \langle v|\left(\sum_{i=1}^{n} |e_i\rangle\langle e_i|\right)|w\rangle = \sum_{i=1}^{n} \langle v|e_i\rangle\langle e_i|w\rangle = \sum_{i=1}^{n} v_i^* w_i \tag{1.34}$$

となります.

行列表示

完全系の挿入によってベクトルを基底で展開することができたように，演算子も基底で展開できます．演算子 $\hat{A}$ の左右 2 箇所に完全系を挿入すると

$$\hat{A} = \hat{I}\hat{A}\hat{I} = \sum_{i,j=1}^{n} |e_i\rangle\langle e_i|\hat{A}|e_j\rangle\langle e_j| \tag{1.35}$$

と書けます．右辺真ん中の $A_{ij} := \langle e_i|\hat{A}|e_j\rangle$ は数なので動かせます．したがって，演算子は

$$\hat{A} = \sum_{i,j=1}^{n} A_{ij}|e_i\rangle\langle e_j| \tag{1.36}$$

と表せます．これも式 (1.13) と見比べましょう．このような展開を演算子 $\hat{A}$ の正規直交基底 $\{|e_i\rangle\}$ による**行列表示**といいます．A_{ij} を成分に持つ行列 A が演算子 $\hat{A}$ の**表現行列**です [5]．同じ演算子でも基底が違えば表現行列は異なります．抽象的な説明で分かりにくいと思いますが，ざっくり言えば，抽象的な演算子を具現化したものが行列です．具現化の仕方で見え方が変わります．実際の計算では行列を使った方が色々と便利なのでこのような具現化を考えます．例えば演算子のトレースは

$$\mathrm{tr}\,\hat{A} := \mathrm{tr}\,A = \sum_{i=1}^{n} A_{ii} = \sum_{i=1}^{n} \langle e_i|\hat{A}|e_i\rangle \tag{1.37}$$

と行列のトレースとして計算できます．この式はよく使います．ここで，トレースは基底の選び方（表現行列の選び方）に依らずに常に同じ値になります．

---

[5] 式 (1.13) では演算子と表現行列を同一視してしまっていることに注意してください．これはベクトル空間として $\mathbb{C}^2$ を考えたからです．

24　第 1 章　準備 —— 量子力学の記述法

問 1.7.

$\mathrm{tr}(|v\rangle\langle w|) = \langle w|v\rangle$ を示しなさい.

解　問 1.4 では $\mathbb{C}^2$ の成分表示を使って愚直に確かめましたが, 今やトレースの式と完全性を使えば一般のベクトル空間の場合に簡単に示せます.

$$\mathrm{tr}(|v\rangle\langle w|) = \sum_{i=1}^{n} \langle e_i|v\rangle\langle w|e_i\rangle = \sum_{i=1}^{n} \langle w|e_i\rangle\langle e_i|v\rangle$$

$$= \langle w|\left(\sum_{i=1}^{n}|e_i\rangle\langle e_i|\right)|v\rangle$$

$$= \langle w|v\rangle \tag{1.38}$$

各ステップで何をしているのかを噛み締めてください.　■

　ディラックの記法の優れた点は, 公式を闇雲に覚えなくても極めて直観的な操作で即座に結果を導出できることです. 完全系の挿入（あるいは消去）で顕著に見られます. 慣れてくると皆さんもその素晴らしさに気づくと思います. ここでのテクニックはこの後の章で何回も使うので確実に身につけましょう.

1.2.2　スペクトル分解

　$\hat{A}^\dagger = \hat{A}$ を満たす演算子を**エルミート演算子**といいます [†6]. 完全性の関係を使えば, エルミート演算子の重要な性質であるスペクトル分解が直ちに導けます. 簡単のために, エルミート演算子 $\hat{A}$ の固有値は縮退していないとします. 縮退がある場合については 1.2.3 項でコメントします. $\langle v|v\rangle = 1$ を満たすベクトル $|v\rangle$ のことを**規格化**されたベクトルといいます（補遺 A.2.2 項参照）. まず以下の事実を示します.

[†6] 非常に混乱しやすいことに, 無限次元空間の場合に $\hat{A}^\dagger = \hat{A}$ を満たす演算子のことを数学では自己共役演算子といいます. エルミート演算子は別の意味を持ちます. しかし, 物理業界では有限次元, 無限次元問わずに $\hat{A}^\dagger = \hat{A}$ を満たすものをエルミート演算子と（世界中で）呼んでいます. 本書でもこの慣習に従います. 第 3 章でもう一度コメントします.

> エルミート演算子 $\hat{A}$ の固有値 a_j はすべて実数である．規格化された固有ベクトルの集合を $\{|a_j\rangle\}$ とすると，この集合は完全正規直交系になっている．ただし固有値に縮退はないと仮定する．

証明：固有値の式は

$$\hat{A}|a_j\rangle = a_j|a_j\rangle \tag{1.39}$$

です．仮定から a_j はすべて異なります．

左から $\langle a_i|$ を結合させると

$$\langle a_i|\hat{A}|a_j\rangle = a_j\langle a_i|a_j\rangle \tag{1.40}$$

となります．ここで $\hat{A}|a_i\rangle = a_i|a_i\rangle$ より $\langle a_i|\hat{A}^\dagger = \langle a_i|a_i^*$ ですが，$\hat{A}$ はエルミート演算子なので $\hat{A}^\dagger = \hat{A}$ です．したがって，右から $|a_j\rangle$ を作用させると

$$\langle a_i|\hat{A}|a_j\rangle = a_i^*\langle a_i|a_j\rangle \tag{1.41}$$

となります．式 (1.40) と式 (1.41) を比較すると

$$(a_j - a_i^*)\langle a_i|a_j\rangle = 0 \tag{1.42}$$

となります．まず $i = j$ のときを考えます．このとき

$$(a_j - a_j^*)\langle a_j|a_j\rangle = 0 \tag{1.43}$$

ですが，$|a_j\rangle$ は規格化された固有ベクトルなので，ゼロベクトルではなく，$\langle a_j|a_j\rangle = 1$ が成り立っています．よって，$a_j = a_j^*$ が得られて，エルミート演算子の固有値は実数であるというよく知られた事実が示されました．

次に $i \neq j$ のときを考えると，縮退がないことから $a_i \neq a_j$ なので $\langle a_i|a_j\rangle = 0$ です．$\{|a_j\rangle\}$ は規格化されているので，$\langle a_i|a_j\rangle = \delta_{ij}$ となって正規直交系です．∎

26　第 1 章　準備 — 量子力学の記述法

　縮退がある場合は，異なる固有値に属する固有ベクトルが互いに直交することは同様に示せますが，同じ固有値に属する固有ベクトルに関しては少し工夫が必要です．1.2.3 項で見ます．

　縮退がない場合の $\hat{A}$ の規格化された固有ベクトルは正規直交基底となることが分かったので，完全性

$$\hat{I} = \sum_{i=1}^{n} |a_i\rangle\langle a_i| \tag{1.44}$$

が成り立ちます．これを使うと

$$\hat{A} = \hat{A}\hat{I} = \sum_{i=1}^{n} \hat{A}|a_i\rangle\langle a_i| = \sum_{i=1}^{n} a_i|a_i\rangle\langle a_i| \tag{1.45}$$

となり，これをエルミート演算子の**スペクトル分解**といいます．前項の演算子の行列表示 (1.36) と見比べると，スペクトル分解は $\hat{A}$ の規格化された固有ベクトルを正規直交基底に取れば，$\hat{A}$ の行列表示が対角行列として具現化できるということを意味しています．これは行列の世界では相似変換による対角化に対応しています．トレースは

$$\mathrm{tr}\,\hat{A} = \sum_{i=1}^{n} \langle a_i|\hat{A}|a_i\rangle = \sum_{i=1}^{n} a_i \tag{1.46}$$

と固有値の和で与えられることが直ちに分かります．

問 1.8.

エルミート行列 $A = \begin{pmatrix} 1 & 2i \\ -2i & 1 \end{pmatrix}$ のスペクトル分解を求めなさい．

解　問題を解く手順としては，まず固有値を求めて，対応する規格化された固有ベクトルを求めてください．固有値，固有ベクトルの求め方を忘れ

1.2 ブラ・ケットの応用　**27**

てしまった人は A.3.3 項を見てください．大学で教えていると，固有ベクトルを正しく計算できない人が結構います．最初なので丁寧に復習しましょう．

まず，固有値を決めるために $|aI - A| = 0$ を解きます．ここで $|A|$ は行列 A の行列式のことです．

$$\begin{vmatrix} a-1 & -2i \\ 2i & a-1 \end{vmatrix} = (a-1)^2 + 4i^2 = (a-1)^2 - 4 = 0 \tag{1.47}$$

より $a = 3, -1$ と求まります．$a_1 = 3$, $a_2 = -1$ と名前をつけて，固有ベクトルを求めます．$a_1 = 3$ に対応する固有ベクトルを $|a_1\rangle$ とすると

$$A|a_1\rangle = 3|a_1\rangle, \quad |a_1\rangle = \begin{pmatrix} x \\ y \end{pmatrix} \tag{1.48}$$

と成分で表せば，

$$\begin{pmatrix} 1 & 2i \\ -2i & 1 \end{pmatrix} \begin{pmatrix} x \\ y \end{pmatrix} = 3 \begin{pmatrix} x \\ y \end{pmatrix} \tag{1.49}$$

より

$$x + 2iy = 3x, \qquad -2ix + y = 3y \tag{1.50}$$

という 2 個の関係式が得られます．これらはどちらも $y = -ix$ という同じ式を与えています．これは一般的な性質です．こうなっていないと計算ミスしています．固有ベクトルは比までしか決まりません．つまり，これだけでは x, y の値は定まりませんが，固有ベクトルの方向は決まります．もちろん，ここで言っている方向とは私たちが住んでいる空間の方向とは別です．複素ベクトル空間 $\mathbb{C}^2$ の中での方向です．縮退があると方向すら定まりません．1.2.3 項で出てきます．とにかく今は固有ベクトルの方向は $(1, -i)^T$ です[†7]．あとはこれを規格化すれば終了です．次のようになります．

[†7] T は転置 (transpose) の意味で，行列やベクトルの行と列を入れ替える操作です．なぜ転置記号を使っているかというと，固有ベクトルは本来は列ベクトルですが，スペースを節約するために行ベクトルで表したいからです．

28　第 1 章　準備 — 量子力学の記述法

$$|a_1\rangle = \frac{1}{\sqrt{2}} \begin{pmatrix} 1 \\ -i \end{pmatrix} \tag{1.51}$$

同様に $a_2 = -1$ に対応する固有ベクトルは

$$|a_2\rangle = \frac{1}{\sqrt{2}} \begin{pmatrix} 1 \\ i \end{pmatrix} \tag{1.52}$$

です．最後に $|a_1\rangle\langle a_1|$, $|a_2\rangle\langle a_2|$ を計算すれば完了です．

$$A = a_1|a_1\rangle\langle a_1| + a_2|a_2\rangle\langle a_2| = 3 \begin{pmatrix} 1/2 & i/2 \\ -i/2 & 1/2 \end{pmatrix} - \begin{pmatrix} 1/2 & -i/2 \\ i/2 & 1/2 \end{pmatrix} \tag{1.53}$$

行列の形だと分かりにくいですが，ブラ・ケットだと

$$(|a_1\rangle\langle a_1|)^2 = |a_1\rangle\langle a_1|, \quad (|a_1\rangle\langle a_1|)(|a_2\rangle\langle a_2|) = 0 \tag{1.54}$$

などの構造が一目瞭然です．　　　　　　　　　　　　　　　　■

　なお，規格化された固有ベクトルには位相因子の不定性があります．$|a\rangle \to e^{i\theta}|a\rangle$ と位相因子をずらしたとしても，やはり規格化された固有ベクトルです．実際，

$$|a\rangle\langle a| \to e^{i\theta}|a\rangle\langle a|e^{-i\theta} = |a\rangle\langle a| \tag{1.55}$$

となって行列 $|a\rangle\langle a|$ の形は変わりません．つまり，スペクトル分解においては位相因子の不定性は気にしなくても大丈夫です．

スペクトル分解の応用

　スペクトル分解が分かると，演算子の関数が簡単に計算できます（対角行列の計算が簡単なのと理屈は同じです）．例えば

$$\hat{A}^2 = \hat{A}\hat{A} = \left(\sum_{i=1}^{n} a_i|a_i\rangle\langle a_i| \right) \left(\sum_{j=1}^{n} a_j|a_j\rangle\langle a_j| \right)$$

$$= \sum_{i,j=1}^{n} a_i a_j |a_i\rangle \langle a_i | a_j \rangle \langle a_j| = \sum_{i,j=1}^{n} a_i a_j |a_i\rangle \delta_{ij} \langle a_j|$$

$$= \sum_{i=1}^{n} a_i^2 |a_i\rangle \langle a_i| \tag{1.56}$$

となります．あるいは次のように考えてもよいです．$\hat{A}|a_i\rangle = a_i |a_i\rangle$ のとき $\hat{A}^2 |a_i\rangle = a_i^2 |a_i\rangle$ なので，$\hat{A}^2$ の固有ベクトルは $\hat{A}$ のものと全く同じです．エルミート演算子 $\hat{A}^2$ のスペクトル分解が式 (1.56) です．この考え方の方が計算量が少なくて行も節約できますね．

同様に，$\hat{A}^k$ は

$$\hat{A}^k = \sum_{i=1}^{n} a_i^k |a_i\rangle \langle a_i| \tag{1.57}$$

となります．もっと一般に $F(x)$ を変数 x の適当な関数とすると

$$F(\hat{A}) = \sum_{i=1}^{n} F(a_i) |a_i\rangle \langle a_i| \tag{1.58}$$

と計算できます．例えば指数関数 $e^{\hat{A}}$ や対数関数 $\log \hat{A}$ なども

$$e^{\hat{A}} = \sum_{i=1}^{n} e^{a_i} |a_i\rangle \langle a_i|$$
$$\log \hat{A} = \sum_{i=1}^{n} \log a_i |a_i\rangle \langle a_i| \tag{1.59}$$

によって簡単に計算できます（次の問を参照）．

問 1.9.

エルミート行列 $B = \begin{pmatrix} 2 & i \\ -i & 2 \end{pmatrix}$ に対して，B^k, e^{-tB}, $\log B$ を計算しなさい．

30　第 1 章　準備 — 量子力学の記述法

解　まず B のスペクトル分解を求めます．固有値，固有ベクトルは先ほどと同じようにして求めてください．結果だけを書くと次のようになります．

$$b_1 = 1, \quad |b_1\rangle = \frac{1}{\sqrt{2}} \begin{pmatrix} 1 \\ i \end{pmatrix}, \quad |b_1\rangle\langle b_1| = \begin{pmatrix} 1/2 & -i/2 \\ i/2 & 1/2 \end{pmatrix}$$

$$b_2 = 3, \quad |b_2\rangle = \frac{1}{\sqrt{2}} \begin{pmatrix} 1 \\ -i \end{pmatrix}, \quad |b_2\rangle\langle b_2| = \begin{pmatrix} 1/2 & i/2 \\ -i/2 & 1/2 \end{pmatrix} \tag{1.60}$$

このとき固有値の和が $\operatorname{tr} B$ と等しくなっていなかったり，$|b_1\rangle\langle b_1|$ と $|b_2\rangle\langle b_2|$ がエルミート行列になっていなかったり，それらを足してみて単位行列になっていなかったりしたら，どこかで計算を間違えているということになります．簡単に検算できるものは忘れずにやりましょう．B のスペクトル分解は

$$B = \begin{pmatrix} 1/2 & -i/2 \\ i/2 & 1/2 \end{pmatrix} + 3 \begin{pmatrix} 1/2 & i/2 \\ -i/2 & 1/2 \end{pmatrix} \tag{1.61}$$

となります．したがって，答えは

$$B^k = 1^k \begin{pmatrix} 1/2 & -i/2 \\ i/2 & 1/2 \end{pmatrix} + 3^k \begin{pmatrix} 1/2 & i/2 \\ -i/2 & 1/2 \end{pmatrix} = \frac{1}{2} \begin{pmatrix} 1 + 3^k & -i + 3^k i \\ i - 3^k i & 1 + 3^k \end{pmatrix}$$

$$e^{-tB} = \begin{pmatrix} e^{-2t} \cosh t & -i e^{-2t} \sinh t \\ i e^{-2t} \sinh t & e^{-2t} \cosh t \end{pmatrix}, \quad \log B = \frac{\log 3}{2} \begin{pmatrix} 1 & i \\ -i & 1 \end{pmatrix} \tag{1.62}$$

です．■

　　固有値にゼロがあると非常に間違いやすいので要注意です．実際の例を見てみましょう．行列

$$A = \begin{pmatrix} 1 & 1 \\ 1 & 1 \end{pmatrix} \tag{1.63}$$

のスペクトル分解を考えます．固有値は $a_1 = 2$ と $a_2 = 0$ です．規格化された固有ベクトルは

$$|a_1\rangle = \frac{1}{\sqrt{2}} \begin{pmatrix} 1 \\ 1 \end{pmatrix}, \qquad |a_1\rangle\langle a_1| = \frac{1}{2} \begin{pmatrix} 1 & 1 \\ 1 & 1 \end{pmatrix}$$

$$|a_2\rangle = \frac{1}{\sqrt{2}} \begin{pmatrix} 1 \\ -1 \end{pmatrix}, \quad |a_2\rangle\langle a_2| = \frac{1}{2} \begin{pmatrix} 1 & -1 \\ -1 & 1 \end{pmatrix} \tag{1.64}$$

となります．したがって，A のスペクトル分解は

$$A = 2 \cdot \frac{1}{2} \begin{pmatrix} 1 & 1 \\ 1 & 1 \end{pmatrix} + 0 \cdot \frac{1}{2} \begin{pmatrix} 1 & -1 \\ -1 & 1 \end{pmatrix} = 2 \cdot \frac{1}{2} \begin{pmatrix} 1 & 1 \\ 1 & 1 \end{pmatrix} \tag{1.65}$$

となって見かけ上は A そのものです．e^A を計算してみましょう．この最後の式を使って

$$e^A \overset{\text{誤り}}{=} e^2 \cdot \frac{1}{2} \begin{pmatrix} 1 & 1 \\ 1 & 1 \end{pmatrix} \tag{1.66}$$

と計算してしまうと間違いです．正しくは式 (1.65) の真ん中の式を使って

$$e^A = e^2 \cdot \frac{1}{2} \begin{pmatrix} 1 & 1 \\ 1 & 1 \end{pmatrix} + e^0 \cdot \frac{1}{2} \begin{pmatrix} 1 & -1 \\ -1 & 1 \end{pmatrix} = \frac{1}{2} \begin{pmatrix} e^2+1 & e^2-1 \\ e^2-1 & e^2+1 \end{pmatrix} \tag{1.67}$$

としないといけません．同じように A^k の計算では

$$A^k = 2^k \cdot \frac{1}{2} \begin{pmatrix} 1 & 1 \\ 1 & 1 \end{pmatrix} + 0^k \cdot \frac{1}{2} \begin{pmatrix} 1 & -1 \\ -1 & 1 \end{pmatrix} \tag{1.68}$$

となります．$k \geq 1$ のときはこの式の右辺第 2 項はゼロになりますが，$k = 0$ のときは第 2 項を無視できません．このときは $A^0 = I$ となるためには $0^0 = 1$ とみなさないといけません．このように，固有値にゼロが含まれる場合のスペクトル分解は非常に間違えやすいので注意しましょう．

1.2.3　固有値に縮退がある場合

エルミート演算子の固有値に縮退がある場合のスペクトル分解についてコメントします．まず，分かりやすいように次のような行列の例で考えます．

32　第 1 章　準備 — 量子力学の記述法

$$A = \begin{pmatrix} 0 & -1 & 1 \\ -1 & 0 & -1 \\ 1 & -1 & 0 \end{pmatrix} \tag{1.69}$$

この行列の固有値は 2 と -1 であり，固有値 -1 は 2 重に縮退しています．

$$a_1 = 2, \quad a_2 = a_3 = -1 \tag{1.70}$$

とラベルをつけます．ラベルのつけ方は自由です．$a_1 = 2$ に対応する固有ベクトルは

$$|a_1\rangle = \frac{1}{\sqrt{3}} \begin{pmatrix} 1 \\ -1 \\ 1 \end{pmatrix} \tag{1.71}$$

と取れます．一方，固有値 -1 に対応する固有ベクトルを $(x, y, z)^T$ とすると，これらは

$$x - y + z = 0 \tag{1.72}$$

を満たします．3 次元ベクトルにもかかわらず条件式が 1 個しか出てきません．つまり，式 (1.72) は 3 次元空間の中の 2 次元平面を表しており，この平面が固有値 -1 の固有空間に他なりません．固有値が 2 重に縮退しているので固有空間は 2 次元です．この 2 次元固有空間の正規直交基底の選び方は無数にあります．例えば

$$|a_2\rangle = \frac{1}{\sqrt{2}} \begin{pmatrix} 1 \\ 1 \\ 0 \end{pmatrix}, \quad |a_3\rangle = \frac{1}{\sqrt{6}} \begin{pmatrix} 1 \\ -1 \\ -2 \end{pmatrix} \tag{1.73}$$

はその 1 つです．見つけ方は，まず式 (1.72) を満たす (x, y, z) を適当に選んでそれを規格化してください．次に，それと直交して，かつ式 (1.72) を満たす (x, y, z) を改めて探してください．今の例だとこれで余裕で見つかりますが，次元が大きくなると辛いです．その場合は先人の偉大なアルゴリズムを使わせてもらいます．後で見ます．

1.2 ブラ・ケットの応用 **33**

問 1.10.

これらが A の固有値 -1 に対応する固有ベクトルであることと $|a_1\rangle$, $|a_2\rangle$, $|a_3\rangle$ は正規直交性を満たすことを確かめなさい.

ヒント 前半は式 (1.72) を満たすことを確かめてください. 後半は頑張りましょう. ∎

このとき $|a_1\rangle$, $|a_2\rangle$, $|a_3\rangle$ は元のベクトル空間の正規直交基底になっているので完全性の関係

$$|a_1\rangle\langle a_1| + |a_2\rangle\langle a_2| + |a_3\rangle\langle a_3| = I \qquad (1.74)$$

が確かめられます. I は 3 次の単位行列です.

問 1.11.

式 (1.74) を実際に確かめなさい.

解 真面目に計算すると

$$|a_1\rangle\langle a_1| = \frac{1}{3}\begin{pmatrix} 1 & -1 & 1 \\ -1 & 1 & -1 \\ 1 & -1 & 1 \end{pmatrix}$$

$$|a_2\rangle\langle a_2| = \frac{1}{2}\begin{pmatrix} 1 & 1 & 0 \\ 1 & 1 & 0 \\ 0 & 0 & 0 \end{pmatrix} \qquad (1.75)$$

$$|a_3\rangle\langle a_3| = \frac{1}{6}\begin{pmatrix} 1 & -1 & -2 \\ -1 & 1 & 2 \\ -2 & 2 & 4 \end{pmatrix}$$

が得られるので足してみてください. ∎

34　第 1 章　準備 — 量子力学の記述法

したがって，スペクトル分解はこれまでと同様に

$$A = a_1|a_1\rangle\langle a_1| + a_2|a_2\rangle\langle a_2| + a_3|a_3\rangle\langle a_3| \tag{1.76}$$

で与えられるので，縮退がある場合もスペクトル分解の形は特に変わらないといえます．注意すべき点は固有空間の正規直交基底を取ってくるところですが，これも線形独立な固有ベクトルを 1 組選んで**グラム・シュミットの正規直交化法**を使えば簡単に作れます．以下では，一般の場合についてブラ・ケット記法を用いて解説しておきます．

まず，線形独立なベクトル $|v_1\rangle, |v_2\rangle, \ldots, |v_n\rangle$ を適当に取ってきます．これらを使って次のような直交系を再帰的に構成します．

$$|w_k\rangle := |v_k\rangle - \sum_{j=1}^{k-1} \frac{\langle w_j|v_k\rangle}{\langle w_j|w_j\rangle}|w_j\rangle \qquad (k = 1, 2, \ldots, n)$$

「再帰的に」とは $k = 1$ から順番にという意味です．右辺には $k-1$ までの和があるので $k-1$ までの $|w_j\rangle$ が分かっていれば，$|w_k\rangle$ は求まります．最後にこれらを規格化して，正規直交系 $|e_1\rangle, |e_2\rangle, \ldots, |e_n\rangle$ を得ます．

さて，この結果は以下のように書き換えられます．和の中に現れる

$$\frac{|w_j\rangle\langle w_j|v_k\rangle}{\langle w_j|w_j\rangle} = |e_j\rangle\langle e_j|v_k\rangle, \quad |e_j\rangle = \frac{|w_j\rangle}{\sqrt{\langle w_j|w_j\rangle}} \tag{1.77}$$

は $|v_k\rangle$ の $|e_j\rangle$ 方向への射影に他なりません．つまり

$$|w_k\rangle = \left(\hat{I} - \sum_{j=1}^{k-1} |e_j\rangle\langle e_j|\right)|v_k\rangle \qquad (k = 1, 2, \ldots, n) \tag{1.78}$$

と簡単に書けます．この表式から $|w_k\rangle$ は $|e_1\rangle, \ldots, |e_{k-1}\rangle$ のすべてと直交していることがすぐに分かります．つまり，$|e_1\rangle, \ldots, |e_{k-1}\rangle, |e_k\rangle$ はすべて互いに直交するノルムが 1 のベクトルです．これを続けていけば確かに n 次元空間の正規直交系が得られます．

式 (1.76) に戻りましょう．固有値が a の固有空間を $W(a)$ と書くことにします．$P_2 := |a_1\rangle\langle a_1|$, $P_{-1} := |a_2\rangle\langle a_2| + |a_3\rangle\langle a_3|$ はそれぞれ固有空間 $W(2)$,

1.2 ブラ・ケットの応用 **35**

$W(-1)$ への射影演算子になっています. 今の例の場合は $a_1 = 2, a_2 = a_3 = -1$ なので

$$A = 2|a_1\rangle\langle a_1| - (|a_2\rangle\langle a_2| + |a_3\rangle\langle a_3|) = 2P_2 - P_{-1} \tag{1.79}$$

と書くこともできます. 式 (1.79) もスペクトル分解の一種です.

問 1.12.

> P_2, P_{-1} が $W(2)$, $W(-1)$ への射影になっていることを確かめなさい.

解 縮退がない $P_2 = |a_1\rangle\langle a_1|$ が射影演算子であることは既に確かめています. $P_{-1} = |a_2\rangle\langle a_2| + |a_3\rangle\langle a_3|$ より $AP_{-1} = -P_{-1}$ が成り立つので任意のベクトル $|v\rangle$ に対して $P_{-1}|v\rangle$ は固有値 -1 の固有ベクトルになっています. $|v\rangle$ を動かせば $P_{-1}|v\rangle$ は $W(-1)$ の任意のベクトルを生成します. さらに $P_{-1}^2 = P_{-1}$ も確かめられるので, P_{-1} は固有空間 $W(-1)$ への射影演算子です.

念のために P_{-1} の方を成分で愚直に確かめてみます. まず

$$P_{-1} = \frac{1}{3}\begin{pmatrix} 2 & 1 & -1 \\ 1 & 2 & 1 \\ -1 & 1 & 2 \end{pmatrix} \tag{1.80}$$

です. 任意の 3 次元ベクトルを $|v\rangle = (X, Y, Z)^T$ とすると,

$$P_{-1}|v\rangle = \frac{1}{3}\begin{pmatrix} 2X + Y - Z \\ X + 2Y + Z \\ -X + Y + 2Z \end{pmatrix} \tag{1.81}$$

となりますが, $P_{-1}|v\rangle = (x, y, z)^T$ と改めて書けば, x, y, z は固有空間 $W(-1)$ の式 (1.72) を満たします. つまり, $|v\rangle$ が P_{-1} によって固有空間 $W(-1)$ 内のベクトルに射影されます. ∎

36 第 1 章 準備 — 量子力学の記述法

行列 P_{-1} は固有空間 $W(-1)$ の正規直交基底の選び方に依らないことに注意します. 例えば

$$|a_2'\rangle = \frac{1}{\sqrt{2}}\begin{pmatrix} 1 \\ 0 \\ -1 \end{pmatrix}, \quad |a_3'\rangle = \frac{1}{\sqrt{6}}\begin{pmatrix} 1 \\ 2 \\ 1 \end{pmatrix} \tag{1.82}$$

もまた $W(-1)$ の正規直交基底を与えますが, このときも $P_{-1} = |a_2'\rangle\langle a_2'| + |a_3'\rangle\langle a_3'|$ が成り立ちます [†8]. これは完全性の関係 $P_2 + P_{-1} = I$ からも理解できます. どのような基底を選んで P_{-1} を計算しようとも必ず $P_{-1} = I - P_2$ になります.

一般にはエルミート演算子 $\hat{A}$ の完全性とスペクトル分解は射影演算子を用いて

$$\hat{I} = \sum_a \hat{P}_a \qquad \hat{A} = \sum_a a\hat{P}_a \tag{1.83}$$

の形で表すことができます. 和は $\hat{A}$ の相異なる固有値すべてについて取ります. $\hat{P}_a$ は固有値 a の固有空間 $W(a)$ への射影演算子です. 縮退がない場合はすべての固有値 a に対して $\hat{P}_a = |a\rangle\langle a|$ なので以前のものと完全に一致します.

1.3 複素ヒルベルト空間

いよいよ量子力学の舞台となるヒルベルト空間を導入します. 実は見た目はそんなに大したことはありません.

[†8] この事実はこの関係式が固有空間に制限したときの完全性の関係式と解釈できることを意味します. 実際, 射影演算子 P_{-1} は $P_{-1}^2 = P_{-1}$ より固有空間 $W(-1)$ の任意のベクトルを不変に保つので恒等演算子と同じ働きをします.

1.3.1 ヒルベルト空間

複素ベクトル空間（有限次元でも無限次元でもよい）で次の性質を満たすものを**複素ヒルベルト空間**という．

(I) 内積空間である．
(II) 完備である．

定義としてはこれだけです．(I) は線形代数で既に学習済みですので [†9]，(II) の完備性が問題です．これは初学者には難しいのですぐ後で少しだけコメントしますが，深入りはしません．つまり，本書ではヒルベルト空間という高尚な用語を使いますが，実際は内積が定義されたベクトル空間とほとんど同義です．数式風に

$$\text{ヒルベルト空間} \overset{\text{本書}}{=} \text{ベクトル空間} + \text{内積} + O(\text{完備})$$

という近似的態度で進めます．有限次元の場合は $O(\text{完備})$ の部分は自動的に満たされます．これまで見てきた n 次元ベクトル空間 V は内積 $\langle \cdots | \cdots \rangle$ によってそのまま n 次元複素ヒルベルト空間の例になっています．なので，特に新しいことが必要になるわけではないです．これ以降も特に断らない限り，もっぱら複素ヒルベルト空間について考えます．

無限次元のヒルベルト空間の具体例を 1 つだけ取り上げます．ℓ^2 と呼ばれる空間です．どういう空間かというと，複素無限数列 $\{a_n\}_{n=1}^{\infty}$ の中で

$$\sum_{n=1}^{\infty} |a_n|^2 < +\infty \tag{1.84}$$

を満たすものだけを集めた集合です．この不等式の意味は左辺の和が有限でその値が確定しているということです．$\mathbb{C}^n$ と同じように，ℓ^2 の数列 $\{a_n\}_{n=1}^{\infty}$ の各項を縦に並べた無限個の成分を持つ形式的なベクトル

[†9] 必要な線形代数については補遺 A にまとめました．

38　第1章　準備 —— 量子力学の記述法

$$|a\rangle = \begin{pmatrix} a_1 \\ a_2 \\ \vdots \end{pmatrix} \quad (a_i \in \mathbb{C}) \tag{1.85}$$

の形で書くと分かりやすいです．ℓ^2 の2つのベクトル $|a\rangle$ と $|b\rangle$ の内積は

$$\langle a|b\rangle := \sum_{n=1}^{\infty} a_n^* b_n \tag{1.86}$$

で定義されます．そうすると，式 (1.84) は $|a\rangle$ のノルムの2乗 $\langle a|a\rangle$ が有限であるという条件に他なりません．式 (1.84) を使えば式 (1.86) の内積が有限であることが示せます．この内積の下で ℓ^2 は完備であることが示され，ヒルベルト空間であることが分かります．各ベクトルは無限個の成分を持つので無限次元ヒルベルト空間です．驚くべきことに，すべての無限次元ヒルベルト空間は ℓ^2 と本質的に同じです[†10]．これは任意の n 次元内積空間が正規直交基底を定めれば，複素ユークリッド空間 $\mathbb{C}^n$ と同一視できることの無限次元バージョンです．

● ちょっと一言 ●

　次の章では，この章と同様に有限次元の複素ヒルベルト空間のみを扱います．つまり，内積空間と同義です．個人的な見解ですが，有限次元の場合だけで量子力学の基本的な枠組みは十分に習得できます．

　無限次元になると，だいぶ趣が変わり数学が一気に難しくなります．この場合はかなり誤魔化しながら進めていくことになります．なぜなら頑張って無限次元ヒルベルト空間の理論を厳格に解説したとしても，第3章であっさりヒルベルト空間に収まらないベクトルが出てきます．そのような状況に対処するためにヒルベルト空間の拡張，あるいは連続スペクトルの理論を厳格に解説しようとすると，やることが多すぎて全然物理に進めません．数学の習得に要する時間と物理における有用性が割に合っていません．それよりも物理を学ぶ上で大事なのは，ちょっといい加減な数学を使って議論をしているということを認

[†10] 証明については例えば文献 [21] などを見てください．

識しておくことだと思います．そうしておけば，仮に物理としておかしな結果に達してしまったとしても，いい加減な数学で進めてしまったからだと気づくことができます．しかし，この認識を持っておかないと，おかしな帰結から即座に量子力学はおかしな理論に違いないという結論に達しかねません．

一応，どの部分の数学が難しくて間違えやすいかをコメントしておきます．以下の内容が理解できなくても，次章以降の話を理解するうえでは特に支障はないです．無限次元では非有界というクラスに属する演算子の扱いが難しいです[†11]．演算子は関数と同じように空間のどんな元に対しても常に定義されているわけではなく，演算子ごとに作用することができるヒルベルト空間内の部分領域があって，これを定義域とかドメインといいます．有界な演算子では無限次元ヒルベルト空間でもこのドメインは問題にならないのですが，非有界な演算子の場合はドメインをきちんと扱わないと誤った結論に達してしまうことがあります．そして，幸か不幸か波動形式に現れる演算子で主役となる位置演算子，運動量演算子，ハミルトニアン演算子はすべて非有界演算子です．したがって，数学的に厳格にやるにはこれらの演算子のドメインを気にしながら進める必要があります．しかし，量子力学を初めて学ぶ段階で，これらのことに気を取られてしまうと，肝心の物理の理解が疎かになってしまうので，現実問題としてはおかしなことに直面したときに初めて真剣に対処するという姿勢で十分だと思います．とにかく量子力学の演算子にはこのようなヤバい問題があるんだと頭の片隅に置いておけば大丈夫でしょう．

1.3.2 完備性について

ここは数学が得意な人向けです．完備性とは，実数の連続性に相当する概念です．実際，実数の連続性は実数の完備性ともいいます．

完備性を説明するために，まずコーシー点列を導入します．距離が定義されたベクトル空間 V 内の点列 $\{|x_n\rangle\}$ $(n = 0, 1, 2, \dots)$ を考えます．この点列が

[†11] ヒルベルト空間 $\mathcal{H}$ 上の演算子 $\hat{A}$ が **有界**であるとは，任意の $|v\rangle \in \mathcal{H}$ に対して $\|Av\| \le C\|v\|$ となる定数 C が存在することです．有界でない演算子はすべて**非有界**な演算子です．

40 第1章 準備 —— 量子力学の記述法

$$\lim_{\substack{n \to \infty \\ m \to \infty}} \|x_n - x_m\| = 0 \tag{1.87}$$

を満たすとき，V 内のコーシー点列といいます．$\|v\|$ はベクトル $|v\rangle$ のノルムです．定義は A.2.2 項を参照してください．$\|x_n - x_m\|$ で2つのベクトル $|x_n\rangle$ と $|x_m\rangle$ の距離を表しています．n, m を大きくしていくと，$|x_n\rangle$ と $|x_m\rangle$ の間の距離が縮まっていくと言っているので，直観的には $\{|x_n\rangle\}$ がどんどんある "ベクトル" に近づいていっているイメージです．ここで，近づいていった先が V 内のベクトルかどうか分からないので "・" を付けて "ベクトル" と書きました．この点がまさに完備性の問題点で，コーシー点列の行った先の "ベクトル" が V の中に入っているかどうかです．

どんなコーシー点列に対しても行った先がやはり V 内のベクトルのとき V は**完備**であるといいます．V の中のベクトルしか使ってないんだからそんなの当たり前じゃないかと思われるかもしれませんが，例えば次のような数列を考えてみてください．

$$a_{n+1} = \frac{a_n}{2} + \frac{1}{a_n}, \quad a_1 = 1 \tag{1.88}$$

いわゆるニュートン法で $\sqrt{2}$ の近似値を計算するための数列です．簡単に示せるように，数列 $\{a_n\}$ はどれも有理数に値を取ります．一方，a_n が $n \to \infty$ で行った先の値は $\sqrt{2}$ なのでこれは有理数の中には入っていません．これは有理数が完備でないことを示しています．これと同じように $\{|x_n\rangle\}$ すべては V の中に入っているが，行った先の "ベクトル" は V の中に入っていないという可能性はありえます．性質 (II) は，ヒルベルト空間ではそのようなことは起こらないと言っています．

イメージとしてはヒルベルト空間は，ベクトルでびっしり埋められていて隙間がない連続的な空間という感じでしょうか．有理数の場合は "隙間" に無理数が入っています．有限次元の内積空間だと完備性は当たり前なんですが，無限次元だとそうとも言えないというのがいやらしい所です．

第2章

量子力学の枠組み

　この章は本書で最も重要なパートです．いわゆるコペンハーゲン解釈に基づく量子力学の考え方を導入します[†1]．しばしば**演算子形式**と呼ばれます．次の章ではこの形式から出発して波動力学を導きます．（演算子形式と対比させて**波動形式**といいます．）この章では有限次元の複素ヒルベルト空間だけを扱い，特に断らない限りはその次元を d とします．

2.1 メンタリティ

　量子力学の理論体系は古典力学のそれとは全く異なります．サッカーとアメフトくらい違います．つまり，古典力学（サッカー）の延長線上に量子力学（アメフト）があるという考え方では，その理論体系（ルールや戦術）を理解するのはそもそも難しいと言わざるを得ません．量子力学を現実に適用しようとすると，どうしても古典力学とのアナロジーや整合性が必要になるのですが，量子力学の考え方そのものを学ぶ段階では，古典力学の考え方は特に必要ありません．むしろ古典力学の直観にこだわるのはデメリットですらあります．

　古典力学と量子力学はどれくらい違うのかを簡単にまとめます．まず，量子力学では全く同一の条件の下である物理量を測定したとしても，その値は一般には毎回違った値になります（**ボルンの確率則**，2.4 節）．つまり，物理量の測定結

[†1] 量子力学の別の定式化として多世界解釈というのもありますが，現在ではコペンハーゲン解釈が完全に主流ですので，その道のプロ以外はコペンハーゲン解釈だけ知っておけば十分でしょう．

42　第2章　量子力学の枠組み

果は確率的にばらつきます．特に，どのような運動状態においても位置と運動
量の値を同時にばらつきなく決める（測定する）ことはできません（**不確定性原
理**，3.5節）．さらに，ボルンの確率則の帰結として物理量（の測定結果）の時間
発展を確定的に予測することができません．これは運動方程式を知らないとか
解けないのではなく，運動方程式（**シュレーディンガー方程式**，2.5節）を知っ
ていてそれを完全に解いたとしても，それでもなお測定結果の時間発展を確定
的に予測することは原理的に不可能だという主張です[†2]．私たちが運動方程式
を解いて知ることができるのは，物理量の観測値の**確率分布**の時間発展です．

　このように，古典力学と量子力学ではそもそも考え方が全く違うため，これ
までのノリで量子力学を学ぼうとしてもほぼほぼ理解できません．量子力学で
は確率をベースに物事を考える必要があります．多くの人が量子力学で挫折す
る要因がこの考え方のギャップにあると言っても過言ではありません．なので，
古典力学の常識は一旦忘れましょう．

2.2 ｜ 量子力学のルール

　古典力学の常識を忘れ去ってもらったところで，有限次元ヒルベルト空間に
おける量子力学のルールを宣言します．これらはルールなので，なぜそうなっ
ているのかなどはあまり考えない方がよいです．サッカーでなぜキーパー以外
は手を使ってはいけないのかとか，将棋でなぜ角は斜めにしか動けないのかを
問うようなものです．これらのルールがなぜできたのかという歴史的な経緯は
もちろんあるのですが，それ自体はゲームをプレイするうえではどうでも良く
て，詰まるところそれで自然現象を正しく記述できるからです．いくら理論が
直観に反していて不自然でも，現象を正しく記述するなら物理学としては受け
入れるしかありません[†3]．量子力学ができ上がって約100年間経ちますが，こ

[†2] 古典統計力学でも確率を使った扱いをしますが，ここで言っていることとは根本的に異な
ります．

[†3] もちろん「もっと自然な理論があるはずだ」という主張はありえます．量子力学に関して
もそのような問題提起はなされていましたが，現在まで量子力学に置き換わるような標準
的な理論は発見されていません．

こで採用するルールはフォン・ノイマンが 1932 年に整備したものがほぼそのまま引き継がれています．90 年近く変更を受けずに残っている強固なルールです[†4].

量子力学のルールに従う系を**量子系**といいます．対比させて，古典力学に従う系は**古典系**です．ほとんどのルールが次章で考える無限次元ヒルベルト空間でも通用します．各ルールは次節以降で詳しく解説していきます．

量子力学のルール（有限次元バージョン）

  I. 状態は複素ヒルベルト空間の規格化されたケットベクトルで表され，**物理量**（または**可観測量**）はヒルベルト空間上のエルミート演算子で表される．

 II. **ボルンの確率則**：状態 $|\psi\rangle$ の下で，物理量 $\hat{A}$ の測定を行ったとき，得られる値は $\hat{A}$ の固有値のいずれかである．測定によって固有値 a が得られる確率は $P(a|\psi) = |\langle a|\psi\rangle|^2$ で与えられる．$|a\rangle$ は $\hat{A}$ の固有値 a に対応する固有状態である．

III. **シュレーディンガー方程式**：閉じた量子系，およびそれに準ずる系の状態 $|\psi(t)\rangle$ の時間発展は微分方程式

$$i\hbar\frac{d}{dt}|\psi(t)\rangle = \hat{H}|\psi(t)\rangle \tag{2.1}$$

によって記述される．$\hat{H}$ は**ハミルトニアン**と呼ばれるエルミート演算子であり，$\hbar$ は換算プランク定数である．

 IV. **射影仮説**：状態 $|\psi\rangle$ の下で，物理量 $\hat{A}$ の測定を行って縮退のない固有値 a を得たとき，測定直後の状態は $|\psi_{\text{after}}\rangle = |a\rangle$ で与えられる．

[†4] ただし，現在ではルール IV（射影仮説）はボルンの確率則と合成系・部分系に関する別のルールから導出できるという立場を取ることが標準的です．そのためには一般的な測定まで扱う必要があり，本書のレベルを超えてしまうので射影仮説をあらかじめ与えられるルールとして採用します．量子力学の入門としてはそれで十分だと思います．

44　第 2 章　量子力学の枠組み

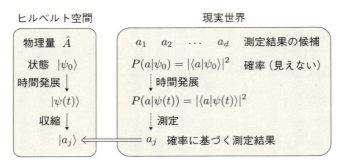

図 2.1　量子力学の世界観のイメージ図．量子力学ではヒルベルト空間という理論上の世界と現実世界の出来事を切り分けて考える必要があります．シュレーディンガー方程式は状態の時間発展を記述するので "あっち側" の出来事です．

　以上です．本書ではこれらに従って量子力学の理論を展開していきます．補助的な理解のために量子力学の世界観を図 2.1 に示しました．まず注目してもらいたいのが，ここで採用した量子力学のルールでは古典力学との関係について一切何も言及していません．量子力学の純粋な理論的枠組みは古典力学のそれとは無関係です．しかしながら，私たちが住んでいる現実の（ミクロの）世界を量子力学によって記述しようとすると，前期量子論での知見から，必然的に古典力学と無関係ではいられません．ボーアの対応原理を思い出しましょう．後の章で見るように，平行移動やハミルトニアンの具体的な形を予想するときに古典力学とのアナロジーを使いますが，今は必要ありません．

　本章の目標はこれらのルールを紐解いて，量子力学の理論的枠組みを正しく理解していくことです．歴史的な経緯は気にしません．さまざまな物理現象との関係を見るにはもう少し拡張が必要で，これは次章で取り組みます．この章で学ぶ考え方は量子力学全体で通用する基本的な考え方であることを強調しておきます．なので，ここで躓いてしまうと挽回が大変です．あと，ヒルベルト空間という高尚な名前に怯まないでください．前章でコメントしたように実質的に内積が定義されたベクトル空間に過ぎません．これらのルールを見渡すと，量子力学における主な登場人物はケットベクトルと演算子だと分かります．つまり，量子力学は線形代数の言葉で記述されることになります．まだ線形代数に慣れてない人は第 1 章（と補遺 A）に戻って十分に復習しましょう．

2.3 ルールⅠ：状態と物理量

> **ルールⅠ**
> 状態は複素ヒルベルト空間の規格化されたケットベクトルで表され，物理量（または可観測量）はヒルベルト空間上のエルミート演算子で表される．

　まずはこの主張について検討します．ルールⅠは量子力学の主な登場人物である**状態**と**物理量**に関する記述です．ルールⅠの文の意味自体は簡単です．量子系の状態はケットベクトルであり，物理量はエルミート演算子である，それだけです．問題はこの状態と物理量というキーワードがどのような役割を果たすのかです．このことを理解するにはルールⅡ以降を詳しく検討する必要があるので，この点に関しては次節まで保留とします．ここではそれぞれの数学的な側面を見ておきましょう．

2.3.1 状態について

　状態はケットベクトルで表されるので**状態ベクトル**ともいいます．また，量子力学のヒルベルト空間のことをしばしば**状態空間**といったりもします[†5]．大事なのはこのケットが規格化されていることです．つまり，状態 $|\psi\rangle$ と言ったときは $\|\psi\| = 1$ が前提になっています．本書でも状態と言ったらノルムは 1 に規格化されているとします．実際にはノルムで書くより内積の形で

$$\|\psi\|^2 = \langle\psi|\psi\rangle = 1 \tag{2.2}$$

[†5] 非常に細かい点ではありますが，状態空間を文字通り「状態すなわち規格化されたケットベクトル（の中で位相の違いを同一視したもの）の集合体」として定義すると，これはヒルベルト空間ではないのですが，面倒なのでしばしば状態空間とヒルベルト空間（ノルムが 1 以外のケットベクトルも含むし，位相の違うベクトルも区別する）を同一視します．

46　第 2 章　量子力学の枠組み

と表すことが多いです．規格化という言葉を聞いた瞬間にこの式が思い浮かぶくらいになってください．なぜ規格化されている必要があるのかはルール II のところで明らかになります．また，固有ベクトルのうち規格化されているものを固有状態といいます．

ヒルベルト空間の正規直交基底を適当に取ってきて，状態 $|\psi\rangle$ を

$$|\psi\rangle = \sum_{j=1}^{d} c_j |e_j\rangle \tag{2.3}$$

と展開したとします．（正規直交基底として何らかの物理量の固有ベクトルを取ってくることが多いのですが，今は何でも構いません．）このとき上の条件は

$$\langle\psi|\psi\rangle = \sum_{j=1}^{d} |c_j|^2 = 1 \tag{2.4}$$

となります．

問 2.1.

$\langle\psi|\psi\rangle = \displaystyle\sum_{j=1}^{d} |c_j|^2$ を示しなさい．

解　正規直交条件は $\langle e_i|e_j\rangle = \delta_{ij}$ です．ノルムの 2 乗は

$$\langle\psi|\psi\rangle = \sum_{i,j=1}^{d} \langle e_i|c_i^* c_j|e_j\rangle = \sum_{i,j=1}^{d} c_i^* c_j \langle e_i|e_j\rangle = \sum_{i,j=1}^{d} c_i^* c_j \delta_{ij} = \sum_{j=1}^{d} |c_j|^2 \tag{2.5}$$

となります．正規直交基底の完全性を真ん中に挿入したと思ってもいいです．

$$\langle\psi|\psi\rangle = \langle\psi| \left(\sum_{j=1}^{d} |e_j\rangle\langle e_j| \right) |\psi\rangle = \sum_{j=1}^{d} \langle\psi|e_j\rangle\langle e_j|\psi\rangle = \sum_{j=1}^{d} |\langle e_j|\psi\rangle|^2 \tag{2.6}$$

ここで $c_j = \langle e_j|\psi\rangle$ です．この見方は次節のボルンの確率則と関係するので重要です．慣れるまでは色々な方法で計算してみましょう．　∎

前章で見たように，規格化されたベクトルに**位相因子** $e^{i\theta}$ を掛けてもやはりノルムは 1 のままです．つまり，$|\psi\rangle$ が状態ベクトルのとき，$e^{i\theta}|\psi\rangle$ も状態ベクトルです．次節で見るように，量子力学では状態として $e^{i\theta}|\psi\rangle$ のうちのどれか 1 つを代表として選べば十分です．つまり，これらをすべてひっくるめた

$$\{e^{i\theta}|\psi\rangle \mid \theta \in \mathbb{R}\} \tag{2.7}$$

という集合を考えて，これらをすべて同一視したものが 1 つの状態を表します．数学では**射線**という名前が付いていますが，初学者はあまり気にする必要はありません．

量子ビットの話

最も簡単な 2 次元ヒルベルト空間 $\mathbb{C}^2$ の状態ベクトルについて考えます．量子ビットの基本単位となるものです．正規直交基底を $\{|0\rangle, |1\rangle\}$ とすると，状態 $|\psi\rangle$ は

$$|\psi\rangle = \alpha|0\rangle + \beta|1\rangle \tag{2.8}$$

と重ね合わせで書けます．$\alpha = \langle 0|\psi\rangle$ と $\beta = \langle 1|\psi\rangle$ は複素数で，規格化条件

$$\langle\psi|\psi\rangle = |\alpha|^2 + |\beta|^2 = 1 \tag{2.9}$$

を満たします．$|\alpha|, |\beta|$ は非負実数なので

$$|\alpha| = \cos\frac{\theta}{2}, \quad |\beta| = \sin\frac{\theta}{2} \quad (0 \le \theta \le \pi) \tag{2.10}$$

とパラメータ表示できます．後述の理由により，θ の取り得る範囲が $0 \le \theta \le \pi$ となるように三角関数の引数を調整しています．さて，α, β 自体は複素数なので極形式で表したときに位相因子を持ちますが，既に述べたように $|\psi\rangle$ の全体に掛かる位相因子は，状態としては同じものを与えるだけなので自由に選べます．ここではこの全体の位相を，α が実数になるように選びます[†6]．このとき，

[†6] 念のために式で書いておくと，α, β の位相因子をそれぞれ $e^{i\phi_1}, e^{i\phi_2}$ とすると

$$|\psi\rangle = e^{i\phi_1}\cos\frac{\theta}{2}|0\rangle + e^{i\phi_2}\sin\frac{\theta}{2}|1\rangle = e^{i\phi_1}\left(\cos\frac{\theta}{2}|0\rangle + e^{i(\phi_2-\phi_1)}\sin\frac{\theta}{2}|1\rangle\right)$$

と書き直せるので，全体位相 $e^{i\phi_1}$ を落とします．

48　第2章　量子力学の枠組み

規格化条件 (2.9) を満たす実数 α と複素数 β として

$$\alpha = \cos\frac{\theta}{2}, \quad \beta = e^{i\phi}\sin\frac{\theta}{2} \tag{2.11}$$

というパラメータ表示が可能です. つまり, 2次元の状態は一般に

$$|\psi\rangle = \cos\frac{\theta}{2}|0\rangle + e^{i\phi}\sin\frac{\theta}{2}|1\rangle \tag{2.12}$$

の形で表せます. これを状態の**ブロッホ表示**といいます. パラメータ θ, ϕ の取る範囲は $0 \le \theta \le \pi$ かつ $0 \le \phi < 2\pi$ です. $0 < \theta < \pi$ かつ $0 \le \phi < 2\pi$ のとき, 状態はすべて異なることが分かります. $\theta = 0, \pi$ のときは ϕ に依らずに $|0\rangle$ または $|1\rangle$ に対応します. これはちょうど2次元球面の極座標表示とパラメータ領域が一致するので, 式 (2.12) の状態は3次元空間 $\mathbb{R}^3$ 内の単位球面

$$(\sin\theta\cos\phi, \ \sin\theta\sin\phi, \ \cos\theta) \tag{2.13}$$

上の点とちょうど一対一で対応します. この球を**ブロッホ球**といいます. 図2.2 を見てください.

　例えば次のような対応があります.

$$
\begin{array}{ll}
(0,0,1) \leftrightarrow |0\rangle & (0,0,-1) \leftrightarrow |1\rangle \\[4pt]
(1,0,0) \leftrightarrow \dfrac{|0\rangle + |1\rangle}{\sqrt{2}} =: |+\rangle & (-1,0,0) \leftrightarrow \dfrac{|0\rangle - |1\rangle}{\sqrt{2}} =: |-\rangle \\[8pt]
(0,1,0) \leftrightarrow \dfrac{|0\rangle + i|1\rangle}{\sqrt{2}} =: |+i\rangle & (0,-1,0) \leftrightarrow \dfrac{|0\rangle - i|1\rangle}{\sqrt{2}} =: |-i\rangle
\end{array} \tag{2.14}
$$

ここで $\{|+\rangle, |-\rangle\}$, $\{|+i\rangle, |-i\rangle\}$, $\{|0\rangle, |1\rangle\}$ はそれぞれ行列

$$\sigma_x = \begin{pmatrix} 0 & 1 \\ 1 & 0 \end{pmatrix}, \quad \sigma_y = \begin{pmatrix} 0 & -i \\ i & 0 \end{pmatrix}, \quad \sigma_z = \begin{pmatrix} 1 & 0 \\ 0 & -1 \end{pmatrix} \tag{2.15}$$

の規格化された固有ベクトルです. $\sigma_x, \sigma_y, \sigma_z$ は**パウリ行列**と呼ばれます. ブロッホ球を使えば2次元状態ベクトルを視覚的に理解できます.

2.3 ルール I：状態と物理量　49

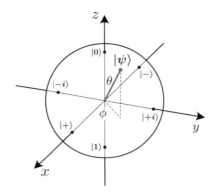

図 2.2 ブロッホ球による 2 次元量子状態（1 量子ビット状態）の視覚的表現．単位球面上の点が 1 つの量子状態に対応します．各座標軸との交点はちょうど 3 つのパウリ行列の固有ベクトルと対応します．

問 2.2.

ブロッホ球上の点 $(1/\sqrt{2}, -1/\sqrt{2}, 0)$ に対応する状態を $|0\rangle$ と $|1\rangle$ の線形和で表しなさい．

解　パラメータ θ, ϕ を決める式は

$$\sin\theta\cos\phi = \frac{1}{\sqrt{2}}, \quad \sin\theta\sin\phi = -\frac{1}{\sqrt{2}}, \quad \cos\theta = 0 \tag{2.16}$$

です．したがって $\theta = \pi/2, \phi = 7\pi/4$ と決まります．答えは

$$\frac{1}{\sqrt{2}}|0\rangle + \frac{1-i}{2}|1\rangle \tag{2.17}$$

となります．■

2.3.2 物理量について

次に物理量について見ていきます．位置や運動量などは物理量の例です．量子力学では物理量のことを**可観測量**とか**観測可能量**とか呼んだりもします．私たちが実際に測定によって観測できる量という意味です．英語のまま**オブザーバブル** (observable) ということも多いですが，どれも同じ意味です．

既に示したように，エルミート演算子の固有値は実数です．したがって，物理量は必ず実数値として観測されます．また，この章では有限次元ヒルベルト空間を考えているので，エルミート演算子の表現行列のサイズも有限です．このとき必然的に固有値としては有限個の値しか現れません．一方，無限次元ヒルベルト空間上の物理量の固有値が離散的かどうかは自明ではありません（ここが無限次元の難しいところ）．次章で具体例をいくつか見ます．

エルミート演算子の固有ベクトルは規格化すれば正規直交基底になります[†7]．したがって，完全性とスペクトル分解

$$\hat{I} = \sum_{j=1}^{d} |a_j\rangle\langle a_j| \qquad \hat{A} = \sum_{j=1}^{d} a_j |a_j\rangle\langle a_j| \qquad (2.18)$$

が成り立つのでした．この2つは非常に重要なので必ず押さえてください．スペクトル分解は完全性から一発で導けるので，実質的には固有ベクトルの完全性だけで十分です．

確認

式 (2.18) の 2 式を何も見ずに導出しなさい．

[†7] 既に述べた通り，縮退がある場合でも固有空間内でグラム・シュミット正規直交化法を使うことにより，常に固有ベクトルから成る正規直交基底が作れます．

2.4 ルールⅡ：ボルンの確率則

> **ルールⅡ（ボルンの確率則）**
> 状態 $|\psi\rangle$ の下で，物理量 $\hat{A}$ の測定を行ったとき，得られる値は $\hat{A}$ の固有値のいずれかである．測定によって固有値 a が得られる確率は $P(a|\psi) = |\langle a|\psi\rangle|^2$ で与えられる．$|a\rangle$ は $\hat{A}$ の固有値 a に対応する固有状態である．

　量子力学の考え方を理解する上で最も大事なルールです．名前までついています．測定によって得られる物理量の値は確率によって決まると言っています．このルールからさまざまなことが学べます．

　まずは例で具体的な計算を見てみましょう．パウリ行列

$$\sigma_x = \begin{pmatrix} 0 & 1 \\ 1 & 0 \end{pmatrix}, \quad \sigma_y = \begin{pmatrix} 0 & -i \\ i & 0 \end{pmatrix}, \quad \sigma_z = \begin{pmatrix} 1 & 0 \\ 0 & -1 \end{pmatrix} \tag{2.19}$$

はどれもエルミート行列なので物理量とみなせます．本書では扱えませんが，スピン（角運動量）と関係しています．

> **問 2.3.**
>
> パウリ行列の固有値と規格化された固有ベクトルを求めなさい．

解　2.3.1 項で既に出てきています．そこでの表記に合わせます．どのパウリ行列の固有値も ± 1 です．各固有ベクトルは式 (2.14) で与えられます．次のようになっています．

$$\begin{aligned}
\sigma_x|+\rangle &= |+\rangle, & \sigma_x|-\rangle &= -|-\rangle \\
\sigma_y|+i\rangle &= |+i\rangle, & \sigma_y|-i\rangle &= -|-i\rangle \\
\sigma_z|0\rangle &= |0\rangle, & \sigma_z|1\rangle &= -|1\rangle
\end{aligned} \tag{2.20}$$

52　第 2 章　量子力学の枠組み

成分表示は

$$|+\rangle = \frac{1}{\sqrt{2}} \begin{pmatrix} 1 \\ 1 \end{pmatrix}, \quad |-\rangle = \frac{1}{\sqrt{2}} \begin{pmatrix} 1 \\ -1 \end{pmatrix}$$

$$|+i\rangle = \frac{1}{\sqrt{2}} \begin{pmatrix} 1 \\ i \end{pmatrix}, \quad |-i\rangle = \frac{1}{\sqrt{2}} \begin{pmatrix} 1 \\ -i \end{pmatrix} \tag{2.21}$$

$$|0\rangle = \begin{pmatrix} 1 \\ 0 \end{pmatrix}, \qquad |1\rangle = \begin{pmatrix} 0 \\ 1 \end{pmatrix}$$

となります．全体位相は無視しています．■

状態 $|0\rangle$ の下での物理量 σ_y の測定を考えます．ボルンの確率則より得られる測定結果は，もちろん σ_y の固有値 $s_y = \pm 1$ のどちらかで，その確率は

$$P(s_y = 1 | 0) = |\langle +i | 0 \rangle|^2 = \frac{1}{2}, \quad P(s_y = -1 | 0) = |\langle -i | 0 \rangle|^2 = \frac{1}{2} \tag{2.22}$$

で与えられます．つまり 50% の確率で ± 1 のどちらかが得られます．

問 2.4.

状態 $|\psi\rangle = \cos\theta |+i\rangle + \sin\theta |-i\rangle$ の下で物理量 σ_x を測定するとき，どのような値がどれくらいの確率で得られるか？

解　得られる値は σ_x の固有値である $s_x = \pm 1$ のどちらかです．確率は

$$P(s_x = 1 | \psi) = |\langle + | \psi \rangle|^2 = \left| \frac{\cos\theta + \sin\theta}{2} + i \frac{\cos\theta - \sin\theta}{2} \right|^2 = \frac{1}{2}$$

$$P(s_x = -1 | \psi) = |\langle - | \psi \rangle|^2 = \left| \frac{\cos\theta + \sin\theta}{2} - i \frac{\cos\theta - \sin\theta}{2} \right|^2 = \frac{1}{2} \tag{2.23}$$

となり，θ の値にかかわらず，いつも 50% の確率で ± 1 のどちらかが得られます．■

2.4.1 状態の意味

ルール I で出てきた状態と確率の関係を式で詳しく見ていきます．物理量 $\hat{A}$ はルール I によりエルミート演算子です．したがって，規格化された固有ベクトルの集合 $\{|a_j\rangle\}$ は正規直交基底を構成します．状態 $|\psi\rangle$ をこの基底で展開してみます．完全性の関係 (2.18) を使うと

$$|\psi\rangle = \sum_{j=1}^{d} |a_j\rangle\langle a_j|\psi\rangle = \sum_{j=1}^{d} \psi(a_j)|a_j\rangle \tag{2.24}$$

となります．$\psi(a_j) := \langle a_j|\psi\rangle$ は複素数です．（式変形にピンとこない人は 1.2 節に戻って復習しましょう．）しばしば添字 j を省略して

$$|\psi\rangle = \sum_{a} |a\rangle\langle a|\psi\rangle = \sum_{a} \psi(a)|a\rangle \tag{2.25}$$

と書いたりもします．和は $\hat{A}$ のすべての固有値について取ります．

ここでボルンの確率則により，状態 $|\psi\rangle$ の下で物理量 $\hat{A}$ を測定すると，固有値 a が得られる確率は $P(a|\psi) = |\langle a|\psi\rangle|^2$ ですが，これは $|\psi(a)|^2$ に他なりません．したがって，$|\psi\rangle$ を $\hat{A}$ の固有ベクトル $|a\rangle$ で展開したときの係数 $\psi(a)$ の絶対値の 2 乗 $|\psi(a)|^2$ が測定によって固有値 a を観測する確率を与えます．つまり，

状態とは，系の物理量のすべての観測値の
取得確率の情報が書き込まれたデータ

であることが分かります．状態 $|\psi\rangle$ の中に確率の情報 $\psi(a) = \langle a|\psi\rangle$ がエンコードされていたのです！数学的に無機質に書いた展開式 (2.25) に量子力学によって物理的な意味づけがなされました．この係数 $\psi(a) = \langle a|\psi\rangle$ を**確率振幅**といいます．この名前は振動子や波の振幅の 2 乗がエネルギー密度（あるいは強度）になることとの類似性から来ています．$\psi(a)$ 自体は確率ではないことに十分に注意してください．実際，$\psi(a)$ は普通は複素数です（たまたま実数のときもあります）．この確率振幅の複素性が，確率の干渉という極めて興味深い現象を引き起こします．

54 第 2 章 量子力学の枠組み

重要な点は

測定によって状態そのものが観測されるわけではない

ということです．観測されるのは物理量 $\hat{A}$ の固有値 $\{a_j\}$ のどれかです．つまり，私たちは状態を簡単に知ることは普通できません．ただし，（見えないはずの）状態を実験的に制御することは可能です．神の視点なら状態を見ることができて，人間が実験してどのような観測値をどれくらいの確率で得るのかを予め予想できるでしょう．しかし，量子力学では神の視点に立っても人間が実験してどの観測値を得るのかまでを断言はできません．

全く同じ状態を準備して物理量の測定を繰り返せば，統計的なデータから確率分布を予想できます．しかし，ここから未知の状態の情報を知るには一工夫必要になります．測定結果から未知の状態を再構築することを**量子状態トモグラフィー**といいます．量子状態トモグラフィーの方法については 5.1 節で考察します．

当たり前のことですが，展開する基底を変えると展開係数も変わるので，同じ状態であっても異なる物理量を測定すれば固有値の出現確率は変わります．例えば $\hat{A}$ とは別の物理量 $\hat{B}$ の固有値 b の規格化された固有ベクトルを $|b\rangle$ とすると，

$$|\psi\rangle = \sum_b |b\rangle\langle b|\psi\rangle = \sum_b \tilde{\psi}(b)|b\rangle \tag{2.26}$$

とも展開できるので，やはり $\hat{B}$ を測定したときの各測定値の取得確率 $P(b|\psi) = |\tilde{\psi}(b)|^2$ が分かります．このように，$|\psi\rangle$ には考えている量子系のあらゆる物理量の確率データが潜在的に書き込まれています．興味がある物理量の固有ベクトルで展開することでその情報が取り出せます．ケットベクトル $|\psi\rangle$ は量子系のあらゆる物理量の実験結果の確率分布を決めているので，まさに "状態" という名前が付いています．状態を変えることで実験結果の分布が変わります．

ところで，状態 $|\psi\rangle$ に全体位相 $e^{i\theta}$ を掛けた $|\psi'\rangle = e^{i\theta}|\psi\rangle$ もノルムが 1 なのでやはり状態ですが，ボルンの確率則は

$$P(a|\psi') = |\langle a|\psi'\rangle|^2 = |\langle a|e^{i\theta}|\psi\rangle|^2 = |\langle a|\psi\rangle|^2 = P(a|\psi) \tag{2.27}$$

となって，$|\psi'\rangle$ の下での物理量の測定の確率分布は常に $|\psi\rangle$ の下でのものと同じになります．量子力学では，あらゆる物理量の測定において，いつも同じ確率分布を与える状態は同じとみなすので，位相因子だけ異なる状態は同一視されます．

　一方，相対的な位相因子の違いは無視できません．このことを見るために状態

$$|\psi_\phi\rangle = \frac{1}{\sqrt{2}}|0\rangle + \frac{e^{i\phi}}{\sqrt{2}}|1\rangle \tag{2.28}$$

の下でのパウリ行列 σ_x の測定を考えてみます．ボルンの確率則より得られる確率は

$$
\begin{aligned}
P(s_x = 1|\psi_\phi) &= |\langle +|\psi_\phi\rangle|^2 = \left|\frac{1+e^{i\phi}}{2}\right|^2 = \frac{1+\cos\phi}{2} = \cos^2\frac{\phi}{2} \\
P(s_x = -1|\psi_\phi) &= |\langle -|\psi_\phi\rangle|^2 = \left|\frac{1-e^{i\phi}}{2}\right|^2 = \frac{1-\cos\phi}{2} = \sin^2\frac{\phi}{2}
\end{aligned} \tag{2.29}
$$

となり，位相 ϕ によって強め合ったり弱め合ったりして確率が変わります．したがって，$|\psi_\phi\rangle$ は ϕ の値ごとに異なる状態です．

2.4.2　規格化の意味

　さて，ここまで来ればルール I で状態がなぜ規格化されていないといけないかも自然に理解できます．ボルンの確率則に従えば，測定における全確率は

$$\sum_{j=1}^{d} P(a_j|\psi) = \sum_{j=1}^{d} |\langle a_j|\psi\rangle|^2 = \sum_{j=1}^{d} \langle a_j|\psi\rangle^* \langle a_j|\psi\rangle = \sum_{j=1}^{d} \langle\psi|a_j\rangle\langle a_j|\psi\rangle \tag{2.30}$$

ですが，ここで完全性 (2.18) を使うと

$$\sum_{j=1}^{d} P(a_j|\psi) = \langle\psi|\psi\rangle = 1 \tag{2.31}$$

が得られます．つまり，状態の規格化条件は測定による全確率が 1 になるため

56　第 2 章　量子力学の枠組み

に必要なのです！ 測定すればいずれかの固有値は必ず得られますので. 一方,
式 (2.30) を見ると, 全確率が $\langle\psi|\psi\rangle$ になるためには, 固有ベクトルの完全性
(2.18) が必要です. この完全性の要請（固有状態が正規直交基底を成す）と物
理量の固有値が実数であるという要請から, なぜルール I で物理量がエルミー
ト演算子であるべきなのかという理由も見えてきます. このような数学的構造
が見やすくなるのもディラックの記法の利点です. 色々な制約が絡まり合って
全体として上手く辻褄が合うルールになっています. 理論の無矛盾性とか整合
性といいます. 理論の構造を詳しく見ていくことで私たちの理解も深まります.

2.4.3　期待値

ボルンの確率則は物理量 $\hat{A}$ の測定によって得られる固有値 a_j の確率 $P(a_j|\psi)$
を与えますが, このとき物理量 $\hat{A}$ の測定における期待値 $\langle\hat{A}\rangle_\psi$ は

$$\langle\hat{A}\rangle_\psi = \sum_{j=1}^{d} a_j P(a_j|\psi) \tag{2.32}$$

で与えられます. どういう状態での測定かで期待値は変わるので右下に ψ をつ
けてあります. ボルンの確率則 $P(a_j|\psi) = |\langle a_j|\psi\rangle|^2$ を代入すると

$$
\begin{aligned}
\langle\hat{A}\rangle_\psi &= \sum_{j=1}^{d} a_j |\langle a_j|\psi\rangle|^2 = \sum_{j=1}^{d} a_j \langle a_j|\psi\rangle^* \langle a_j|\psi\rangle \\
&= \sum_{j=1}^{d} a_j \langle\psi|a_j\rangle\langle a_j|\psi\rangle = \langle\psi|\left(\sum_{j=1}^{d} a_j|a_j\rangle\langle a_j|\right)|\psi\rangle \\
&= \langle\psi|\hat{A}|\psi\rangle
\end{aligned}
\tag{2.33}
$$

と式 (2.31) と同様に非常に簡単になります. 最後のステップでスペクトル分解
(2.18) を使いました. 改めて書くと, 状態 $|\psi\rangle$ の下で物理量 $\hat{A}$ を測定するとき
の期待値は

$$\langle\hat{A}\rangle_\psi = \langle\psi|\hat{A}|\psi\rangle \tag{2.34}$$

で与えられます. $\langle \psi | \hat{A} | \psi \rangle$ のことを単に $\hat{A}$ の期待値と呼びます. この書き換えの利点は, ボルンの確率則を使わずとも期待値を計算することができる点です. ボルンの確率則を使うには $\hat{A}$ の固有値と固有ベクトルが必要ですが, 期待値を求めるだけであれば, それらをわざわざ知る必要がないのです. あまりピンとこないかもしれませんが, ヒルベルト空間の次元が大きくなれば, そのありがたみが身にしみます.

2.4.4 固有状態は確定状態

既に述べたことの繰り返しになりますが, ボルンの確率則の主張は,

物理量を測定したときに得られる値は確率的にしか決まらない

ということです. 普通は測定結果を断定的に予言することはできません. これが古典力学とは決定的に違う量子力学特有の考え方です. ただし例外はあって, ある物理量の測定を考えるときに特定の状態においては 100% の確率で測定値を予言できるようなものはあります.(タイトルでネタバレ気味ですが)これがどのような状態なのかを考えます.

物理量 $\hat{A}$ の固有状態の集合を $\{|a_j\rangle\}$ とします. この中から固有状態 $|a\rangle$ を 1 つ選んで, この状態の下で物理量 $\hat{A}$ の測定を行うことを考えます. ボルンの確率則より測定結果が a_j である確率は

$$P(a_j|a) = |\langle a_j|a\rangle|^2 = \delta_{a_j,a} = \begin{cases} 1 & (a_j = a \text{ のとき}) \\ 0 & (a_j \neq a \text{ のとき}) \end{cases} \quad (2.35)$$

となります. つまり, この測定では確率 1 で測定値 a が得られます. 測定したい物理量の固有状態を準備して, その物理量を測定すると 100% 同じ結果が得られます.

ある物理量の測定結果が確率 1 で必ず同じ結果となるような状態のことを, その物理量の**確定状態**といいます. 確定状態以外の状態は**不確定状態**です. 上記の考察より, ある物理量の確定状態とはその物理量の固有状態に他なりません.

58　第 2 章　量子力学の枠組み

問 2.5.

状態 $|\psi\rangle$ が物理量 $\hat{A}$ の固有状態の 1 つ $|a_i\rangle$ に対して $\langle a_i|\psi\rangle = 1$ を満たすとき，$|\psi\rangle = |a_i\rangle$ を示しなさい．$\hat{A}$ の固有値には縮退はないとする．

解　直観的には当たり前そうに思えますが，式できちんと示そうとすると意外に面倒です．まず $|\psi\rangle$ を正規直交基底 $\{|a_j\rangle\}$ で展開すれば，

$$|\psi\rangle = \sum_j c_j |a_j\rangle \tag{2.36}$$

となりますが，規格化条件より

$$\sum_j |c_j|^2 = 1 \tag{2.37}$$

が成り立っていないといけません．条件より $c_i = \langle a_i|\psi\rangle = 1$ なので

$$\sum_{j \neq i} |c_j|^2 = 0 \tag{2.38}$$

となり，$j \neq i$ のとき $c_j = 0$ であることが分かります．つまり，$c_j = \delta_{ji}$ なので $|\psi\rangle = |a_i\rangle$ です．

　もっと物理っぽく言えば，測定値 a_i が得られる確率は $|\langle a_i|\psi\rangle|^2 = 1$ なので，他の測定値を得る確率はゼロ，つまり $\langle a_j|\psi\rangle = 0\ (j \neq i)$ です．　■

　確定状態では確率的な振る舞いは起こらないので，ある意味で古典的な状態であり，量子力学は関係しないように思えます．しかし，ある物理量の確定状態は，一般に別の物理量にとっては不確定状態であることを認識しておくことは非常に重要です．

　2 つ以上の特殊な物理量にとっては同時に確定状態になっているような状況もありえます．それは 2 つの物理量の**同時固有状態**が存在する場合です．同時固有状態は 2 つの物理量が可換なときに存在します．

2.4 ルール II：ボルンの確率則 59

問 2.6.

物理量 $\hat{A}$ の固有値には縮退はないとする．$\hat{A}$ と別の物理量 $\hat{B}$ が交換可能 ($\hat{A}\hat{B} = \hat{B}\hat{A}$) なとき，$\hat{A}$ の固有ベクトルは必ず $\hat{B}$ の固有ベクトルでもあることを示しなさい．

解 とにかく固有値に関する問題は固有値・固有ベクトルの式から始めてください．$\hat{A}$ の固有値 a に対応する固有ベクトルを $|a\rangle$ とします．すると $\hat{A}|a\rangle = a|a\rangle$ ですが，$\hat{A}\hat{B} = \hat{B}\hat{A}$ を使うために両辺に左から $\hat{B}$ を掛けると

$$\hat{B}\hat{A}|a\rangle = \hat{B}a|a\rangle = a\hat{B}|a\rangle \tag{2.39}$$

です．ここで $\hat{B}\hat{A} = \hat{A}\hat{B}$ なので，式 (2.39) は $\hat{A}(\hat{B}|a\rangle) = a(\hat{B}|a\rangle)$ と書けます．この式は $\hat{B}|a\rangle$ もまた $\hat{A}$ の固有値 a に対応する固有ベクトルであることを意味します．ところで仮定により $\hat{A}$ の固有値には縮退はないので，$\hat{A}$ の固有値 a に対応する固有ベクトルは必ず $|a\rangle$ の定数倍でないといけません．以上から $\hat{B}|a\rangle = b|a\rangle$ となり，$|a\rangle$ は $\hat{B}$ の固有ベクトルでもあることが分かりました．このような $\hat{A}$ と $\hat{B}$ の同時固有ベクトルは両方の固有値を使って $|a,b\rangle$ と書くことが多いです．■

なお，問 2.6 で縮退がないという仮定は重要です．もし $\hat{A}$ の固有値に縮退があると，$\hat{B}|a\rangle$ が $|a\rangle$ に比例するところが示せません．つまり，もし $\hat{A}$ の固有値 a が縮退していたら固有ベクトルが複数存在し，その 1 つを勝手に取って $|a\rangle$ としても，$\hat{B}|a\rangle$ は a が属する固有空間内のベクトルにはなりますが，$|a\rangle$ に比例するとは限りません（上手く選べば比例しますが，それ自体が証明すべきことです）．

2.5 ルール III：シュレーディンガー方程式

> **ルール III（シュレーディンガー方程式）**
> 閉じた量子系及びそれに準ずる系の状態 $|\psi(t)\rangle$ の時間発展は微分方程式
> $$i\hbar \frac{d}{dt}|\psi(t)\rangle = \hat{H}|\psi(t)\rangle \tag{2.40}$$
> によって記述される．$\hat{H}$ はハミルトニアンと呼ばれるエルミート演算子であり，$\hbar$ は換算プランク定数である．

　このルールは量子力学の時間発展について述べています．これによって系のダイナミクスが記述されます．ここで，**閉じた量子系**とは他の系と相互作用しない孤立した系のことを指します．このとき（古典論でエネルギーが保存することを反映して）ハミルトニアンは時間に依存しません．他の系と相互作用する**開いた量子系**では状態の時間発展は一般にシュレーディンガー方程式では記述されません．測定がその一例です．ルール IV で見ます．

　しかし，外場などが存在する系では，開いた系にもかかわらず，あたかも注目系の状態の時間発展がシュレーディンガー方程式 (2.40) と同じ形で記述される場合があります．そのような場合はハミルトニアンが時間に依存します．それを閉じた量子系に準ずる系と呼んでいます．

　ルール III は状態のみがシュレーディンガー方程式という運動方程式に従って時間発展するという主張です[†8]．前期量子論の最後に出てきた波動力学のシュ

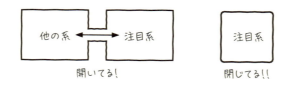

[†8] ここでのルールはシュレーディンガー表示という見方に基づきます．ハイゼンベルク表示という見方ではルール III は変更されます．2.8 節で詳しく見ます．

レーディンガー方程式と随分違って見えますが，このギャップは次章で埋まります．

2.5.1 シュレーディンガー方程式の意義

シュレーディンガー方程式を解くことで状態の時間発展を計算することができます．ルール I, II で見たように，私たちが実際に観測できるのは状態ではなく，物理量の固有値です．つまり，私たちは状態の時間変化を直接"見る"ことはありません．また，物理量の固有値自体は時間変化しません．では状態が時間発展すると何が変わるかというと，ルール II（ボルンの確率則）の確率が時間的に変化します．

$$P(a|\psi(t)) = |\langle a|\psi(t)\rangle|^2 \tag{2.41}$$

シュレーディンガー方程式によって状態 $|\psi(t)\rangle$ が決まり，結果的に測定結果の確率 $P(a|\psi(t))$ が時々刻々と変化するのです（図 2.1）．

簡単のために，閉じた量子系を考え，ハミルトニアンは時間に陽に依存しないとします．シュレーディンガー方程式 (2.40) は時間に関する 1 階の常微分方程式なので形式的に解けます．形式的な解は

$$|\psi(t)\rangle = \exp\left(-\frac{i\hat{H}t}{\hbar}\right)|\psi(0)\rangle \tag{2.42}$$

で与えられます[9]．ここで，ハミルトニアン $\hat{H}$ は演算子であることに注意してください．演算子 $\hat{X}$ の指数関数は

$$\exp\hat{X} = \sum_{n=0}^{\infty} \frac{\hat{X}^n}{n!} \tag{2.43}$$

と無限級数で定義するか，あるいは引数がエルミート演算子を含む場合はスペクトル分解で定義してもよいです．

---

[9] ハミルトニアンが時間に依存するときは，式 (2.42) はシュレーディンガー方程式の解とはならないことに注意しましょう．この場合は逐次近似法という手法で形式的な解を構成します．なお形式的な解とは，数学的な正当性には目を瞑って，安直に計算を進めて作った

62   第 2 章   量子力学の枠組み

問 2.7.

解 (2.42) が実際にシュレーディンガー方程式 (2.40) を満たすことを確かめなさい.

解   解の形が与えられているので，代入して微分方程式を満たすことを確かめましょう. 状態ベクトルを時間で微分すれば

$$\frac{d}{dt}|\psi(t)\rangle = -\frac{i\hat{H}}{\hbar}\exp\left(-\frac{i\hat{H}t}{\hbar}\right)|\psi(0)\rangle = \frac{1}{i\hbar}\hat{H}|\psi(t)\rangle \qquad (2.44)$$

となります. もう少し丁寧に示したい場合は指数関数の定義 (2.43) まで戻ってください. ∎

ここで演算子の指数関数

$$\hat{U}(t) := \exp\left(-\frac{i\hat{H}t}{\hbar}\right) \qquad (2.45)$$

を定義すると，式 (2.42) は

$$|\psi(t)\rangle = \hat{U}(t)|\psi(0)\rangle \qquad (2.46)$$

と書けますが，この $\hat{U}(t)$ は初期条件に依らずに状態の時間発展を普遍的に記述するので，系の**時間発展演算子**と呼ばれます. $\hat{U}(t)$ はユニタリです. 実際,

$$\hat{U}^{\dagger}(t) = \exp\left(\frac{i\hat{H}^{\dagger}t}{\hbar}\right) = \exp\left(\frac{i\hat{H}t}{\hbar}\right) \qquad (2.47)$$

なので

$$\hat{U}^{\dagger}(t)\hat{U}(t) = \exp\left(\frac{i\hat{H}t}{\hbar}\right)\exp\left(-\frac{i\hat{H}t}{\hbar}\right) = \exp\left(\frac{i\hat{H}t}{\hbar} - \frac{i\hat{H}t}{\hbar}\right) = \hat{I} \quad (2.48)$$

解という意味です. 本当は式 (2.42) の指数関数がきちんと定義されているのかとか，それがきちんと正しい物理の要請を満たしているのかというのを確かめないといけません.

2.5 ルール III：シュレーディンガー方程式　**63**

が成り立ちます．ただし，演算子指数関数の 2 つの公式

$$\left(\exp \hat{X}\right)^{\dagger} = \exp \hat{X}^{\dagger}$$
$$\hat{X}\hat{Y} = \hat{Y}\hat{X} \text{ のとき } \exp \hat{X} \exp \hat{Y} = \exp(\hat{X} + \hat{Y}) \tag{2.49}$$

を用いました．これらは式 (2.43) の定義を使えば簡単に示せます．一般に $\hat{X}\hat{Y} \neq \hat{Y}\hat{X}$ のときは $\exp \hat{X} \exp \hat{Y} \neq \exp(\hat{X} + \hat{Y})$ であることに注意しましょう．

このとき内積は

$$\langle \psi(t)|\psi(t) \rangle = \langle \psi(0)|\hat{U}^{\dagger}(t)\hat{U}(t)|\psi(0) \rangle = \langle \psi(0)|\psi(0) \rangle \tag{2.50}$$

となって，時間に依らずに保存します．これはシュレーディンガー方程式に従う状態の時間発展では常に規格化条件が成り立っており，測定結果の全確率が時間に依らずに必ず 1 であることを意味しています．逆に，全確率が 1 のまま保存するためには，系の時間発展演算子はユニタリでないといけません．全確率が保存しない場合が開いた量子系です．

問 2.8.

ハミルトニアンが時間に依存する場合でも $\langle \psi(t)|\psi(t) \rangle = \langle \psi(0)|\psi(0) \rangle$ が成り立つことをシュレーディンガー方程式 (2.40) を使って示しなさい．

解　シュレーディンガー方程式

$$i\hbar \frac{d}{dt}|\psi(t) \rangle = \hat{H}(t)|\psi(t) \rangle \tag{2.51}$$

のエルミート共役を取ると

$$-i\hbar \frac{d}{dt}\langle \psi(t)| = \langle \psi(t)|\hat{H}(t) \tag{2.52}$$

が得られます．$\hat{H}^{\dagger}(t) = \hat{H}(t)$ を使っています．したがって

64 第 2 章 量子力学の枠組み

$$i\hbar\frac{d}{dt}\langle\psi(t)|\psi(t)\rangle = i\hbar\left(\frac{d}{dt}\langle\psi(t)|\right)|\psi(t)\rangle + i\hbar\langle\psi(t)|\left(\frac{d}{dt}|\psi(t)\rangle\right)$$

$$= -\langle\psi(t)|\hat{H}(t)|\psi(t)\rangle + \langle\psi(t)|\hat{H}(t)|\psi(t)\rangle$$

$$= 0 \tag{2.53}$$

となり，$\langle\psi(t)|\psi(t)\rangle$ は時間に依存しないので，$t = 0$ のときの値 $\langle\psi(0)|\psi(0)\rangle$ に等しくなります．つまり，ハミルトニアンが時間に依存する場合でもシュレーディンガー方程式を満たす状態はユニタリな時間発展演算子で記述されます． ∎

● ちょっと一言 ●

ハミルトニアンが与えられれば，シュレーディンガー方程式を解かずとも式 (2.45) を使えばあらゆる状態の時間発展が直接計算できそうに思えます．それは基本的には正しいのですが，実際に演算子の指数関数を計算するのはヒルベルト空間の次元が大きくなると非常に大変で，特に次章で扱う無限次元ヒルベルト空間の場合は絶望的に難しくなります．一方，シュレーディンガー方程式の方は，無限次元ヒルベルト空間でも基底を上手く選べば 2 階線形偏微分方程式として表されるので，私たちが解析できる程度に易しくなります．行列よりベクトルの方が扱いやすいこととも関係しています．つまり，一般的には時間発展演算子を直接得ようとするよりも，シュレーディンガー方程式をそのまま調べた方が数学的には簡単です．これが伝統的な量子力学の教科書で，波動関数に対するシュレーディンガー方程式を出発点にして，色々と一生懸命議論する理由です．これは大変強力なので [10]，本書でも後半はこの立場を取ります．ですが，式 (2.42) のような形式解も理論的な議論には役立つので決して無意味ということはないです．

---

[10] 朝永先生の言を借りれば，「波動力学の助けがなかったなら，量子力学は，はなはだ手におえないしろものになったであろう」（引用：朝永振一郎 著『量子力学 I』みすず書房 §35 の最後）．

2.5.2 エネルギー固有状態

量子力学におけるハミルトニアンはエルミートなので物理量とみなせて，実数の固有値を持ちます．それは古典力学とのアナロジーで**エネルギー**に他なりません．ハミルトニアンの固有ケットを特に**エネルギー固有状態**といいます．

$$\hat{H}|E_n\rangle = E_n|E_n\rangle \tag{2.54}$$

この章で扱う有限次元ヒルベルト空間の量子力学では，ハミルトニアンの行列表示は有限サイズなので，固有値は必ず有限個しかなく，いつも離散的です．このような系を**有限準位系**といいます．ヒルベルト空間が d 次元のとき，$\hat{H}$ の行列表示は $d \times d$ 行列なので固有値は d 個あります．この場合は d 準位系となります．一方，次章で扱う無限次元ヒルベルト空間ではハミルトニアンの固有値は必ず無限個あり，さらに状況に応じて連続的，離散的の両方がありえます．

エネルギー固有状態を $|\varphi_n\rangle$ や $|\psi_n\rangle$ と書く流儀もあります．波動形式へ移行するときは後者の流儀の方が少し便利ですが，本書ではできるだけケットの中と固有値を合わせるようにします．

当然ですが，エネルギー固有状態についても正規直交性，完全性，スペクトル分解

$$\langle E_n|E_m\rangle = \delta_{nm}, \quad \sum_n |E_n\rangle\langle E_n| = \hat{I}, \quad \hat{H} = \sum_n E_n|E_n\rangle\langle E_n| \tag{2.55}$$

が成り立ちます．（これ以降和の範囲をしばしば省略します．気になる人は適宜補ってください．）

私たちが知りたいのは与えられた初期状態の時間発展です．初期状態 $|\psi(0)\rangle$ と時刻 t の状態 $|\psi(t)\rangle$ を，それぞれエネルギー固有状態を基底として展開してみます．

$$|\psi(0)\rangle = \sum_n c_n(0)|E_n\rangle, \quad |\psi(t)\rangle = \sum_n c_n(t)|E_n\rangle \tag{2.56}$$

66 第 2 章 量子力学の枠組み

問 2.9.

$c_n(0)$, $c_n(t)$ を状態のブラ・ケットで表しなさい.

解 基底の展開は完全系の挿入で得られることを思い出してください.

$$|\psi(t)\rangle = \sum_n |E_n\rangle\langle E_n|\psi(t)\rangle \tag{2.57}$$

より $c_n(t) = \langle E_n|\psi(t)\rangle$ です. $t = 0$ とすれば, もちろん $c_n(0) = \langle E_n|\psi(0)\rangle$ です. ∎

目標は $c_n(t)$ を $c_n(0)$ で表すことです. これができれば任意の状態の時間発展が完全に分かったことになります.

やり方は色々ありますが, 単純に時間発展演算子を直接作用させるのが手っ取り早いです. そのためにスペクトル分解を使います. 時間発展演算子のスペクトル分解は式 (1.58) より

$$\hat{U}(t) = \exp\left(-\frac{i\hat{H}t}{\hbar}\right) = \sum_n \exp\left(-\frac{iE_nt}{\hbar}\right)|E_n\rangle\langle E_n| \tag{2.58}$$

で与えられます. したがって

$$
\begin{aligned}
|\psi(t)\rangle &= \hat{U}(t)|\psi(0)\rangle \\
&= \sum_n \exp\left(-\frac{iE_nt}{\hbar}\right)|E_n\rangle\langle E_n|\psi(0)\rangle \\
&= \sum_n c_n(0) \exp\left(-\frac{iE_nt}{\hbar}\right)|E_n\rangle
\end{aligned}
\tag{2.59}
$$

を得ます. これを元の展開式 (2.56) と比較すると

$$c_n(t) = c_n(0) \exp\left(-\frac{iE_nt}{\hbar}\right) \tag{2.60}$$

となります. これが知りたかった関係式に他なりません. もちろんシュレーディ

2.5 ルール III：シュレーディンガー方程式 **67**

ンガー方程式からも同じ結果が得られます．ただやり方を暗記するのではなく，
理屈を理解しましょう．

問 2.10.

式 (2.56) をシュレーディンガー方程式に代入して同じ結果を導きなさい．た
だし，ハミルトニアンは時間に依存しないとする．

解 シュレーディンガー方程式より $c_n(t)$ の満たす微分方程式を求めま
す．式 (2.56) をシュレーディンガー方程式に代入すれば

$$i\hbar\frac{dc_n(t)}{dt} = E_n c_n(t) \tag{2.61}$$

という非常に簡単な 1 階の微分方程式が得られるので，あとはこれを初期条
件 $c_n(0)$ の下で解きます．まず次のように書き換えます．

$$i\hbar\frac{dc_n(t)}{c_n(t)} = E_n dt$$

この式の両辺を積分すれば式 (2.60) が得られます．積分定数は $t = 0$ にお
ける初期条件より決まります．線形代数を使うか，微積分を使うかは一長一
短なのでどちらにも慣れた方がいいです．∎

E_n は実数なので $|c_n(t)| = |c_n(0)|$ が成り立ちます．これは全確率がいつも
1 になるという条件よりも強いです．つまり，初期状態としてエネルギー固有
状態 $|E_n\rangle$ そのものを取ってくると，高々位相因子の時間変化しか受けないの
で，状態としては常に同じとみなせます．つまり，エネルギー固有状態は非常
に安定した状態と言えます．これを**定常状態**ともいいます．後で見るように波
動形式における定常状態は文字通り定常波に対応しています．

エネルギー固有値と固有状態が分かれば原理的には任意の状態の初期値問題
が解けます．エネルギー固有値と固有状態を求めることを**ハミルトニアンの対
角化**といいます．ハミルトニアンを対角化する問題を**固有値問題**といいます．

68 第 2 章 量子力学の枠組み

2.6 | ルール IV：射影仮説

> **ルール IV （射影仮説）**
> 状態 $|\psi\rangle$ の下で，物理量 $\hat{A}$ の測定を行って縮退のない固有値 a を得たとき，測定直後の状態は $|\psi_{\text{after}}\rangle = |a\rangle$ で与えられる．

　最後のルールは物理量の測定による状態の変化について述べたもので，初学者には概念的に難しいので軽く触れるに留めます．このルールでは**射影測定**あるいは**理想測定**という最も簡単な測定に限定し，さらに縮退がない固有値を測定結果として得た場合に測定後の状態に関しての要請を置きました．量子力学では一般測定とか POVM (Positive Operator Valued Measure) という，より広いクラスの測定も許されるのですが，初学者には難しすぎるので本書では扱いません [†11].

● ちょっと一言 ●

　射影仮説の名前の由来ですが，測定前の状態 $|\psi\rangle$ が測定後には射影演算子 $\hat{P}_a := |a\rangle\langle a|$ によって $\hat{P}_a|\psi\rangle$ というベクトルの方向に射影されるからです（図 1.1）．射影というのはベクトルから特定の方向だけを取り出す（正確にはベクトルを特定の部分空間へ落とし込む）ことです．基底の展開式

$$|\psi\rangle = \sum_{j=1}^{d} |e_j\rangle\langle e_j|\psi\rangle \tag{2.62}$$

を思い出すと，j 番目の基底ベクトル $|e_j\rangle$ 方向の成分は $\langle e_j|\psi\rangle$ で与えられます．つまり，$|\psi\rangle$ の $|e_j\rangle$ 方向への射影ベクトルは $|e_j\rangle\langle e_j|\psi\rangle$ です．これはちょうど元の状態に射影演算子 $\hat{P}_j = |e_j\rangle\langle e_j|$ を作用させることで得られます．逆に，基底による展開ではあらゆる基底ベクトルの方向への射影を足し上げることで，元のベクトルが再現されます．

[†11] 量子測定理論については文献 [6, 8] が詳しいです．

2.6 ルール IV：射影仮説 **69**

　任意の状態 $|\psi\rangle$ は $\hat{A}$ の固有状態 $|a\rangle$ の重ね合わせで表せますが，測定結果に応じて特定の方向に射影されます．射影後のベクトル $\hat{P}_a|\psi\rangle$ は $|a\rangle\langle a|\psi\rangle$ と書くことができ，この係数 $\langle a|\psi\rangle$ は確率振幅に対応しています．一方，このベクトル自体は規格化されていないので，状態とはみなせません．そこで強引に規格化し直すと

$$\frac{\hat{P}_a|\psi\rangle}{\|P_a\psi\|} = \frac{\hat{P}_a|\psi\rangle}{\sqrt{\langle\psi|\hat{P}_a|\psi\rangle}} = \frac{|a\rangle\langle a|\psi\rangle}{|\langle a|\psi\rangle|} = \pm|a\rangle \tag{2.63}$$

となります．

問 2.11.

$\|P_a\psi\| = \sqrt{\langle\psi|\hat{P}_a|\psi\rangle} = |\langle a|\psi\rangle|$ を示しなさい．

解　$\hat{P}_a = |a\rangle\langle a|$, $\hat{P}_a^\dagger = \hat{P}_a$, $\hat{P}_a^2 = \hat{P}_a$ に注意します．

$$\begin{aligned}\|P_a\psi\|^2 &= \langle\psi|\hat{P}_a^\dagger\hat{P}_a|\psi\rangle = \langle\psi|\hat{P}_a^2|\psi\rangle \\ &= \langle\psi|\hat{P}_a|\psi\rangle = \langle\psi|a\rangle\langle a|\psi\rangle = |\langle a|\psi\rangle|^2\end{aligned} \tag{2.64}$$

となります．■

　$-1 = e^{\pi i}$ も位相因子に過ぎないので $-|a\rangle$ と $|a\rangle$ は状態としては同じです．固有値に縮退がある場合も含めると式 (2.63) の書き方が正確なのですが，ここでは初学者に親しみやすいように縮退がない場合に特化した表記を採用しました．縮退がある場合については次節を見てください．

　射影仮説に関する重大な帰結として，測定直後の状態は $|\psi_{\text{after}}\rangle = |a\rangle$ となるのでこれは物理量 $\hat{A}$ の確定状態です．しばしば測定によって状態が確定するという言い方をします．つまり，測定直後の状態の下で再度 $\hat{A}$ を測定すれば，ボルンの確率則により 100% の確率で測定値 a を得ます．この事実は状態の制御に利用できます．

図 2.3 量子力学における（間接）測定のイメージ図．調べたい系の状態 $|\psi\rangle$ と測定系の状態 $|\xi\rangle$ を相互作用させてから測定装置のメーターを読み取ります．相互作用により量子もつれが生成されるので，測定装置のメーターを読み取ることで調べたい系の情報が得られます．測定装置との相互作用による擾乱の影響によって測定後の状態は不可逆的に変化してしまいます．これを状態の収縮と呼んでいます．これをもっと精緻にモデリングしたものが量子測定理論です．

また，ルール III とは違って，測定による状態の変化は**非ユニタリ発展**です．つまり，量子力学では測定による状態変化をシュレーディンガー方程式に従う時間発展とみなすことはできません．そもそも測定とは，調べたい系と測定装置を相互作用させて，測定装置側でその応答を見ることで調べたい系の情報を読み取ることです（図 2.3）．古典的な系では，測定装置との相互作用の影響は無視できるほど小さいとみなせて，調べたい系は測定前後で変化しないと思ってもよいのですが，量子的な系の場合は，測定装置との相互作用の影響が無視できず，そのために測定によって状態が不可逆的に変化してしまいます．これを測定による擾乱と言ったりします．調べたい系は測定系と相互作用する**開いた量子系**とみなされ，ルール III の前提条件を満たしません[†12]．このような測定による非ユニタリな状態の変化を標語的に**状態の収縮**とか**波束の収縮**と呼んだりします．

表 2.1 に線形代数と量子力学の対応関係についてまとめておきます．この関係は必ず理解しておきましょう．

[†12] 測定装置まで含めて全体を 1 つの閉じた量子系と思うことはできます．そうすると系全体の時間発展はユニタリです．このような立場で測定を理解しようとすることを**量子測定理論**といいます．この立場を採用すれば，ルール IV の射影仮説を課す必要はなく，ルール II のボルンの確率則と合成系・部分系に関するルールから直接測定後の状態を導けます．広いクラスの測定を一般的に扱えるので大変強力ですが，本書のレベルを超えるため扱いません．文献 [6, 8] などを参照してください．

2.7 固有値に縮退がある場合 71

表 2.1 量子力学による線形代数の意味づけ.

線形代数	量子力学
ケットベクトル	（純粋）状態
ケットの展開係数	確率振幅
規格化条件	全確率が 1
エルミート演算子	物理量
ユニタリ演算子	時間発展
射影演算子	状態の収縮

2.7 | 固有値に縮退がある場合

　これまでは簡単のために物理量の固有値に縮退がない場合の量子力学について検討してきました．固有値に縮退がある場合も基本的な扱いはほとんど変わりませんが，少し書き換えが必要なところがあります．1.2.3 項の例を再検討します．物理量

$$A = \begin{pmatrix} 0 & -1 & 1 \\ -1 & 0 & -1 \\ 1 & -1 & 0 \end{pmatrix} \qquad (2.65)$$

の測定について考えます．得られる固有値は 2 か -1 のどちらかです．固有値 -1 は 2 重に縮退しています．測定値 2 が得られる確率はボルンの確率則より

$$P(2|\psi) = |\langle a_1|\psi \rangle|^2 \qquad (2.66)$$

と計算できます．ここで $|a_1\rangle$ は固有値 $a_1 = 2$ に対応する固有状態で式 (1.71) で与えられます．測定によって固有値 a_1 が得られれば，測定後の状態は $|a_1\rangle$ に収縮しています．

　では測定値 -1 を得る確率はどうでしょうか？ 縮退した固有値 -1 に対応する固有空間 $W(-1)$ は 2 次元なので固有ベクトルは無数にあります．その固有空間の正規直交基底は例えば式 (1.73) のように選べます．この基底を使うと，$|a_2\rangle$ も $|a_3\rangle$ も固有値 -1 に対応する固有状態なので，素朴にはボルンの確率則より

$$P(-1|\psi) = |\langle a_2|\psi \rangle|^2 + |\langle a_3|\psi \rangle|^2 \qquad (2.67)$$

72 第 2 章 量子力学の枠組み

で計算できるのではないかと予想できます．実際，$|a_1\rangle$, $|a_2\rangle$, $|a_3\rangle$ は完全性の関係を満たすので，確かにこのときは全確率の式 $P(2|\psi) + P(-1|\psi) = 1$ が成り立ちます．つまり，式 (2.67) の予想が正しいことが分かります．固有空間の別の基底 (1.82) を選んでも同じ結果になります．

測定後の状態はこれまでのルールからは決められませんが，次の事実が手がかりになります．縮退がある場合でも固有空間に属する任意の状態は A の確定状態になっています．さらに，固有空間への射影演算子 $\hat{P}_{-1}$ は正規直交基底の選び方に依らずにいつも同じになります．したがって，$|\psi\rangle$ を $\hat{P}_{-1}$ によってこの固有空間へ射影したベクトルを規格化したものが測定後の状態であると期待できます．

確率の式は射影演算子を用いて，以下のように書くことができます．

$$
\begin{aligned}
P(2|\psi) &= \langle\psi|a_1\rangle\langle a_1|\psi\rangle = \langle\psi|\hat{P}_2|\psi\rangle \\
P(-1|\psi) &= \langle\psi|(|a_2\rangle\langle a_2| + |a_3\rangle\langle a_3|)|\psi\rangle = \langle\psi|\hat{P}_{-1}|\psi\rangle
\end{aligned}
\tag{2.68}
$$

ここで，$\hat{P}_2 = |a_1\rangle\langle a_1|$, $\hat{P}_{-1} = |a_2\rangle\langle a_2| + |a_3\rangle\langle a_3|$ はそれぞれの固有空間への射影演算子です．

問 2.12.

上の設定で状態 $|\psi\rangle = \dfrac{1}{\sqrt{3}}(1,1,1)^T$ の下で物理量 A を測定したら測定結果 -1 が得られた．測定直後の状態を求めなさい．

解 $\hat{P}_{-1}|\psi\rangle$ を規格化したものが求める状態です．射影演算子 $\hat{P}_{-1}$ は式 (1.80) で既に計算しているのでそれを使います．

$$
\hat{P}_{-1}|\psi\rangle = \frac{1}{3\sqrt{3}}
\begin{pmatrix}
2 & 1 & -1 \\
1 & 2 & 1 \\
-1 & 1 & 2
\end{pmatrix}
\begin{pmatrix}
1 \\ 1 \\ 1
\end{pmatrix}
= \frac{2}{3\sqrt{3}}
\begin{pmatrix}
1 \\ 2 \\ 1
\end{pmatrix}
\tag{2.69}
$$

これを規格化すれば

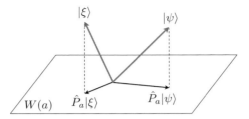

図 2.4 状態の縮退固有空間への射影のイメージ図．固有値が縮退している場合は，測定前の状態に応じて射影ベクトルの方向は変わります．規格化前の射影されたベクトルの大きさの 2 乗はボルンの確率則による確率を与えます．

$$|\psi_{\text{after}}\rangle = \frac{\hat{P}_{-1}|\psi\rangle}{\|P_{-1}\psi\|} = \frac{1}{\sqrt{6}}\begin{pmatrix} 1 \\ 2 \\ 1 \end{pmatrix} \tag{2.70}$$

となります．規格化の計算では $\hat{P}_{-1}|\psi\rangle$ そのものを規格化するのではなく，$(1,2,1)^T$ を規格化した方が計算が少し楽になります．縮退がないときは測定直後の状態は測定前の状態に関係なく（本質的に）一意的に定まりましたが，縮退がある場合は測定前の状態に応じて固有空間内のどこかの状態に射影されることに注意してください（図 2.4）．ただし，測定直後の状態に対して同じ測定を繰り返せば必ず同じ結果を得るという部分は変わりません．■

以上を一般化すると次のようになります．状態 $|\psi\rangle$ の下で物理量 $\hat{A}$ を測定するとき，固有値 a（縮退があってもなくてもよい）が得られる確率は

$$P(a|\psi) = \langle\psi|\hat{P}_a|\psi\rangle \tag{2.71}$$

で与えられます．$\hat{P}_a$ は固有値 a に対する固有空間への射影演算子です．縮退がない場合は $\hat{P}_a = |a\rangle\langle a|$ なので，ルール II そのものです．式 (2.71) は，さらに次のようにも書き換えられます．

$$\begin{aligned} P(a|\psi) &= \sum_j \langle\psi|e_j\rangle\langle e_j|\hat{P}_a|\psi\rangle = \sum_j \langle e_j|\hat{P}_a|\psi\rangle\langle\psi|e_j\rangle \\ &= \text{tr}(\hat{P}_a\hat{\rho}) \end{aligned} \tag{2.72}$$

74 第2章 量子力学の枠組み

ここで $\hat{\rho} = |\psi\rangle\langle\psi|$ という演算子を導入しました. これを**密度演算子**といいます. 密度演算子はより一般的な状態を扱うときに必須となります. (5.1 節で見ます.)

射影仮説については前節で見たように, 測定後は

$$|\psi_{\text{after}}\rangle = \frac{\hat{P}_a|\psi\rangle}{\|P_a\psi\|} \tag{2.73}$$

と変化します.

2.8 シュレーディンガー表示とハイゼンベルク表示

ルール III は状態がシュレーディンガー方程式に基づいて時間発展することを主張しており, これを**シュレーディンガー表示**といいます. 一方, シュレーディンガー表示と理論的に等価な記述法として**ハイゼンベルク表示**があるのでこれについて説明します.

2.8.1 ハイゼンベルク方程式

シュレーディンガー表示では状態ベクトルのみが時間発展し, 物理量は時間発展しないと考えます. 一方, ハイゼンベルク表示では物理量の方が時間発展し, 状態はそのままに保たれると考えます. 量子力学では, 測定による確率分布が同じであるような定式化は同等の予言能力を持つのですべて等価であるとみなします. 本項ではハイゼンベルク表示についての理解を深め, 次項で 2 つの表示が等価であることを見ていきましょう.

ハイゼンベルク表示における物理量がどのように定義されて, その時間発展を決定する方程式がどうなるのかが興味のある問題です. そのために次のような考察をします. シュレーディンガー表示における状態の時間発展は

$$|\psi(t)\rangle = \hat{U}(t)|\psi(0)\rangle \tag{2.74}$$

で記述されるのでした. $\hat{U}(t)$ はユニタリな時間発展演算子です. このとき, 状態 $|\psi(t)\rangle$ の下で物理量 $\hat{A}$ の測定を行うときの期待値は

$$\langle \hat{A} \rangle_\psi = \langle \psi(t)|\hat{A}|\psi(t) \rangle \tag{2.75}$$

で与えられます．ここで，式 (2.74) を代入すると

$$\langle \hat{A} \rangle_\psi = \langle \psi(0)|\hat{U}^\dagger(t)\hat{A}\hat{U}(t)|\psi(0) \rangle \tag{2.76}$$

となります．この式を見ると，形式的に状態 $|\psi(0)\rangle$ に対する演算子 $\hat{U}^\dagger(t)\hat{A}\hat{U}(t)$ の期待値と解釈することもできます．$|\psi(0)\rangle$ は時間に依存せず，演算子の方に時間依存性が押し付けられていることに注意しましょう．

問 2.13.

$\hat{A}$ がエルミート演算子のとき，$\hat{U}^\dagger(t)\hat{A}\hat{U}(t)$ もエルミートであることを示しなさい．

解 エルミート共役を取ってみればいいだけですが，$(\hat{X}\hat{Y}\hat{Z})^\dagger = \hat{Z}^\dagger\hat{Y}^\dagger\hat{X}^\dagger$, $(\hat{X}^\dagger)^\dagger = \hat{X}$ に注意します．

$$(\hat{U}^\dagger(t)\hat{A}\hat{U}(t))^\dagger = \hat{U}^\dagger(t)\hat{A}^\dagger(\hat{U}^\dagger(t))^\dagger = \hat{U}^\dagger(t)\hat{A}\hat{U}(t) \tag{2.77}$$

∎

そこで，ハイゼンベルク表示における状態と物理量を

$$|\psi_{\mathrm{H}}\rangle := |\psi(0)\rangle \qquad \hat{A}_{\mathrm{H}}(t) := \hat{U}^\dagger(t)\hat{A}\hat{U}(t) \tag{2.78}$$

と定義します．ここで添字の H は Heisenberg picture の頭文字です．本書ではシュレーディンガー表示を基本にするので Schrödinger picture の S は省略しています．2 つの見方で期待値は不変に保たれます．

$$\langle \hat{A} \rangle_\psi = \langle \psi(t)|\hat{A}|\psi(t) \rangle = \langle \psi_{\mathrm{H}}|\hat{A}_{\mathrm{H}}(t)|\psi_{\mathrm{H}} \rangle \tag{2.79}$$

76 第2章 量子力学の枠組み

ただし，ある物理量の期待値が等しいからといって確率分布まで等しくなるとは限りません．今の場合はあらゆる物理量に対して，この関係が成り立つと言っているので相当強い条件です．等価性をきちんと示すにはボルンの確率則がどうなるかまで見た方がよいです．念のためにこれは次項でやります．

ハイゼンベルク表示における物理量 $\hat{A}_{\mathrm{H}}(t)$ の時間発展を決める運動方程式を求めます．そのために時間発展演算子 $\hat{U}(t)$ の満たす微分方程式を導きます．状態の時間発展 $|\psi(t)\rangle = \hat{U}(t)|\psi(0)\rangle$ をシュレーディンガー方程式 (2.40) に代入します．左辺は

$$i\hbar\frac{d}{dt}|\psi(t)\rangle = i\hbar\frac{d\hat{U}(t)}{dt}|\psi(0)\rangle \tag{2.80}$$

右辺は $\hat{H}|\psi(t)\rangle = \hat{H}\hat{U}(t)|\psi(0)\rangle$ となり，任意の初期状態に対して両辺が等しいので

$$i\hbar\frac{d\hat{U}(t)}{dt} = \hat{H}\hat{U}(t) \tag{2.81}$$

が得られます．この演算子微分方程式の初期条件は $\hat{U}(0) = \hat{I}$ です．ここで，もしハミルトニアンが時間に依存しないならば，この微分方程式は形式的に

$$\hat{U}(t) = \exp\left(-\frac{i\hat{H}t}{\hbar}\right) \tag{2.82}$$

と解けて以前の結果 (2.45) を再現しますが，ハミルトニアンが時間に依存するときはこの式は使えません．

問 2.14.

ハミルトニアンが時間に依存するとき，$\hat{U}_{\times}(t) = \exp(-i\hat{H}(t)t/\hbar)$ は微分方程式 (2.81) の解ではないことを確かめなさい．

2.8 シュレーディンガー表示とハイゼンベルク表示 **77**

解 とりあえず微分してみます.

$$
ih\frac{d\hat{U}_\times(t)}{dt} = \frac{d}{dt}(\hat{H}(t)t)\cdot\exp(-i\hat{H}(t)t/\hbar)
$$
$$
= (\hat{H}(t) + \hat{H}'(t)t)\hat{U}_\times(t) \tag{2.83}
$$

後ろの項が邪魔です. ∎

式 (2.81) のエルミート共役を取ると

$$
-ih\frac{d\hat{U}^\dagger(t)}{dt} = \hat{U}^\dagger(t)\hat{H} \tag{2.84}
$$

となります. これらを用いて, ハイゼンベルク表示の物理量の時間微分は

$$
ih\frac{d\hat{A}_{\mathrm{H}}(t)}{dt} = ih\frac{d}{dt}(\hat{U}^\dagger(t)\hat{A}\hat{U}(t)) = ih\frac{d\hat{U}^\dagger(t)}{dt}\hat{A}\hat{U}(t) + ih\hat{U}^\dagger(t)\hat{A}\frac{d\hat{U}(t)}{dt}
$$
$$
= -\hat{U}^\dagger(t)\hat{H}\hat{A}\hat{U}(t) + \hat{U}^\dagger(t)\hat{A}\hat{H}\hat{U}(t) \tag{2.85}
$$

と計算できますが, 右辺を再度ハイゼンベルク表示で書き直すと

$$
\hat{U}^\dagger(t)\hat{A}\hat{H}\hat{U}(t) = \hat{U}^\dagger(t)[\hat{U}(t)\hat{A}_{\mathrm{H}}(t)\hat{U}^\dagger(t)][\hat{U}(t)\hat{H}_{\mathrm{H}}(t)\hat{U}^\dagger(t)]\hat{U}(t)
$$
$$
= \hat{A}_{\mathrm{H}}(t)\hat{H}_{\mathrm{H}}(t) \tag{2.86}
$$

となるので, 結局

$$
ih\frac{d\hat{A}_{\mathrm{H}}(t)}{dt} = [\hat{A}_{\mathrm{H}}(t), \hat{H}_{\mathrm{H}}(t)] \tag{2.87}
$$

と綺麗に書けます. これを**ハイゼンベルク方程式**といいます. ここで

$$
[\hat{A}, \hat{B}] := \hat{A}\hat{B} - \hat{B}\hat{A} \tag{2.88}
$$

のことを演算子に対する**交換子**といいます. 交換子自体が演算子であることに注意してください. $[\hat{A}, \hat{B}] = 0$ のときは $\hat{A}\hat{B} = \hat{B}\hat{A}$ なので $\hat{A}$ と $\hat{B}$ は交換可

78 第 2 章 量子力学の枠組み

能です．量子力学では演算子の非可換性を表す交換子が非常に重要な役割を果たします．

式 (2.87) が物理量の時間発展を決定するので，シュレーディンガー方程式と同等の情報を持っているはずです．この導出を逆に辿れば，ハイゼンベルク方程式の（形式）解は

$$\hat{A}_{\mathrm{H}}(t) = \hat{U}^{\dagger}(t)\hat{A}_{\mathrm{H}}(0)\hat{U}(t) \tag{2.89}$$

で与えられることはすぐに分かるでしょう．式 (2.78) から分かるように，初期演算子 $\hat{A}_{\mathrm{H}}(0) = \hat{A}$ はシュレーディンガー表示における物理量に一致します．

問 2.15.

シュレーディンガー表示におけるハミルトニアン $\hat{H}$ が時間に依存しないとき，$\hat{H}_{\mathrm{H}}(t) = \hat{H}$ を示しなさい．

解 ハイゼンベルク方程式を使います．$\hat{A}_{\mathrm{H}}(t) = \hat{H}_{\mathrm{H}}(t)$ とすると，

$$i\hbar\frac{d\hat{H}_{\mathrm{H}}(t)}{dt} = [\hat{H}_{\mathrm{H}}(t), \hat{H}_{\mathrm{H}}(t)] = 0 \tag{2.90}$$

となるので，$\hat{H}_{\mathrm{H}}(t)$ は t に依存しません．したがって $\hat{H}_{\mathrm{H}}(t) = \hat{H}_{\mathrm{H}}(0) = \hat{H}$ となります．

次のように考えてもいいです．式 (2.82) は $\hat{H}$ の関数なので $\hat{U}(t)$ と $\hat{H}$ は可換です．したがって

$$\hat{H}_{\mathrm{H}}(t) = \hat{U}^{\dagger}(t)\hat{H}\hat{U}(t) = \hat{U}^{\dagger}(t)\hat{U}(t)\hat{H} = \hat{H} \tag{2.91}$$

となります． ■

ハイゼンベルク表示は対称性や保存量と非常に相性が良いです．その理由は，ハイゼンベルク方程式 (2.87) が古典解析力学におけるハミルトン方程式

$$\frac{dA(t)}{dt} = \{A(t), H(t)\} \tag{2.92}$$

2.8 シュレーディンガー表示とハイゼンベルク表示 **79**

の量子力学的な類似物だからです．$\{\ ,\ \}$ はハミルトン形式におけるポアソン括弧です．ハミルトン形式における保存量の議論がほぼそのまま量子力学に流用できます．この類似性を認めれば，古典解析力学から量子力学へ "移行" できます．それが行列力学で出てくるハイゼンベルクの正準量子化の由来です．シュレーディンガー表示での正準量子化については 3.6.2 項で見ます．

第3章で見るように，シュレーディンガー表示での状態のシュレーディンガー方程式を波動関数で書き直したのが，いわゆるシュレーディンガーの波動方程式ですが，一方，ハイゼンベルク表示で見たのがハイゼンベルク方程式です．つまり，ここまでの考察でシュレーディンガーの波動力学とハイゼンベルクの行列力学の等価性が示唆されます．

2.8.2 ボルンの確率則について

ハイゼンベルク表示とボルンの確率則との整合性を見ておきます．そのためには物理量 $\hat{A}_{\mathrm{H}}(t)$ の固有値と固有ベクトルがどうなるのかを知る必要があります．まず，シュレーディンガー表示における固有値問題

$$\hat{A}|a\rangle = a|a\rangle \tag{2.93}$$

から出発します．$\hat{A} = \hat{U}(t)\hat{A}_{\mathrm{H}}(t)\hat{U}^{\dagger}(t)$ を代入すると

$$\hat{A}_{\mathrm{H}}(t)\hat{U}^{\dagger}(t)|a\rangle = a\hat{U}^{\dagger}(t)|a\rangle \tag{2.94}$$

が得られます．これは a が $\hat{A}_{\mathrm{H}}(t)$ の固有値でもあり，固有ケットが

$$|a_{\mathrm{H}}; t\rangle := \hat{U}^{\dagger}(t)|a\rangle \tag{2.95}$$

で与えられることを意味しています $^{\dagger 13}$．つまり，$\hat{A}_{\mathrm{H}}(t)$ の固有値問題は

$$\hat{A}_{\mathrm{H}}(t)|a_{\mathrm{H}}; t\rangle = a|a_{\mathrm{H}}; t\rangle \tag{2.96}$$

---

†13 紛らわしいですが，$|a\rangle$ という状態が時間発展しているわけではないことに注意します．ハイゼンベルク表示では状態はそのままです．あくまでもシュレーディンガー表示における固有状態とハイゼンベルク表示における固有状態を結びつける式と理解するべきです．

80 第 2 章 量子力学の枠組み

と書けます. 固有値は t に依存しませんが, 固有ケットは依存することに注意してください.

さて, ハイゼンベルク表示においてボルンの確率則を適用すると, 状態 $|\psi_\mathrm{H}\rangle$ の下で物理量 $\hat{A}_\mathrm{H}(t)$ を測定したときに測定値 a が得られる確率が

$$|\langle a_\mathrm{H}; t|\psi_\mathrm{H}\rangle|^2 \tag{2.97}$$

で与えられることになります. これをシュレーディンガー表示に書き直してみると

$$|\langle a_\mathrm{H}; t|\psi_\mathrm{H}\rangle|^2 = |\langle a|\hat{U}(t)|\psi(0)\rangle|^2 = |\langle a|\psi(t)\rangle|^2 \tag{2.98}$$

となるので, シュレーディンガー表示において状態 $|\psi(t)\rangle$ の下で物理量 $\hat{A}$ を測定したときの確率分布と完全に一致しています! 確率分布が一致するので期待値も当然同じになります. この考察からルール III 以外を変更することなしに, シュレーディンガー表示とハイゼンベルク表示は量子力学的に完全に等価な記述であることが納得できます.

2.8.3 遷移振幅

シュレーディンガー表示において, 状態が時刻 $t = 0$ で物理量 $\hat{A}$ の固有状態 $|a\rangle$ にあるとします. その後, 時間発展演算子 $\hat{U}(t)$ に従うとすると, 時刻 t における状態は

$$|\psi(0)\rangle = |a\rangle \quad \longrightarrow \quad |\psi(t)\rangle = \hat{U}(t)|a\rangle \tag{2.99}$$

と変化します. この状態の下で物理量 $\hat{A}$ の測定を行うと, もはや必ず測定値 a が得られるわけではありません. 別の測定値 a' が得られる確率振幅は

$$\langle a'|\psi(t)\rangle = \langle a'|\hat{U}(t)|a\rangle \tag{2.100}$$

で与えられます. これを状態 $|a\rangle$ から状態 $|a'\rangle$ への**遷移振幅**といいます. 状態が $|a\rangle$ から $|a'\rangle$ に時間発展したわけではないことに注意してください. あくまでも時間発展後の状態自体は不確定です. 時間発展後の状態の中に固有状態 $|a'\rangle$ が見出される確率振幅のことです. 完全系を挿入して次のように書けば分かりやすいかもしれません.

$$\hat{U}(t)|a\rangle = \sum_{a'} |a'\rangle\langle a'|\hat{U}(t)|a\rangle \tag{2.101}$$

ハイゼンベルク表示で考えると，状態 $|a\rangle$ はそのままで，物理量 $\hat{A}$ が

$$\hat{A}_{\mathrm{H}}(0) = \hat{A} \quad \longrightarrow \quad \hat{A}_{\mathrm{H}}(t) = \hat{U}^{\dagger}(t)\hat{A}\hat{U}(t) \tag{2.102}$$

と時間発展します．既に見たように $\hat{A}_{\mathrm{H}}(t)$ の固有値 a に対応する固有状態は $|a_{\mathrm{H}}; t\rangle = \hat{U}^{\dagger}(t)|a\rangle$ で与えられます．したがって，ハイゼンベルク表示における遷移振幅は

$$\langle a'|\hat{U}(t)|a\rangle = \langle a'_{\mathrm{H}}; t|a_{\mathrm{H}}; 0\rangle \tag{2.103}$$

と固有状態の内積の形で表せます．

第3章

連続変数の量子力学

　前章では有限次元ヒルベルト空間（有限準位系）に限定して量子力学の基本的枠組みについて解説しました．ですが，量子力学を微視的な世界を記述する物理の理論として採用するにはさらなる拡張が必要になります．最も大きな変更点はヒルベルト空間が無限次元になることです．ヒルベルト空間が無限次元であるとは基底ベクトルが無限個あるということです．無限次元ヒルベルト空間は関数の空間を扱う必要があって数学が難しいのと，内積に伴う積分が頻出して式が複雑になりやすいので初学者が量子力学で挫折する大きな要因になります．波動形式から始めるとこの困難は避けられないのですが，本書ではより簡単な設定である有限準位系を扱えるように演算子形式から始めました．ここでは数学の難しい部分にはほとんど深入りせずにできるだけ簡単な設定で無限次元の場合の解説を行います．

3.1 | 離散量と連続量

　無限次元に移行したときにまず遭遇するのは離散変数（要するに添字のこと）が連続変数に持ち上がることです．連続極限と呼ばれたりします．ここでは連続極限を厳密に議論せずに，離散量を機械的に連続量に置き換える方法だけを述べます．数学的には相当いい加減な議論ですが，本書を理解するうえではこれで十分です．

　離散添字 i を持つ変数 f_i が連続変数 x の関数 $f(x)$ に持ち上がったとします[†1]．このとき和は積分に置き換わります．

84 第 3 章 連続変数の量子力学

$$\sum_i f_i \;\;\rightarrow\;\; \int dx\, f(x) \tag{3.1}$$

積分範囲は $i \rightarrow x$ の取り得る値から適宜判断します.

クロネッカーのデルタは**ディラックのデルタ関数**になります. デルタ関数については補遺 B.1 を参照してください.

$$\delta_{ij} = \delta_{i-j,0} \;\;\rightarrow\;\; \delta(x-y) \tag{3.2}$$

和 $\rightarrow$ 積分のルールと合わせて, 例えば

$$\sum_j f_j \delta_{ij} = f_i \;\;\rightarrow\;\; \int dy\, f(y)\delta(x-y) = f(x) \tag{3.3}$$

と綺麗に対応します.

● ちょっと一言 ●

　演算子 (の行列表示) については, ヒルベルト空間が無限次元なので気持ちとしては "無限サイズの行列" なのですが, 実際はもっと複雑です (行列の添字が離散的とは限りません [†2]). したがって, あまり行列のイメージに固執しない方がいいと思います. また数学や数理物理学では (無限次元ヒルベルト空間上の) $\hat{A}^\dagger = \hat{A}$ を満たす演算子を**自己共役演算子**といいます. 厄介なことにエルミート演算子は別の意味で使われます. 量子力学の物理量は厳密には自己共役演算子に相当します [†3]. しかし, なぜか物理の業界では自己共役演算子とはいわずにエルミート演算子ということが圧倒的に多いです. このような複雑な

[†1] もう少し分かりやすく対比させると, 離散添字を持つ変数 x_i の関数値 $f_i = f(x_i)$ を連続的な変数 x の関数 $f(x)$ に置き換えます.

[†2] 例えば 2 変数関数 $A(x,y)$ は連続的な変数を持つ無限次元行列とみなせます. このとき無限次元ベクトル $f(y)$ との積は

$$\int_{-\infty}^{\infty} dy\, A(x,y)f(y) = g(x)$$

となり, 新たなベクトル $g(x)$ が生成されます. $A(x,y)$ は (積分) 核と呼ばれます.

[†3] 有限次元の場合は自己共役演算子とエルミート演算子は一致します. 自己共役演算子を正確に定義するには演算子の定義される領域 (ドメイン) を適切に考えないと駄目なのでか

事情がありますが，本書では不正確を承知で物理の慣習に従って**エルミート演算子**といいます．つまり，エルミート演算子であることの定義は（ドメインの一致まで含めて）$\hat{A}^\dagger = \hat{A}$ です．エルミート演算子の固有値は必ず実数になりますが，取り得る値は連続的な場合もあるし，離散的な場合もありえます．これについては後で考察します．

連続変数での確率の扱いは少しややこしいです．この場合は区間を考える必要があります．連続的な確率変数 X に対して，X が区間 $[a, b]$ に値を取る確率を $P(a \leq X \leq b)$ とします．このとき，無限小区間 $[x - dx/2, x + dx/2]$ に値を取る確率は

$$P\Big(x - \frac{dx}{2} \leq X \leq x + \frac{dx}{2}\Big) = p(x)dx \tag{3.4}$$

の形で与えられます．$p(x)$ を**確率密度**といいます．したがって

$$P_i \quad \rightarrow \quad p(x)dx \tag{3.5}$$

と置き換えます．$p(x)dx$ で確率になることに注意してください．$p(x)$ そのものは確率ではないので，1 より大きくなることもありえます．確率の和を計算する場合は当然ながら積分します．

$$\sum_i P_i \quad \rightarrow \quad \int p(x)dx \tag{3.6}$$

とりあえずはこれくらいを押さえておけば十分です．

問 3.1.

区間 $[0, L]$ に値を取る確率変数 X の密度関数が一様分布 $p(x) = p_0$ で与えられるとき，p_0 の値を定めなさい．

なり難しいです．自己共役演算子の本格的な取り扱いが必要になることは多くないので，とりあえずは気にせずに進めて本当に必要になったときに勉強することをおすすめします．最初から厳格にやろうとすると議論が細かすぎてたいてい挫折します．

86　第 3 章　連続変数の量子力学

解　区間 $[0, L]$ の間に値を取る確率は 1 なので

$$1 = \int_0^L p_0 dx = p_0 L \tag{3.7}$$

となり，$p_0 = 1/L$ となります．無限に長い区間に対しては $p_0 = 0$ となってしまいます．■

3.2 ｜ 若干のルール修正

前節の置き換えを踏まえて，量子力学のルールを再検討します．実は前章の有限次元バージョンのルールを概ねそのまま適用することができ，ルール II のボルンの確率則とルール V の射影仮説が少し修正されます．ルール II は次のように修正されます．

ルール II'（ボルンの確率則）

状態 $|\psi\rangle$ の下で，物理量 $\hat{A}$ の測定を行ったとき，得られる値は $\hat{A}$ の固有値である．

- 離散固有値の場合は測定によって固有値 a が得られる確率は $P(a|\psi) = |\langle a|\psi\rangle|^2$ で与えられる．$|a\rangle$ は $\hat{A}$ の固有値 a に対応する固有状態．
- 連続固有値 a の場合は，測定によって得られる確率密度は $p(a|\psi) = |\langle a|\psi\rangle|^2$ で与えられる．$|a\rangle$ は $\hat{A}$ の固有値 a に対応する固有ケット．

ほとんどそのままです．物理量 $\hat{A}$ の固有値が連続的な場合に [†4]，確率が確率密度に置き換わっています．ここの部分をもう少し正確に述べると，状態 $|\psi\rangle$ の

[†4] 細かいことを言うと，数学では固有値という用語を使うときは，その固有ベクトルがヒルベルト空間に入っていなければいけません．次節で見るように連続的な場合の固有ベクトルは実はヒルベルト空間の元ではないので連続固有値というのは数学用語としては正確で

下で，物理量 $\hat{A}$ の測定値 $\bar{a}$ が $[a - da/2, a + da/2]$ の範囲に入っている確率は

$$P\Big(a - \frac{da}{2} \le \bar{a} \le a + \frac{da}{2}\Big) = p(a|\psi)da = |\langle a|\psi\rangle|^2 da \tag{3.8}$$

となります．連続値の場合は厳密な値（無限桁数の値）を現実的に得ることは無理なので，普通はこのように微小な区間に入っている確率を考えます．$p(a|\psi)$ は確率ではなく，確率密度です．

一方，射影仮説はもっと微妙です．ここでは連続版の射影仮説をルールには組み込まずに次節で少しコメントするだけにとどめます．

ここから先は無限次元ヒルベルト空間の量子力学を具体的に展開していきます．有限次元のときより遥かに豊かな構造になっていて，その分難しくもあります．簡単のために（ヒルベルト空間ではない現実の）空間の次元はずっと 1 次元で考えます．座標は x です．最後の最後でまとめて 3 次元空間へ拡張します [5]．

3.3 位置演算子

空間座標 x を固有値として持つエルミート演算子を $\hat{x}$ と書いて**位置演算子**といいます [6]．定義により $\hat{x}^\dagger = \hat{x}$ です．（非常に乱暴な説明ですが）位置 x は実数なので $\hat{x}$ にエルミート性を課してます．固有値の方程式は

$$\hat{x}|x\rangle = x|x\rangle \tag{3.9}$$

はなく，連続スペクトルといいます．しかし，物理の文献では連続固有値の用語も普通に見られるのであまり気にしなくてもいいと思います．自己共役演算子とエルミート演算子の違いも含めて，数学と物理の言葉遣いの違いは方言の違いくらいに思っておけばいいでしょう．お互いに意思疎通をするときには気をつけましょう．

[5] 教える側の立場として，一般的な状況から出発する場合とできるだけ簡単な（特殊な）状況で教えておいてから一般化するという 2 通りが考えられます．どちらも一長一短ですが，私は後者の方が好きです．簡単な方が物事の本質を捉えやすいと思うからです．本書でもこの信念に基づいて後者のスタイルを貫いています．

[6] 量子力学ではルール I で要請されたように観測される量はエルミート演算子で表されると考えます．ただし，時間だけは最初から与えられたパラメータ（演算子ではなくただの数）とみなします．

88 第 3 章 連続変数の量子力学

となります．初めてだと x が現れすぎて何が何やら訳が分からないと思います．$\hat{x}$ が演算子（行列みたいなもの），右辺の x は固有値でただの数，$|x\rangle$ が固有ケットベクトルです．行列のときの $A|a\rangle = a|a\rangle$ みたいなものです．ディラックの記法で固有ベクトルを書くときはよく固有値と固有ケットの中身を合わせます．こうしておけば固有値がひと目で分かるので．ただし，固有値が具体的な値のとき，例えば $x = 0$ に対応する固有ケットは $|0\rangle$ とは書かずに，$|x = 0\rangle$ のように $\hat{x}$ の固有ケットであることが分かるように気をつけます．ケットの中身は数式ではなく単なるラベルであることを思い出しましょう．この辺の感覚は慣れるしかありません．

大事なのは固有値 x は連続的であることです．このような連続的な固有値のことを**連続スペクトル**といいます．これまで出てきた離散的な固有値は点スペクトルとも呼ばれます．固有ベクトルは直交しています．ただし連続変数なのでデルタ関数を使わないといけません．こうなります．

$$\langle x'|x\rangle = \delta(x' - x) \qquad (3.10)$$

ここではこの関係式を $|x\rangle$ の**規格直交条件**と呼ぶことにします．この式で形式的に $x' = x$ として見ると，$\langle x|x\rangle = \delta(0)$ となり，右辺は発散しています．つまりケットベクトル $|x\rangle$ のノルムは発散しています．この意味で $|x\rangle$ はヒルベルト空間の元あるいは状態とはみなせません．$|x\rangle$ は状態ではないので，本書では位置固有ケットと呼ぶことにします．後でコメントしますが，この章以降は暗黙的にヒルベルト空間よりも広い空間を考えていくことになります．関数の世界からデルタ関数のような超関数を含む世界まで拡げたことと対応します．ヒルベルト空間に戻ってくるためにはノルムが 1 となる規格化条件を満たす状態だけを取り出してくる必要があります．

さて，歴史的な理由により，量子状態 $|\psi\rangle$ と位置固有ケット $|x\rangle$ から作られる x の関数

$$\psi(x) := \langle x | \psi \rangle \tag{3.11}$$

には**波動関数**という名前がついています．なぜなら，この関数こそが波動力学におけるシュレーディンガー方程式の波動関数と関係しているからです．これは 3.6.3 項で見ます．

位置固有ケットの規格直交条件と合わせると，

$$\psi(x') = \int_{-\infty}^{\infty} dx\, \delta(x' - x)\psi(x) = \int_{-\infty}^{\infty} dx\, \langle x'|x \rangle \langle x|\psi \rangle$$
$$= \langle x'| \left(\int_{-\infty}^{\infty} dx\, |x\rangle\langle x| \right) |\psi\rangle \tag{3.12}$$

と表すことができるので，完全性の関係

$$\int_{-\infty}^{\infty} dx\, |x\rangle\langle x| = \hat{I} \tag{3.13}$$

が示唆されます．$|x\rangle$ が属する空間（ヒルベルト空間ではない）の性質がよく分からないので，この関係式は仮定として採用します．可能性としてはこの空間では $\langle x|\hat{M}|\psi\rangle = \langle x|\psi\rangle$ であるような非自明な演算子 $\hat{M}$ が存在することもありえます．とにかく仮定を認めれば状態 $|\psi\rangle$ の "基底" $|x\rangle$ による展開は

$$|\psi\rangle = \int_{-\infty}^{\infty} dx\, |x\rangle\langle x|\psi\rangle = \int_{-\infty}^{\infty} dx\, \psi(x)|x\rangle \tag{3.14}$$

となって，係数に波動関数が現れます．ここまでの表式にまだ慣れない人は前章に戻って対応する式 (2.25) と見比べてみましょう．

ボルンの確率則によれば，状態 $|\psi\rangle$ の下で，物理量 $\hat{x}$ の測定を行ったとき，結果が x である確率密度は $p(x|\psi) = |\langle x|\psi\rangle|^2 = |\psi(x)|^2$ で与えられます．したがって，波動関数は確率振幅そのもの（確率密度ではないことに注意）と結論づけられます．状態の規格化条件は

90　第 3 章　連続変数の量子力学

$$\langle \psi | \psi \rangle = \int_{-\infty}^{\infty} dx \, \langle \psi | x \rangle \langle x | \psi \rangle = \int_{-\infty}^{\infty} dx \, |\psi(x)|^2 = 1 \qquad (3.15)$$

となります. いわゆる**波動関数の規格化条件**です. 前章で見たように全確率が
1 になるための条件に他なりません.

問 3.2.

式 (3.15) の最初の等号では何をしたのか？

解　完全性 (3.13) を挿入しました.　　　　　　　　　　　　■

　波動関数のような絶対値の 2 乗の積分が有限になるような関数を**自乗可積分**
関数といいます. ヒルベルト空間を自乗可積分関数全体の集合 [7]（しばしば
$L^2(\mathbb{R})$ のように表します）として捉えることも可能で, そうすると必然的に無
限次元となります. 関数の空間を考えないといけないので難しいです. 波動関
数の物理的解釈についてはもう少し後（4.1 節）で改めて検討します.

射影仮説について

　先延ばしにしていた射影仮説について考えます. これまでのルールを素朴に
適用すると, 位置演算子 $\hat{x}$ を測定して結果 x を得た場合は, 測定後の状態は
$|x\rangle$ になると思われますが, 既に述べた通り $|x\rangle$ は状態ではないので, これだ
と次の測定でボルンの確率則を適用できません. 連続の場合はボルンの確率則
でも結果 x を得る確率というのは定義されていなくて, 確率密度や微小区間に
入っている確率を考える必要がありました. そのノリで射影仮説の方も結果が
$[x - dx/2, x + dx/2]$ という区間に入っていた場合に状態がどう変化するかを

---

[7] ここも細かいことを言い出すと, 「ルベーグ積分の意味で自乗可積分」とか「ほとんどいた
るところで等しい関数は同一視する」とか色々ややこしい数学の条件がつきます... 連続変
数の扱いは面倒ですね.

考えてみると，

$$|\psi_{\text{after}}\rangle = C \int_{x-dx/2}^{x+dx/2} dx' \, |x'\rangle\langle x'|\psi\rangle = C \int_{x-dx/2}^{x+dx/2} dx' \, \psi(x')|x'\rangle \quad (3.16)$$

になるのではないかと予想できます．C は適当な定数です．これなら規格化可能なので状態とみなせます．確かめてみましょう．

$$\begin{aligned}
\langle\psi_{\text{after}}|\psi_{\text{after}}\rangle &= |C|^2 \iint_{x-dx/2}^{x+dx/2} dx'dx'' \, \psi^*(x'')\psi(x')\langle x''|x'\rangle \\
&= |C|^2 \iint_{x-dx/2}^{x+dx/2} dx'dx'' \, \psi^*(x'')\psi(x')\delta(x''-x') \\
&= |C|^2 \int_{x-dx/2}^{x+dx/2} dx' \, |\psi(x')|^2 \quad (3.17)
\end{aligned}$$

より

$$C = \left(\int_{x-dx/2}^{x+dx/2} dx' \, |\psi(x')|^2 \right)^{-1/2} \quad (3.18)$$

と有限に定まります．位相因子は無視しました．波動関数の言葉だと

$$\begin{aligned}
\psi_{\text{after}}(X) &= C \int_{x-dx/2}^{x+dx/2} dx' \, \psi(x')\delta(X-x') \\
&= \begin{cases} C\psi(X) & (x - \dfrac{dx}{2} < X < x + \dfrac{dx}{2}) \\ 0 & (\text{それ以外}) \end{cases} \quad (3.19)
\end{aligned}$$

となります．この状態の下で改めて $\hat{x}$ を測定すれば測定結果は必ず $[x-dx/2, x+dx/2]$ の区間に入っています．その意味で確定した状態と言えなくもありません．

本書では連続版の射影仮説を使うことはないのでこれ以上深入りはしません．もう少し詳しい議論は，例えば文献 [1, 5] などにあります．

拡張ヒルベルト空間の話

ここはざっくりした数学の話なので興味のない人は気にしなくても大丈夫です．既に述べたように位置固有ケット $|x\rangle$ はノルムが発散しているのでヒルベルト空間の元ではありません．一方，既に見たように任意の状態ベクトルは式

92 第 3 章 連続変数の量子力学

(3.14) のように位置固有ケットで展開できます．つまり，位置固有ケットはヒルベルト空間の基底を張っているように思えます．ヒルベルト空間の元じゃないもので，ヒルベルト空間の元を表すという点が少し不自然です．この点に関して少しコメントします．私たちが興味のあるヒルベルト空間を $\mathcal{H}$ とします．$|x\rangle$ が張ることのできる空間を $\mathcal{G}$ と書くことにします[†8]．$\mathcal{G}$ はノルムが有限なベクトルだけなく，無限大のベクトルも含むのでもはやヒルベルト空間ではありませんが，部分空間としては $\mathcal{H}$ を含むはずです．（$\mathcal{H}$ の任意の元が $|x\rangle$ の重ね合わせで表せるので．）

$$\mathcal{H} \subset \mathcal{G} \tag{3.20}$$

$|x\rangle$ の完全性より，$\mathcal{G}$ の任意のベクトル $|\psi\rangle$ もやはり式 (3.14) のように書けます．このときもし $|\psi\rangle$ がヒルベルト空間 $\mathcal{H}$ の元ならば，ノルム $\|\psi\|$ は有限確定なので展開係数である波動関数は自乗可積分性

$$\langle\psi|\psi\rangle = \int_{-\infty}^{\infty} dx\, |\psi(x)|^2 < \infty \tag{3.21}$$

を満たさないといけません．つまり，波動関数に予めこの条件を課しておけば，$|x\rangle$ をあたかもヒルベルト空間 $\mathcal{H}$ の基底であるかのごとく使えます．特に規格化条件を課したときは $|\psi\rangle$ は状態になります．

$$|\psi\rangle\ \text{が状態} \quad \Longleftrightarrow \quad \psi(x)\ \text{が規格化された自乗可積分関数} \tag{3.22}$$

$\psi(x)$ から自乗可積分性を外すと，もはや $|\psi\rangle$ は $\mathcal{H}$ の元とはみなせず $\mathcal{G}$ の元となります．例えば $\psi(x) = \delta(x - x_0)$ のような波動関数を取ると，式 (3.14) は $|\psi\rangle = |x_0\rangle$ となって，$|\psi\rangle$ は $\mathcal{H}$ からはみ出します．実際 $\delta(x - x_0)$ は自乗可積分関数ではないです．後で見るようにシュレーディンガー方程式を解いて得られる波動関数は普通は自乗可積分ではないです．これは状態ベクトルに関するシュレーディンガー方程式を（$\mathcal{H}$ の元ではない）位置固有ケット $|x\rangle$ で強引に展開した係数（波動関数）の言葉で書き直したからだと考えられます．つまり

[†8] このような空間を数学的に厳密に定義したものは rigged Hilbert space とか Gelfand triple とか呼ばれています．

演算子形式から波動形式へ移行するときに，暗黙のうちにヒルベルト空間 $\mathcal{H}$ から拡張空間 $\mathcal{G}$ へ移行してしまっています．ヒルベルト空間 $\mathcal{H}$ の情報を取り出すためには，人為的に自乗可積分な解だけを選び出す必要があります．その際にエネルギーの量子化が起こります．しかし，このことは逆に $\mathcal{G}$ まで拡げて考えてやれば自乗可積分関数に限る必要はなく，もっと広い "状態" まで扱えるとも言えます．$\mathcal{G}$ はあくまでもヒルベルト空間ではない点には十分に注意する必要があります．

3.4 運動量演算子

位置演算子と同じく運動量を固有値として持つエルミート演算子として**運動量演算子**を導入します．これから先の定式化では位置と運動量をほぼ対等に扱っていきます．このことは，この定式化が古典力学のハミルトン形式と関わりがあることを示唆します．

$$\hat{p}|p\rangle = p|p\rangle, \quad \hat{p}^{\dagger} = \hat{p} \tag{3.23}$$

運動量固有ケットも正規直交性，および完全性を満たすと仮定します．

$$\langle p'|p\rangle = \delta(p'-p) \qquad \int_{-\infty}^{\infty} dp\,|p\rangle\langle p| = \hat{I} \tag{3.24}$$

したがって，任意の状態 $|\psi\rangle$ は

$$|\psi\rangle = \int_{-\infty}^{\infty} dp\,|p\rangle\langle p|\psi\rangle = \int_{-\infty}^{\infty} dp\,\tilde{\psi}(p)|p\rangle \tag{3.25}$$

と展開することもできます．$\tilde{\psi}(p) := \langle p|\psi\rangle$ を運動量表示の波動関数といいます．規格化条件は運動量表示では

$$\langle\psi|\psi\rangle = \int_{-\infty}^{\infty} dp\,\langle\psi|p\rangle\langle p|\psi\rangle = \int_{-\infty}^{\infty} dp\,|\tilde{\psi}(p)|^2 = 1 \tag{3.26}$$

です．やはり運動量表示の波動関数も自乗可積分でないといけません．

94 第 3 章 連続変数の量子力学

問 3.3.

確率密度 $|\psi(x)|^2$ と $|\tilde{\psi}(p)|^2$ の物理的な意味の違いを考えてみなさい.

ヒント ルール II' の連続版ボルンの確率則を今一度声に出して復習してください. ■

3.4.1 正準交換関係

量子力学では位置演算子 $\hat{x}$ と運動量演算子 $\hat{p}$ は次のような非自明な関係式を満たすことを要請します.

$$[\hat{x}, \hat{p}] = \hat{x}\hat{p} - \hat{p}\hat{x} = i\hbar \tag{3.27}$$

これを**正準交換関係**といいます. 右辺は正確には $i\hbar\hat{I}$ という演算子の意味ですが, 煩わしいので普通は恒等演算子 $\hat{I}$ は省略します.

なぜ式 (3.27) のような関係が出てくるのかを見るために**並進演算子**を導入します. 並進演算子 $\hat{T}(a)$ とは位置演算子 $\hat{x}$ の固有ケット $|x\rangle$ を別の固有ケット $|x+a\rangle$ にずらす演算子のことです. 式で書けばこうです.

$$\hat{T}(a)|x\rangle = |x+a\rangle \tag{3.28}$$

ここで

$$\hat{x}|x\rangle = x|x\rangle, \quad \hat{x}|x+a\rangle = (x+a)|x+a\rangle \tag{3.29}$$

が成り立ちます. 演算子 $\hat{x}$ と固有値 x の違いをよく認識しておくことが重要です. 並進演算子は以前出てきた時間発展演算子とよく似ています. 時間発展演算子は時間をずらす演算子です.

$$\hat{U}(t)|\psi(0)\rangle = |\psi(t)\rangle \tag{3.30}$$

3.4 運動量演算子 95

3.4.2 並進演算子の性質

以下の性質はすぐに導けます.

$$\hat{T}(0) = \hat{I}, \quad \hat{T}(a_1)\hat{T}(a_2) = \hat{T}(a_2)\hat{T}(a_1) = \hat{T}(a_1 + a_2) \tag{3.31}$$

問 3.4.

式 (3.31) を導きなさい.

> **解** 任意の位置固有ケット $|x\rangle$ に作用させてみれば明らかでしょう. ∎

並進演算子は次の重要な性質を持ちます. これを示すのは初めてだとやや難しいのでここでやります.

> 並進演算子 $\hat{T}(a)$ はユニタリ演算子である. すなわち
>
> $$\hat{T}^\dagger(a)\hat{T}(a) = \hat{I} \tag{3.32}$$
>
> が成り立つ.

証明：まず $|x + a\rangle = \hat{T}(a)|x\rangle$ より

$$\langle x + a| = \langle x|\hat{T}^\dagger(a) \tag{3.33}$$

となることに注意します. このとき

$$\langle x' + a|x + a\rangle = \langle x'|\hat{T}^\dagger(a)\hat{T}(a)|x\rangle \tag{3.34}$$

となりますが，ここで $\langle x' + a|x + a\rangle = \delta(x' - x) = \langle x'|x\rangle$ なので

$$\langle x'|\hat{T}^\dagger(a)\hat{T}(a)|x\rangle = \langle x'|x\rangle \tag{3.35}$$

でなければなりません. これがありとあらゆる x, x' について成り立つために

96   第 3 章   連続変数の量子力学

は，ユニタリ性 (3.32) が必要です．もう少しきちんと示すには完全性を使います．ブラを外したいので左から $|x'\rangle$ を掛けて x' で積分します．

$$\int_{-\infty}^{\infty} dx' \, |x'\rangle\langle x'|\hat{T}^{\dagger}(a)\hat{T}(a)|x\rangle = \hat{T}^{\dagger}(a)\hat{T}(a)|x\rangle$$

$$\int_{-\infty}^{\infty} dx' \, |x'\rangle\langle x'|x\rangle = |x\rangle$$
(3.36)

上手く外れました．同様に右から $\langle x|$ を掛けて x 積分することで，ケットを外せます．∎

問 3.5.

$\hat{T}^{\dagger}(a) = \hat{T}(-a)$ を示しなさい．

解 $\hat{T}(-a)\hat{T}(a) = \hat{T}(-a+a) = \hat{I}$ と $\hat{T}^{\dagger}(a)\hat{T}(a) = \hat{I}$ より明らかです．∎

これを使うと

$$\hat{T}^{\dagger}(a)\hat{x}\hat{T}(a)|x\rangle = \hat{T}^{\dagger}(a)\hat{x}|x+a\rangle = \hat{T}^{\dagger}(a)(x+a)|x+a\rangle$$
$$= (x+a)\hat{T}(-a)|x+a\rangle = (x+a)|x\rangle$$
$$= (\hat{x}+a)|x\rangle$$
(3.37)

となるので，演算子として

$$\hat{T}^{\dagger}(a)\hat{x}\hat{T}(a) = \hat{x} + a$$
(3.38)

が言えます．右辺の a は $a\hat{I}$ の意味です．

3.4.3   微小並進と運動量演算子

並進演算子の微小極限を考えます．解析力学の知識から，微小並進演算子は

3.4 運動量演算子 97

運動量演算子と関係することが示唆されます．解析力学によれば，空間並進に
対する無限小正準変換の生成子は運動量でした．忘れてしまった人は復習しま
しょう．量子力学でも同じように並進演算子の微小極限として運動量演算子が
現れると仮定します．具体的には

$$\hat{T}(\epsilon) = \hat{I} - \frac{i\hat{p}\epsilon}{\hbar} + O(\epsilon^2) \tag{3.39}$$

という関係式です．右辺の虚数 i は $\hat{p}$ がエルミートになるために必要です．$\hbar$
が現れるのは次元を変換するためです．

問 3.6.

式 (3.39) で与えられる演算子 $\hat{p}$ はエルミートであることを確かめなさい．

解 問 3.5 で示した $\hat{T}^\dagger(\epsilon) = \hat{T}(-\epsilon)$ を使います．

$$\hat{T}^\dagger(\epsilon) = \hat{I} + \frac{i\hat{p}^\dagger\epsilon}{\hbar} + O(\epsilon^2)$$
$$\hat{T}(-\epsilon) = \hat{I} + \frac{i\hat{p}\epsilon}{\hbar} + O(\epsilon^2) \tag{3.40}$$

なので $\hat{p}^\dagger = \hat{p}$ です． ∎

一方，式 (3.38) の両辺に左から $\hat{T}(a)$ を掛けると

$$\hat{x}\hat{T}(a) = \hat{T}(a)\hat{x} + a\hat{T}(a) \tag{3.41}$$

が得られますが，これは交換子を使って

$$[\hat{x}, \hat{T}(a)] = a\hat{T}(a) \tag{3.42}$$

とも書けます．微小並進に対しては

$$[\hat{x}, \hat{T}(\epsilon)] = \epsilon + O(\epsilon^2) \tag{3.43}$$

98 第3章 連続変数の量子力学

となります．式 (3.39) を交換関係 (3.43) に代入すれば，正準交換関係 (3.27) が得られます．

問 3.7.

正準交換関係 (3.27) が得られることを確かめなさい．

解 $[\hat{X}, a\hat{Y} + b\hat{Z}] = a[\hat{X}, \hat{Y}] + b[\hat{X}, \hat{Z}]$ のような分配則が成り立つことに注意します．

$$\begin{aligned}
[\hat{x}, \hat{T}(\epsilon)] &= [\hat{x}, \hat{I}] - \frac{i\epsilon}{\hbar}[\hat{x}, \hat{p}] + O(\epsilon^2) \\
&= \frac{\epsilon}{i\hbar}[\hat{x}, \hat{p}] + O(\epsilon^2)
\end{aligned} \tag{3.44}$$

最後の式の第 1 項が ϵ に等しいので正準交換関係が得られます．逆に言えば正準交換関係を要請すれば，式 (3.39) の右辺第 2 項の $\hat{p}$ の係数が一意的に決まります．■

3.4.4 位置表示での運動量演算子の作用

ここまでで量子力学において極めて重要な位置演算子 $\hat{x}$ と運動量演算子 $\hat{p}$ を導入して，交換関係やそれぞれの固有ケットでの展開を考えました．ここでは位置固有ケットを基底に選んだときに，運動量演算子の作用が微分演算子で表されることを見ます．

まず，位置表示の波動関数は $\psi(x) = \langle x|\psi\rangle$ と表されることに注意します．このとき

$$\psi(x + \epsilon) = \langle x + \epsilon|\psi\rangle \tag{3.45}$$

です．左辺はテイラー展開により，

$$\psi(x + \epsilon) = \psi(x) + \epsilon\frac{d}{dx}\psi(x) + O(\epsilon^2) \tag{3.46}$$

となります．一方，右辺は $|x + \epsilon\rangle = \hat{T}(\epsilon)|x\rangle$ の共役を取れば

$$\langle x + \epsilon | \psi \rangle = \langle x | \hat{T}^{\dagger}(\epsilon) | \psi \rangle \tag{3.47}$$

と並進演算子で表せます。ここで微小並進の式 (3.39) を代入すると

$$\langle x + \epsilon | \psi \rangle = \langle x | \left(\hat{I} + \frac{i\hat{p}\epsilon}{\hbar} + O(\epsilon^2) \right) | \psi \rangle$$
$$= \langle x | \psi \rangle + \epsilon \frac{i}{\hbar} \langle x | \hat{p} | \psi \rangle + O(\epsilon^2) \tag{3.48}$$

となるので，結局

$$\langle x | \hat{p} | \psi \rangle = \frac{\hbar}{i} \frac{d}{dx} \langle x | \psi \rangle \tag{3.49}$$

という極めて重要な関係式が得られます。この式を 2 回繰り返すと

$$\langle x | \hat{p}^2 | \psi \rangle = \frac{\hbar}{i} \frac{d}{dx} \langle x | \hat{p} | \psi \rangle = \left(\frac{\hbar}{i} \frac{d}{dx} \right)^2 \langle x | \psi \rangle = -\hbar^2 \frac{d^2}{dx^2} \langle x | \psi \rangle \tag{3.50}$$

が得られます。これも重要です。最初の等式では $\langle x | \hat{p} \cdot \hat{p} | \psi \rangle$ としています。n 回繰り返せば

$$\langle x | \hat{p}^n | \psi \rangle = \left(\frac{\hbar}{i} \frac{d}{dx} \right)^n \langle x | \psi \rangle \tag{3.51}$$

が得られます。もっと一般に任意の関数 $f(p)$ に対して，

$$\langle x | f(\hat{p}) | \psi \rangle = f \left(\frac{\hbar}{i} \frac{d}{dx} \right) \langle x | \psi \rangle \tag{3.52}$$

となります。この式を形式的に示すには $f(\hat{p})$ をテイラー展開して，式 (3.51) を使います。演算子の関数はテイラー展開で定義できます。

しばしば，正準交換関係 (3.27) との整合性から運動量演算子を

$$\hat{p} = \frac{\hbar}{i} \frac{d}{dx} \tag{3.53}$$

100　第3章　連続変数の量子力学

と微分演算子と同一視してよいという説明がなされます．これを**シュレーディ
ンガー表現**といいます．基底を選んで演算子を具現化することを表現というの
でした．このような同一視の正確な意味は式 (3.49) のことです．非常に便利な
のでよく使われますが，理由をあまり理解せずに闇雲に使ってしまうと，

$$\hat{p}^{\dagger} = \left(\frac{\hbar}{i}\frac{d}{dx}\right)^{\dagger} \overset{\text{誤り}}{=} -\frac{\hbar}{i}\frac{d}{dx} = -\hat{p} \tag{3.54}$$

となって $\hat{p}^{\dagger} \neq \hat{p}$ という誤った結論に達してしまうので十分気をつけましょう．
本章では式 (3.53) のような書き方はせずに，どの基底を選んだときの表示であ
るかが明確になるように一貫してブラ・ケットによる表示 (3.49) を使います．
$\hat{p}$ はあくまでも抽象的なケットベクトルに作用する演算子です．そうすること
で間違った式変形を防げます．

問 3.8.

式 (3.54) の式変形はなぜ間違ったのだろうか？

解　この問にきちんと答えるのは演算子が作用する空間を真面目に考え
る必要があるのでそれほど簡単ではないです．次のような考察で一応納得は
できます．任意の状態 $|\varphi\rangle$, $|\psi\rangle$ に対して $\langle\psi|\hat{p}|\varphi\rangle$ を2通りのやり方で波動関
数の積分に直します．位置固有ケットの完全性を $\hat{p}$ の左右のどちらかに挿入
します．左に挿入すると

$$\langle\psi|\hat{p}|\varphi\rangle = \int_{-\infty}^{\infty} dx\, \langle\psi|x\rangle\langle x|\hat{p}|\varphi\rangle = \int_{-\infty}^{\infty} dx\, \psi^*(x)\frac{\hbar}{i}\frac{d}{dx}\varphi(x)$$

$$= \int_{-\infty}^{\infty} dx\, \left(-\frac{\hbar}{i}\frac{d}{dx}\psi^*(x)\right)\varphi(x)$$

$$= \int_{-\infty}^{\infty} dx\, \left(\frac{\hbar}{i}\frac{d}{dx}\psi(x)\right)^{*}\varphi(x) \tag{3.55}$$

となります．途中で部分積分を使いました（無限遠方の項はゼロになると仮
定しました）．一方，右に挿入すると

$$\langle\psi|\hat{p}|\varphi\rangle = \int_{-\infty}^{\infty} dx \, \langle\psi|\hat{p}|x\rangle\langle x|\varphi\rangle$$

$$= \int_{-\infty}^{\infty} dx \, \langle x|\hat{p}^{\dagger}|\psi\rangle^{*}\varphi(x) \tag{3.56}$$

となります．式 (3.55) と式 (3.56) を比較すると

$$\langle x|\hat{p}^{\dagger}|\psi\rangle = \frac{\hbar}{i}\frac{d}{dx}\psi(x) \tag{3.57}$$

となっていないと辻褄が合いません．このとき確かに $\hat{p}$ はエルミート演算子の性質を満たします．したがって，式 (3.54) のマイナス符号の違いは部分積分で微分演算子の作用させる関数を変えたところにあったと理解できます．微分演算子のエルミート共役を考えるときは部分積分で反対側の関数（ブラの方から来る関数）に作用させないといけません． ∎

有限の並進

$\psi(x+a)$ のテイラー展開は微分演算子の指数関数（差分演算子）を使って形式的に次のように書けます．

$$\psi(x+a) = \sum_{n=0}^{\infty}\frac{a^{n}}{n!}\frac{d^{n}}{dx^{n}}\psi(x) = \exp\left(a\frac{d}{dx}\right)\psi(x) \tag{3.58}$$

式 (3.52) を使ってブラ・ケット表示に直すと

$$\psi(x+a) = \exp\left(a\frac{d}{dx}\right)\langle x|\psi\rangle = \langle x|\exp\left(\frac{i\hat{p}a}{\hbar}\right)|\psi\rangle \tag{3.59}$$

となります．さらに $\langle x|\hat{T}^{\dagger}(a)|\psi\rangle = \psi(x+a)$ なので $\hat{T}^{\dagger}(a) = \hat{T}(-a)$ に注意すれば，有限の並進演算子は

$$\hat{T}(a) = \exp\left(-\frac{i\hat{p}a}{\hbar}\right) \tag{3.60}$$

102　第 3 章　連続変数の量子力学

で与えられることが分かります．時間発展演算子の結果 (2.45) と比較してみましょう．

基底の変換

式 (3.49) において，特に $|\psi\rangle = |p\rangle$ と運動量固有ケットを取ると，

$$\frac{\hbar}{i}\frac{d}{dx}\langle x|p\rangle = p\langle x|p\rangle \tag{3.61}$$

という微分方程式が得られます．この微分方程式は簡単に解けて

$$\langle x|p\rangle = Ce^{\frac{ipx}{\hbar}} \tag{3.62}$$

となります．

問 3.9.

微分方程式 (3.61) を変数分離法で解いて，解が式 (3.62) で与えられることを示しなさい．

ヒント　問 2.10 の式 (2.61) とほとんど同じ形をしています．　■

後は積分定数 C を決めます．規格直交条件の式を使います．

$$\delta(x - x') = \langle x|x'\rangle = \int_{-\infty}^{\infty} dp\,\langle x|p\rangle\langle p|x'\rangle = \int_{-\infty}^{\infty} dp\,Ce^{\frac{ipx}{\hbar}}C^*e^{-\frac{ipx'}{\hbar}}$$

$$= |C|^2 \int_{-\infty}^{\infty} dp\,e^{\frac{ip(x-x')}{\hbar}} \tag{3.63}$$

ここで最後の式がデルタ関数のフーリエ変換表示であることに気づければ勝ちです．（そもそも左辺がデルタ関数なので自然にそういう発想に至るはずです．）

$$\int_{-\infty}^{\infty} dp\,e^{\frac{ip(x-x')}{\hbar}} = \int_{-\infty}^{\infty} \hbar dk\,e^{ik(x-x')} = 2\pi\hbar\delta(x - x') \tag{3.64}$$

補遺 B.1 節の式 (B.14) を参照のこと．以上から $|C|^2 = 1/(2\pi\hbar)$ となりますが，状態の全体に掛かる位相因子は任意に選べるので

3.4 運動量演算子　103

$$\langle x|p\rangle = \frac{1}{\sqrt{2\pi\hbar}}e^{\frac{ipx}{\hbar}} \qquad \langle p|x\rangle = \frac{1}{\sqrt{2\pi\hbar}}e^{-\frac{ipx}{\hbar}} \tag{3.65}$$

とできます．ここで $e^{\pm ipx/\hbar}$ も位相因子なので落としてもいいんじゃないか？と思われるかもしれませんが，この部分は x と p に依存しているので固有ケットで展開するときには全体に掛かる位相因子とはみなせません．すぐ下の式 (3.66), (3.67) を見てください．

　ここから位置表示と運動量表示の波動関数の関係が読み取れます．すなわち

$$\begin{aligned}
\tilde{\psi}(p) = \langle p|\psi\rangle &= \int_{-\infty}^{\infty} dx\, \langle p|x\rangle\langle x|\psi\rangle \\
&= \int_{-\infty}^{\infty} \frac{dx}{\sqrt{2\pi\hbar}}e^{-\frac{ipx}{\hbar}}\psi(x)
\end{aligned} \tag{3.66}$$

となり，同様に

$$\begin{aligned}
\psi(x) = \langle x|\psi\rangle &= \int_{-\infty}^{\infty} dp\, \langle x|p\rangle\langle p|\psi\rangle \\
&= \int_{-\infty}^{\infty} \frac{dp}{\sqrt{2\pi\hbar}}e^{\frac{ipx}{\hbar}}\tilde{\psi}(p)
\end{aligned} \tag{3.67}$$

となります．基底の変換をしていることに注意しましょう．つまり，位置表示と運動量表示の波動関数は**フーリエ変換**の関係で結びついているのです！基本的にやっていることは固有ケットの完全系を挿入して変形しているだけです．ディラックのブラ・ケット記法を使えば綺麗に計算できていることが分かると思います．

問 3.10.

$\langle p|\hat{x}|\psi\rangle = i\hbar\dfrac{d}{dp}\langle p|\psi\rangle$ を示しなさい．

104　第3章　連続変数の量子力学

> **解**　色々やり方はあると思いますが，位置固有ケットの完全性を挟んで示します．式 (3.9), (3.65) を使って

$$\langle p|\hat{x}|\psi\rangle = \int_{-\infty}^{\infty} dx \, \langle p|\hat{x}|x\rangle\langle x|\psi\rangle = \int_{-\infty}^{\infty} dx \, x\langle p|x\rangle\langle x|\psi\rangle$$

$$= \int_{-\infty}^{\infty} \frac{dx}{\sqrt{2\pi\hbar}} e^{-\frac{ipx}{\hbar}} x\psi(x) = i\hbar\frac{d}{dp}\int_{-\infty}^{\infty} \frac{dx}{\sqrt{2\pi\hbar}} e^{-\frac{ipx}{\hbar}} \psi(x)$$

$$= i\hbar\frac{d}{dp}\tilde{\psi}(p) \tag{3.68}$$

となります．別のやり方として運動量固有ケットをずらす "運動量並進演算子" を導入して運動量表示でこれまでと同じ議論を繰り返すというのも考えられます．∎

3.5 不確定性原理

　位置演算子と運動量演算子の正準交換関係 $[\hat{x}, \hat{p}] = i\hbar$ から導かれる非常に重要な帰結に不確定性原理と呼ばれるものがあります．

3.5.1 不確定性を表す不等式

　少し統計学の復習をします．ある確率変数 X の期待値 $\langle X\rangle$ に対して，$\Delta X := X - \langle X\rangle$ とするとき，$\langle(\Delta X)^2\rangle$ を**分散**，$\sqrt{\langle(\Delta X)^2\rangle}$ を**標準偏差**といいます．分散や標準偏差は多数の試行を行ったときの結果のばらつきの指標です．偏差値が有名ですね．全くばらつきがなければ標準偏差はゼロです．

> **問 3.11.**
>
> 分散に関して $\langle(\Delta X)^2\rangle = \langle X^2\rangle - \langle X\rangle^2$ を示しなさい．

3.5 不確定性原理 **105**

解 $(\Delta X)^2 = (X - \langle X \rangle)^2 = X^2 - 2\langle X \rangle X + \langle X \rangle^2$ なので

$$\langle (\Delta X)^2 \rangle = \langle X^2 - 2\langle X \rangle X + \langle X \rangle^2 \rangle = \langle X^2 \rangle - 2\langle X \rangle^2 + \langle X \rangle^2$$
$$= \langle X^2 \rangle - \langle X \rangle^2 \tag{3.69}$$

となります．途中で $\langle 1 \rangle = ($全確率$) = 1$ を使いました． ∎

　量子力学では，状態 $|\psi\rangle$ における物理量 $\hat{A}$ の測定による期待値は

$$\langle \hat{A} \rangle_\psi := \langle \psi | \hat{A} | \psi \rangle \tag{3.70}$$

で与えられるのでした．このとき位置演算子，運動量演算子の測定による標準偏差を

$$\delta x_\psi := \sqrt{\langle \hat{x}^2 \rangle_\psi - \langle \hat{x} \rangle_\psi^2}, \quad \delta p_\psi := \sqrt{\langle \hat{p}^2 \rangle_\psi - \langle \hat{p} \rangle_\psi^2} \tag{3.71}$$

と定義すると，あらゆる状態 $|\psi\rangle$ に対して

$$\delta x_\psi \delta p_\psi \geq \frac{\hbar}{2} \tag{3.72}$$

が満たされます．これを**不確定性関係**または**ケナードの不等式**といいます．おそらく量子力学の本質を最も鋭く言い表した数式の 1 つです．正準交換関係と位置演算子・運動量演算子のエルミート性のみから導かれます．導出は次項に回すこととし，ここではなぜ「不確定」という名前が付いているかについて説明します．

　測定に関する偏りがゼロであるような状態，つまり物理量を測定したときに 100％同じ値が得られるような状態をその物理量の確定状態と呼ぶのでした．ボルンの確率則により確定状態とはその物理量の固有状態です（2.4.4 項参照）．

　一方，標準偏差が非ゼロの状態（すなわち非固有状態）は測定によっていつも同じ値が得られるわけではないので不確定状態といえます．不確定性関係の主張はいかなる量子状態 $|\psi\rangle$ においても，位置 $\hat{x}$ の測定の偏り δx_ψ と運動量 $\hat{p}$

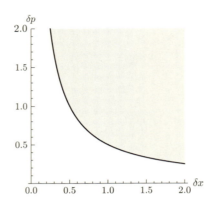

図 3.1 不確定性関係（ケナードの不等式）によって量子力学的に許される領域．分かりやすいように $\hbar = 1$ としています．どのような量子状態に対して，標準偏差 δx と δp を計算しても必ずこの領域に入ります．片方の偏りをゼロに近づけようとすると，必然的にもう一方の偏りは限りなく大きくなってしまいます．

の測定の偏り δp_ψ の積には下限があると言っています．それどころか δx_ψ や δp_ψ 単独でも決してゼロにはならないです．なぜなら $\delta x_\psi = 0$ になったとすると，それは位置が確定した状態，すなわち $\hat{x}$ の固有ケット $|\psi\rangle = |x\rangle$ のはずですが，$|x\rangle$ はヒルベルト空間の元ではないので状態とはみなせません．したがって，$\delta x_\psi = 0$ を満たす状態 $|\psi\rangle$ は存在しません．つまり，位置が確定した状態も運動量が確定した状態も決して存在しないということになります．ただし δx_ψ や δp_ψ をいくらでもゼロに近づけることはできます．その場合でも不確定性関係のために，それらを同時にいくらでも小さくすることはできません．これは実験技術とは無関係に純粋に原理的に無理であるという主張です．これが**不確定性原理**の名前の由来です．不確定性関係を満たす領域を図示すると，図 3.1 のようになります．図中の境界線では等号が成立するので，この場合を特に**最小不確定状態**といいます．なお，ここで言っている偏りとはボルンの確率則に従う測定結果のばらつきのことで，実験誤差によるばらつきとは別物です．この違いは不確定性関係において重要です．

● ちょっと一言 ●

もともとのハイゼンベルクの考察は測定に誤差がある場合（測定精度に限界がある場合）に，測定による反作用（擾乱）を考慮して導いた不確定性関係だったそうです．これは**ハイゼンベルクの不等式**と呼ばれ，上で導いた標準偏差に関するケナードの不等式とは別種のものです．例えば，まず位置の測定を行い，その後で続けて運動量の測定を行うという実験を同じ状態に対して繰り返し行うことを考えます．実際の実験では無限の精度で測定を行うことは不可能なので，位置の測定結果 X は $x - \varepsilon/2 \lesssim X \lesssim x + \varepsilon/2$ 程度の曖昧さを持っており，測定後の状態は完全には $|x\rangle$ に収縮せずに，だいたい $|x - \varepsilon/2\rangle$ から $|x + \varepsilon/2\rangle$ の間の重ね合わせの状態に収縮すると考えられます．ε は測定による誤差のオーダーです．式で書くとこんな感じです．

$$|\psi\rangle \quad \rightarrow \quad |\psi_{\text{after}}\rangle = \int_{x-\varepsilon/2}^{x+\varepsilon/2} dx'\, c(x') |x'\rangle \tag{3.73}$$

この状態に対して運動量を測定すれば，運動量のばらつきは有限になります．このような設定における不確定性関係を定量的に評価するのは難しいのですが，やはりこの場合もある種の不等式が成り立ちます．誤差がある測定のハイゼンベルクの不等式を再考察して導かれた一般的な不確定性関係は，**小澤の不等式**として知られています [†9]．不確定性関係は確率的振る舞いによる測定の偏りと測定による擾乱の影響を混同しやすいので非常に入り組んでいます．ハイゼンベルク自身もそこら辺の認識が曖昧だったそうです．

いずれにしても考えている長さのスケールに比べてプランク定数が無視できる程十分に小さいときは，不確定性関係の下限は近似的にゼロとみなせるので，これまでの古典力学の世界観に一致します．換算プランク定数の値はだいたい $\hbar \sim 10^{-34}$ J·s と極めて小さいので，日常の世界ではほとんどの場合においてゼロとみなせるような状況です．これがまさに量子力学の効果が普通はミクロの世界でしか見えない証左です．もちろん日常世界のスケールでは $[\hat{x}, \hat{p}]$ も近似的にゼロとみなせるので，演算子を数のように扱えます．換算プランク定数

[†9] 小澤の不等式については文献 [6] に解説があります．

108　第3章　連続変数の量子力学

$\hbar$ が近似的にゼロとみなせる状況を**古典極限**といいます.

　ところが,何事にも例外はあるもので,**超伝導**や**超流動**ではボース・アインシュタイン凝縮によって,私たちの日常のスケールでさえも量子力学の効果が現れていると考えられています.これを**巨視的量子現象**といいます.量子力学はミクロの世界だけでの出来事であるとも言えません.

　量子力学の不確定性原理に従えば,私たちがこれまで持っていた粒子の運動という概念を根本から見つめ直す必要があります.なぜなら,運動の軌道というのは現在の位置だけでなく過去の位置までも正確に記録されたものであり,そこには各時刻ごとに位置に加えて,暗黙的に運動量(あるいは速度)のデータも微分として書き込まれており,これらが同時に定まるという前提に立った概念だからです.量子力学ではそもそも位置と運動量が確定していないので,いわゆる私たちが頭に思い描く粒子の運動の軌跡(時間をパラメータとする曲線)という描像はもはや当てはまりません.ただし,粒子という描像そのものが捨て去られているわけではない点に注意してください.粒子の運動の軌跡という描像を捨て去ります.点ではなく何となく広がりを持って存在しているイメージを描きがちですが,正しくは粒子の位置や運動量は測定するまで分からず,ある場所に存在する確率が波束のように広がりを持っている感じです.一度測定してしまうと,測定装置の影響で状態は収縮してしまい,測定前の状態とはもはや違ってしまいます.

3.5.2　不確定性関係の導出

　不確定性関係(ケナードの不等式)は次のように導出できます[†10].計算自体は基本的ですが,議論が複雑なので覚える必要はないです.まず,任意のゼロでないケットベクトル $|\alpha\rangle$, $|\beta\rangle$ に対して成り立つシュワルツの不等式

$$\langle\alpha|\alpha\rangle\langle\beta|\beta\rangle \geq |\langle\alpha|\beta\rangle|^2 \tag{3.74}$$

を示します.これを示すには

[†10] この導出は文献 [2, 21] に基づきます.

$$|v\rangle := |\alpha\rangle - \frac{\langle\beta|\alpha\rangle}{\langle\beta|\beta\rangle}|\beta\rangle \tag{3.75}$$

と取って，$\langle v|v\rangle \geq 0$ を利用します.

問 3.12.

$\langle v|v\rangle \geq 0$ からシュワルツの不等式が得られることを確かめなさい.

解 言われた通りにやります.

$$\begin{aligned}
\langle v|v\rangle &= \left(\langle\alpha| - \langle\beta|\frac{\langle\alpha|\beta\rangle}{\langle\beta|\beta\rangle}\right)\left(|\alpha\rangle - \frac{\langle\beta|\alpha\rangle}{\langle\beta|\beta\rangle}|\beta\rangle\right)\\
&= \langle\alpha|\alpha\rangle - \frac{\langle\beta|\alpha\rangle}{\langle\beta|\beta\rangle}\langle\alpha|\beta\rangle - \frac{\langle\alpha|\beta\rangle}{\langle\beta|\beta\rangle}\langle\beta|\alpha\rangle + \frac{\langle\alpha|\beta\rangle\langle\beta|\alpha\rangle}{\langle\beta|\beta\rangle}\\
&= \langle\alpha|\alpha\rangle - \frac{|\langle\alpha|\beta\rangle|^2}{\langle\beta|\beta\rangle} \geq 0 \tag{3.76}
\end{aligned}$$

ですが，$\langle\beta|\beta\rangle > 0$ なのでシュワルツの不等式が確かに成り立っています.
等号が成り立つのは $|v\rangle = 0$ のときだけです. ∎

これ以降は期待値の添字の ψ は面倒なので省略します. 2 つの物理量 $\hat{A}$, $\hat{B}$ に対して，

$$\Delta\hat{A} := \hat{A} - \langle\hat{A}\rangle, \quad \Delta\hat{B} := \hat{B} - \langle\hat{B}\rangle \tag{3.77}$$

とします. このとき，$|\alpha\rangle = \Delta\hat{A}|\psi\rangle$, $|\beta\rangle = \Delta\hat{B}|\psi\rangle$ と取れば，シュワルツの不等式より

$$\langle(\Delta\hat{A})^2\rangle\langle(\Delta\hat{B})^2\rangle \geq \left|\langle\Delta\hat{A}\Delta\hat{B}\rangle\right|^2 \geq \left|\mathrm{Im}\langle\Delta\hat{A}\Delta\hat{B}\rangle\right|^2 \tag{3.78}$$

が成り立つことが分かります.

110　第 3 章　連続変数の量子力学

問 3.13.

式 (3.78) が成り立つことを確認しなさい.

解　$\Delta\hat{A}$, $\Delta\hat{B}$ はエルミートであることに注意します. そうすると例えば

$$\langle\alpha|\beta\rangle = \langle\psi|\Delta\hat{A}\Delta\hat{B}|\psi\rangle = \langle\Delta\hat{A}\Delta\hat{B}\rangle \tag{3.79}$$

などと計算できます. 2 番目の不等式は $z = x+iy$ のとき, $|z|^2 = x^2+y^2 \geq y^2$ を使います. ■

ここで

$$\begin{aligned}
\operatorname{Im}\langle\Delta\hat{A}\Delta\hat{B}\rangle &= \frac{\langle\psi|\Delta\hat{A}\Delta\hat{B}|\psi\rangle - \langle\psi|\Delta\hat{A}\Delta\hat{B}|\psi\rangle^*}{2i} \\
&= \frac{\langle\psi|\Delta\hat{A}\Delta\hat{B}|\psi\rangle - \langle\psi|\Delta\hat{B}\Delta\hat{A}|\psi\rangle}{2i} = \frac{\langle[\Delta\hat{A}, \Delta\hat{B}]\rangle}{2i} \\
&= \frac{\langle[\hat{A}, \hat{B}]\rangle}{2i}
\end{aligned} \tag{3.80}$$

と書き換えられます.

問 3.14.

$[\Delta\hat{A}, \Delta\hat{B}] = [\hat{A}, \hat{B}]$ を示しなさい.

解　期待値は演算子ではなく数なのでほとんど自明です.

$$\begin{aligned}
[\Delta\hat{A}, \Delta\hat{B}] &= [\hat{A} - \langle\hat{A}\rangle, \hat{B} - \langle\hat{B}\rangle] \\
&= [\hat{A}, \hat{B}] - [\hat{A}, \langle\hat{B}\rangle] - [\langle\hat{A}\rangle, \hat{B}] + [\langle\hat{A}\rangle, \langle\hat{B}\rangle]
\end{aligned} \tag{3.81}$$

ここで右辺第 2 項から第 4 項はすべてゼロとなります. ■

したがって

$$\langle(\Delta\hat{A})^2\rangle\langle(\Delta\hat{B})^2\rangle \geq \frac{1}{4}|\langle[\hat{A},\hat{B}]\rangle|^2 \qquad (3.82)$$

が成り立ちます。両辺のルートを取れば

$$\delta A\delta B \geq \frac{1}{2}|\langle[\hat{A},\hat{B}]\rangle| \qquad (3.83)$$

が得られます。これはケナードの不等式の一般化であり，**ロバートソンの不等式**と呼ばれます。特に $\hat{A}=\hat{x}$, $\hat{B}=\hat{p}$ とすればケナードの不等式が得られます。

3.6 シュレーディンガー方程式

無限次元ヒルベルト空間の場合も系の時間発展はルール III により，やはり状態に対するシュレーディンガー方程式で記述されます。改めて書くと

$$i\hbar\frac{d}{dt}|\psi(t)\rangle = \hat{H}|\psi(t)\rangle \qquad (3.84)$$

となります。閉じた量子系ではハミルトニアンは時間に依存しません。このとき状態ベクトルの時間発展は

$$|\psi(t)\rangle = \exp\left(-\frac{i\hat{H}t}{\hbar}\right)|\psi(0)\rangle \qquad (3.85)$$

に従い，時間発展演算子は

$$\hat{U}(t) = \exp\left(-\frac{i\hat{H}t}{\hbar}\right) \qquad (3.86)$$

で与えられるのでした。この時間発展演算子は無限次元でもやはりユニタリ演算子であることが示されます。t が微小なときは

$$\hat{U}(t) = \hat{I} - \frac{i\hat{H}t}{\hbar} + O(t^2) \qquad (3.87)$$

112 第 3 章 連続変数の量子力学

と展開できるので，並進演算子の議論を踏襲すれば時間発展（時間並進）の無限小変換を生成するのがハミルトニアンであると理解できます．

3.6.1 エネルギー固有状態

ハミルトニアン自体がエルミート演算子なので固有値はやはり実数です．ハミルトニアンの固有ケットをエネルギー固有状態というのでした．後で見るようにハミルトニアン演算子の固有値は連続，離散の両方が許されます．ここでは簡単のために離散無限個のエネルギー固有値しか持たないと仮定します．つまり

$$\hat{H}|E_n\rangle = E_n|E_n\rangle \quad (n = 0, 1, 2, \dots) \tag{3.88}$$

です．そうすると有限準位系と同じようにエネルギー固有状態は以下の性質を満たします．

$$\langle E_n|E_m\rangle = \delta_{nm}, \quad \sum_n |E_n\rangle\langle E_n| = \hat{I} \tag{3.89}$$

行列表示による対角化

演算子は適当な基底を定めれば行列で表示することが可能です．無限次元ヒルベルト空間では，このような表現行列は無限の大きさを持ちますが，有限で打ち切れば近似的な固有値が得られるはずです．具体的にその方法を見てみます．例えば $\{|e_n\rangle\}_{n=0}^{\infty}$ という好きな基底を選ぶとハミルトニアン演算子は

$$\hat{H} = \sum_{n,m=0}^{\infty} |e_n\rangle\langle e_n|\hat{H}|e_m\rangle\langle e_m| = \sum_{n,m=0}^{\infty} H_{nm}|e_n\rangle\langle e_m| \tag{3.90}$$

と表せます．$H_{nm} = \langle e_n|\hat{H}|e_m\rangle$ は $\hat{H}$ の基底 $\{|e_n\rangle\}$ における行列表示の成分です．これにより次のような無限サイズの行列が構成できます．

$$H := \begin{pmatrix} H_{00} & H_{01} & H_{02} & \cdots \\ H_{10} & H_{11} & H_{12} & \cdots \\ H_{20} & H_{21} & H_{22} & \cdots \\ \vdots & \vdots & \vdots & \ddots \end{pmatrix} \tag{3.91}$$

この無限サイズの表現行列 H の固有値がハミルトニアン演算子 $\hat{H}$ の固有値に他なりません．これで問題は具体的になりましたが，やはり無限サイズの行列の固有値を求めるのは容易ではありません．そこで，この無限サイズの行列をあるところで打ち切って普通の有限行列に置き換えます．例えば $\{|e_0\rangle, |e_1\rangle, \ldots, |e_{N-1}\rangle\}$ の N 個だけを使って行列の成分を計算すれば $N \times N$ エルミート行列 H_N が得られます．有限サイズの行列の固有値ならコンピュータで比較的簡単に計算できます．$N \to \infty$ の極限で正しい固有値を再現することが期待されます．5.4.2 項や 5.7 節で似たような状況に出くわします．このような計算において基底の選び方は収束性に関わるために重要で，問題ごとに工夫します．調べたい模型になるべく近くて厳密に解けるハミルトニアンの固有状態が理想です．

3.6.2　ハミルトニアンを知る

本書で採用した量子力学のルールは，ハミルトニアン演算子の具体的な形がどのように与えられるのかについては何も教えてくれません．現実の物理を正しく記述するにはハミルトニアン演算子の形を適切に選ばないといけません．そこで古典解析力学・前期量子論とのアナロジーを使ってハミルトニアンの形を推論します．ハミルトン形式における 1 次元 1 粒子ハミルトニアンは

$$H = \frac{p^2}{2m} + V(x) \tag{3.92}$$

で与えられるのでした．

さて量子力学ではハミルトニアンは演算子ですから，古典力学の式 (3.92) からなんとかして演算子を作りたいわけですが，1 つの非常に安直な方法は右辺の x と p を演算子 $\hat{x}$ と $\hat{p}$ に置き換えてしまうことです．そうすると，左辺も当然演算子となり，

$$\hat{H} = \frac{\hat{p}^2}{2m} + V(\hat{x}) \tag{3.93}$$

という演算子が得られます．$V(x)$ は普通は実数値関数なので，この演算子は

114 第 3 章 連続変数の量子力学

エルミートであることが分かります．つまり，古典力学の (x, p) から出発して機械的に正準交換関係 (3.27) を満たすエルミート演算子の組 $(\hat{x}, \hat{p})$ に置き換えると，量子力学のハミルトニアン演算子（の候補）が 1 つ得られます．この手続きを**正準量子化**といいます．より一般的には，解析力学における正準変数の組 (Q_j, P_j) を演算子 $(\hat{Q}_j, \hat{P}_j)$ に置き換えます．このときポアソン括弧の関係式が正準交換関係に置き換わります．

$$\{Q_j, P_k\} = \delta_{jk} \qquad \rightarrow \qquad [\hat{Q}_j, \hat{P}_k] = i\hbar\delta_{jk} \qquad (3.94)$$

これはかなり大胆な推論なのですが，この手続きで正しい結果が得られることが分かっています．物理の理論としては結局最後は実験結果を正しく再現するかどうかで判断するしかありません[†11]．この方法だと古典力学のハミルトニアンが分かっていれば，自動的に量子力学のハミルトニアン演算子（の候補）を予想できるので大変強力です．

● ちょっと一言 ●

量子化の注意点を述べます．演算子は可換であるとは限らないので積の順番を気にしないといけません．例えば QP という関数は正準量子化によって素朴には $\hat{Q}\hat{P}$ に置き換わりますが，もちろん古典的には $QP = PQ$ なので $\hat{P}\hat{Q}$ と置き換えることも考えられます．一方，正準交換関係により，$\hat{Q}\hat{P} = \hat{P}\hat{Q} + i\hbar$ なので両者は異なる演算子です．さらに $\hat{Q}\hat{P}$ も $\hat{P}\hat{Q}$ もエルミート演算子になっていません．このように安易な演算子の置き換えでは普通は矛盾が生じてしまうので工夫が必要です．今の設定 (3.92) では x に依存する部分と p に依存する部分が分離しているので素朴な置き換えでこのような問題は起こりませんでした．古典から量子への推論は無限にあるので，量子化というのはかなり無理のある操作と言えます．正準量子化はあくまでもハミルトニアン演算子の候補を見つけるための発見法的アプローチと思った方がいいです．

[†11] 理論が自己矛盾を引き起こさないという意味での正しさと現実の自然現象を正しく記述するかという点は別問題なので区別した方がよいです．普通は後者をクリアして初めて物理の理論と認められます．

自由粒子

最も簡単な場合である自由粒子について少しコメントしておきます．この場合はシュレーディンガー方程式を調べるより直接エネルギー固有ケットを見た方が簡単です．自由粒子とは空間全域にわたって $V(x) = 0$ となるような場合です．このとき1粒子ハミルトニアン演算子は

$$\hat{H} = \frac{\hat{p}^2}{2m} \tag{3.95}$$

となります．位置演算子 $\hat{x}$ に依存していないのがミソです．運動量固有ケットは明らかにエネルギー固有ケットでもあります．すなわち

$$\hat{p}|p\rangle = p|p\rangle \quad \Longrightarrow \quad \hat{H}|p\rangle = \frac{p^2}{2m}|p\rangle \tag{3.96}$$

なので $|p\rangle$ はエネルギー $E = p^2/(2m)$ に対応するエネルギー固有ケットです．ところで，運動量固有値 p は連続なので，自由粒子のエネルギー固有値も連続スペクトルです．エネルギーは $E \geq 0$ のすべての値を連続的に取れます（図3.2）．

なぜ運動量固有ケットがエネルギー固有ケットにもなれたかというと，運動量演算子とハミルトニアン演算子が可換な交換関係 $[\hat{p}, \hat{H}] = 0$ を満たすからです．一般に2つの物理量 $\hat{A}$ と $\hat{B}$ が $[\hat{A}, \hat{B}] = 0$ を満たすとき，これらを同時に対角化するような固有ベクトルが存在します．

エネルギーが $E = p^2/(2m)$ で与えられる運動量固有ケットはもう1つあって，それは固有値 $-p$ を持つ $|-p\rangle$ です．図3.2を見てください．つまり，自由粒子の場合は $\hat{H}$ の固有値は $p \neq 0$ において2重に縮退していますが，運動量演算子を考えることでこの縮退が解けます．後にシュレーディンガー方程式を解くことでも同じ構造を見ます．

もちろんポテンシャル中の粒子の場合は $V(\hat{x})$ の項があるため，運動量演算子とは可換ではなくなり，運動量固有ケットはもはやエネルギー固有ケットではありません．

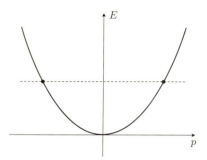

図 3.2 自由粒子の運動量とエネルギーの分散関係のグラフ．自由粒子の運動量は量子力学でも連続的な値を取るので，結果としてエネルギーも $E \geq 0$ であるすべての連続値を取ることができます．また同一のエネルギーを持つ p は正負の 2 つの値が許されるので，エネルギー固有ケットは 2 重に縮退しています．

3.6.3 位置表示のシュレーディンガー方程式

これで準備が完了したので，いよいよ演算子形式から波動形式へ移行します．やることはシュレーディンガー方程式を位置表示の波動関数の言葉で書き換えることです．計算自体は全然難しくありません．まず状態に対するシュレーディンガー方程式 (3.84) に左から $\langle x|$ を作用させます．

$$\langle x|i\hbar\frac{d}{dt}|\psi(t)\rangle = \langle x|\hat{H}|\psi(t)\rangle \tag{3.97}$$

t は x とは無関係なパラメータとみなすので，左辺の微分演算子は外に出せます．このとき $\langle x|\psi(t)\rangle$ は x と t の 2 変数関数なので偏微分になることに注意します．

$$\langle x|i\hbar\frac{d}{dt}|\psi(t)\rangle = i\hbar\frac{\partial}{\partial t}\langle x|\psi(t)\rangle \tag{3.98}$$

一方，右辺は式 (3.50) を使えば

$$\langle x|\hat{H}|\psi(t)\rangle = \frac{1}{2m}\langle x|\hat{p}^2|\psi(t)\rangle + \langle x|V(\hat{x})|\psi(t)\rangle$$

$$= -\frac{\hbar^2}{2m}\frac{\partial^2}{\partial x^2}\langle x|\psi(t)\rangle + V(x)\langle x|\psi(t)\rangle \tag{3.99}$$

となります．エルミート性 $V(\hat{x})^\dagger = V(\hat{x})$ を使っています．偏微分になっているのは上と同じ理由です．この計算は非常に大事なので必ず理解してください．

3.6 シュレーディンガー方程式　117

┌─── ✒ **確認** ─────────────────────────┐
│　　　式 (3.99) を導く流れを完璧に理解しなさい.
└────────────────────────────────────┘

　最後に波動関数を $\psi(x,t) := \langle x|\psi(t)\rangle$ と定義すれば，念願の

$$
i\hbar\frac{\partial}{\partial t}\psi(x,t) = \left(-\frac{\hbar^2}{2m}\frac{\partial^2}{\partial x^2} + V(x)\right)\psi(x,t) \tag{3.100}
$$

が得られます．これを**位置表示のシュレーディンガー方程式**といいます．これ
は前期量子論末期にシュレーディンガーが構築した波動力学の基礎方程式に他
なりません．

　伝統的な量子力学の教科書では

$$
E = \frac{p^2}{2m} + V(x) \tag{3.101}
$$

という古典的なエネルギーの関係式から数を微分演算子で置き換える「量子化
の手続き」

$$
E \to i\hbar\frac{\partial}{\partial t}, \quad p \to \frac{\hbar}{i}\frac{\partial}{\partial x} \tag{3.102}
$$

を行ったり，あるいは平面波の分散関係が式 (3.101) になるような波動方程式
を見つけることで，位置表示のシュレーディンガー方程式 (3.100) を導入する
ことが多いのですが，ここでは演算子形式における量子力学のルールと正準量
子化を使って真面目に導きました．シュレーディンガー方程式の形を忘れてし
まったときに，微分演算子の置き換えを知っていれば簡単に再導出することが
できるので式 (3.102) も便利です．

　規格化条件を波動関数 $\psi(x,t)$ で表現すると

$$
\langle\psi(t)|\psi(t)\rangle = \int_{-\infty}^{\infty}dx\langle\psi(t)|x\rangle\langle x|\psi(t)\rangle = \int_{-\infty}^{\infty}dx\,|\psi(x,t)|^2 = 1 \tag{3.103}
$$

です．

118 第 3 章 連続変数の量子力学

問 3.15.

平面波 $\psi(x,t) = e^{-i(Et-px)/\hbar}$ がシュレーディンガー方程式を満たすとき，E と p の関係を求めなさい．

解 位置表示のシュレーディンガー方程式 (3.100) に代入して計算してください．

$$i\hbar\frac{\partial}{\partial t}\psi(x,t) = i\hbar\left(-\frac{iE}{\hbar}\right)e^{-i(Et-px)/\hbar} = Ee^{-i(Et-px)/\hbar}$$

$$-\frac{\hbar^2}{2m}\frac{\partial^2}{\partial x^2}\psi(x,t) = -\frac{\hbar^2}{2m}\left(\frac{ip}{\hbar}\right)^2 e^{-i(Et-px)/\hbar} = \frac{p^2}{2m}e^{-i(Et-px)/\hbar}$$

$$\tag{3.104}$$

両辺を比較すると古典的な関係式 (3.101) が得られます． ∎

状態の時間発展はエネルギー固有状態からも分かるのでした．

$$\hat{H}|E\rangle = E|E\rangle \tag{3.105}$$

に対して，式 (3.100) を得る流れと全く同じことを繰り返すと**定常状態のシュレーディンガー方程式**

$$\left(-\frac{\hbar^2}{2m}\frac{d^2}{dx^2} + V(x)\right)\varphi(x) = E\varphi(x) \tag{3.106}$$

を得ます．ただし，やや不自然ですが $\varphi(x) := \langle x|E\rangle$ としました[†12]．$\varphi(x)$ は 1 変数関数なので左辺には常微分の記号が使われています．同じ結果は時間に依存するシュレーディンガー方程式 (3.84) を $\psi(x,t) = e^{-iEt/\hbar}\varphi(x)$ と変数分

[†12] これを今までのノリで $E(x)$ と書いてしまうと右辺が $EE(x)$ となって，訳が分からなくなってしまうので．固有値問題の段階で $\hat{H}|\varphi\rangle = E|\varphi\rangle$ と書く流儀もあるのですが，これはこれで $|\varphi\rangle$ がエネルギー固有状態であることを読み取りにくいので痛し痒しです．

離することでも得られます. 定常状態のシュレーディンガー方程式の解 $\varphi(x)$ を**エネルギー固有関数**といいます.

私たちは演算子形式に基づく量子力学のルールから出発し, 正準量子化というハイゼンベルクの推論を経て, 位置表示のシュレーディンガー方程式という波動形式に辿り着きました. このアプローチで見れば, 位置表示のシュレーディンガー方程式は, ルール III の状態ベクトルに対するシュレーディンガー方程式 (3.84) で位置固有ケットを基底に選んだときの表示の 1 つに過ぎません. 別の基底を取れば別の形のシュレーディンガー方程式が得られます.

例えば状態に対するシュレーディンガー方程式に左から運動量固有ブラを作用させると

$$i\hbar\frac{\partial}{\partial t}\tilde{\psi}(p,t) = \left[\frac{p^2}{2m} + V\left(i\hbar\frac{\partial}{\partial p}\right)\right]\tilde{\psi}(p,t) \tag{3.107}$$

という**運動量表示のシュレーディンガー方程式**を得ます. ここで $\tilde{\psi}(p,t) := \langle p|\psi(t)\rangle$ であり, さらに

$$\langle p|V(\hat{x})|\psi(t)\rangle = V\left(i\hbar\frac{\partial}{\partial p}\right)\langle p|\psi(t)\rangle \tag{3.108}$$

を使いました. ただし, 運動量表示のシュレーディンガー方程式は一般に 3 階以上の偏微分方程式や差分方程式になってしまうので, これを考えるメリットは普通はないです.

したがって, 演算子形式での状態ベクトルに対するシュレーディンガー方程式 (3.84) は基底の選び方に依らない非常に一般的な結果です (図 3.3). このことを通常のベクトル空間と対比させると次のようになります. ベクトル空間 V のケット $|v\rangle$ は基底に依らない量です. 特定の正規直交基底 $\{|k\rangle\}$ を 1 つ定めると, $|v\rangle$ のこの基底での展開における $|k\rangle$ の係数は $\langle k|v\rangle$ となります. 量子力学で $|v\rangle$ に相当するのが状態ベクトル $|\psi(t)\rangle$ で, 基底を定めたときの展開係数 $\langle k|v\rangle$ が波動関数 $\langle x|\psi(t)\rangle$ です. ベクトルをそのまま扱うか, 基底を定めて成分で議論するかの違いです. 第 1 章の内容が頭に入っていれば, すんなり理解できるはずです.

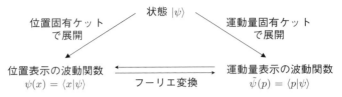

図 3.3 演算子形式での状態と波動形式での波動関数の関係．状態ベクトルを位置固有ケットの基底で展開すれば位置表示の波動関数が得られ，運動量固有ケットの基底で展開すれば運動量表示の波動関数が得られます．それらは互いにフーリエ変換で結びつきますが，大元の起源は同じ状態ベクトルです．位置表示と運動量表示はハミルトン形式を反映してほとんど対称的ですが，ハミルトニアン (3.93) の非対称性のためにシュレーディンガー方程式の形が異なります．波動形式ではほとんどの場合，位置表示で考えた方が便利です．

ここまでの流れをまとめると次のようになります．

1) まず量子力学のルール III：状態に対するシュレーディンガー方程式から出発します．
2) ハイゼンベルクの正準量子化を利用して，ハミルトニアンの具体的な形を推論します．
3) 最後に位置固有ケットを基底として定めることで位置表示のシュレーディンガー方程式を得ます．

3.6.4 波動関数の時間発展

ハミルトニアンが離散的なエネルギー固有値しか持たない場合

$$\hat{H}|E_n\rangle = E_n|E_n\rangle \tag{3.109}$$

に波動関数の時間発展をエネルギー固有関数で表してみます．演算子形式でやった計算を波動関数の言葉に翻訳するだけです．まず状態とエネルギー固有状態はそれぞれ波動関数とエネルギー固有関数に対応するのでした．

$$\begin{aligned}|\psi(t)\rangle &\leftrightarrow \psi(x,t) = \langle x|\psi(t)\rangle \\ |E_n\rangle &\leftrightarrow \varphi_n(x) = \langle x|E_n\rangle\end{aligned} \tag{3.110}$$

3.6 シュレーディンガー方程式　121

このとき，正規直交性と完全性の関係は

$$\langle E_n | E_m \rangle = \delta_{nm} \quad \leftrightarrow \quad \int_{-\infty}^{\infty} dx\, \varphi_n^*(x) \varphi_m(x) = \delta_{nm}$$

$$\sum_n |E_n\rangle\langle E_n| = \hat{I} \quad \leftrightarrow \quad \sum_n \varphi_n(x) \varphi_n^*(x') = \delta(x - x')$$

(3.111)

と翻訳されます.

問 3.16.

左側の等式から右側の等式を導きなさい.

解　正規直交性は $|x\rangle$ の完全性を挿入します. 完全性の方は両側から $\langle x|$ と $|x'\rangle$ で挟みます. 慣れればこの翻訳が頭の中でできるようになります.

$$\langle E_n | E_m \rangle = \int_{-\infty}^{\infty} dx\, \langle E_n | x \rangle \langle x | E_m \rangle = \int_{-\infty}^{\infty} dx\, \varphi_n^*(x) \varphi_m(x)$$

$$\sum_n \langle x | E_n \rangle \langle E_n | x' \rangle = \sum_n \varphi_n(x) \varphi_n^*(x')$$

(3.112)

■

そうすると，式 (2.56) の関係は

$$|\psi(0)\rangle = \sum_n c_n(0)|E_n\rangle \quad \leftrightarrow \quad \psi(x,0) = \sum_n c_n(0)\varphi_n(x)$$

$$|\psi(t)\rangle = \sum_n c_n(t)|E_n\rangle \quad \leftrightarrow \quad \psi(x,t) = \sum_n c_n(t)\varphi_n(x)$$

(3.113)

となることもすぐに分かるでしょう. 両サイドで同じ係数 c_n が現れている点が重要です. 式 (2.60) を使えば

$$\psi(x,t) = \sum_n c_n(0) e^{-iE_n t/\hbar} \varphi_n(x)$$

(3.114)

122　第3章　連続変数の量子力学

が得られます．式 (3.114) は変数分離法で得られたシュレーディンガー方程式の解の重ね合わせとも解釈できます．ここで初期時刻における係数は $c_n(0) = \langle E_n | \psi(0) \rangle$ で与えられますが，これもやはり

$$c_n(0) = \int_{-\infty}^{\infty} dx \, \langle E_n | x \rangle \langle x | \psi(0) \rangle = \int_{-\infty}^{\infty} dx \, \varphi_n^*(x) \psi(x, 0) \qquad (3.115)$$

と波動関数で表せます．したがって固有値 E_n，固有関数 $\varphi_n(x)$，初期波動関数 $\psi(x, 0)$ がすべて分かっていれば，波動関数 $\psi(x, t)$ は完全に計算できます．構成からほとんど明らかですが，式 (3.114) はちゃんとシュレーディンガー方程式 (3.100) の解になっています．気になる人は実際に代入して確かめてみましょう．

　完全系の挿入を使えば，このように容易に演算子形式 → 波動形式の翻訳が可能となります．明らかに演算子形式の結果の方がスッキリしているので，こちらだけ覚えておけば波動形式の積分を使った複雑な式は覚える必要がなくなります．

3.6.5　確率の流れ

　波動関数の絶対値の 2 乗は確率密度を与えるのでした．波動関数 $\psi(x, t)$ に対して確率密度を

$$\rho(x, t) := |\psi(x, t)|^2 \qquad (3.116)$$

と書くことにします．ここで天下り的ですが，

$$j(x, t) := \frac{\hbar}{2mi} \left(\psi^*(x, t) \frac{\partial \psi(x, t)}{\partial x} - \frac{\partial \psi^*(x, t)}{\partial x} \psi(x, t) \right) \qquad (3.117)$$

という量を定義すると，

$$\frac{\partial \rho(x, t)}{\partial t} + \frac{\partial j(x, t)}{\partial x} = 0 \qquad (3.118)$$

という**連続の方程式**が成り立ちます．

問 3.17.

式 (3.118) を確かめなさい.

解 式 (3.118) の両辺をそれぞれシュレーディンガー方程式 (3.100) を使いながら丁寧に計算します.

$$
\begin{aligned}
\frac{\partial \rho(x,t)}{\partial t} &= \frac{\partial \psi^*(x,t)}{\partial t}\psi(x,t) + \psi^*(x,t)\frac{\partial \psi(x,t)}{\partial t} \\
&= -\frac{1}{i\hbar}\left(-\frac{\hbar^2}{2m}\frac{\partial^2 \psi^*(x,t)}{\partial x^2} + V(x)\psi^*(x,t)\right)\psi(x,t) \\
&\quad + \frac{1}{i\hbar}\psi^*(x,t)\left(-\frac{\hbar^2}{2m}\frac{\partial^2 \psi(x,t)}{\partial x^2} + V(x)\psi(x,t)\right) \\
&= \frac{\hbar}{2mi}\left(\frac{\partial^2 \psi^*(x,t)}{\partial x^2}\psi(x,t) - \psi^*(x,t)\frac{\partial^2 \psi(x,t)}{\partial x^2}\right) \quad (3.119)
\end{aligned}
$$

一方,

$$
\begin{aligned}
\frac{\partial j(x,t)}{\partial x} &= \frac{\hbar}{2mi}\left(\frac{\partial \psi^*(x,t)}{\partial x}\frac{\partial \psi(x,t)}{\partial x} + \psi^*(x,t)\frac{\partial^2 \psi(x,t)}{\partial x^2}\right. \\
&\quad \left. -\frac{\partial^2 \psi^*(x,t)}{\partial x^2}\psi(x,t) - \frac{\partial \psi^*(x,t)}{\partial x}\frac{\partial \psi(x,t)}{\partial x}\right) \\
&= -\frac{\hbar}{2mi}\left(\frac{\partial^2 \psi^*(x,t)}{\partial x^2}\psi(x,t) - \psi^*(x,t)\frac{\partial^2 \psi(x,t)}{\partial x^2}\right) \quad (3.120)
\end{aligned}
$$

です. ∎

流体の場合の連続の方程式とのアナロジーから $j(x,t)$ は**確率の流れ**に対応します. 粒子の発見確率の流れなので非常にイメージしにくいですが, 全く同じ状態の多数の粒子の集団が運動している場合を想像すれば, 微小な領域から流れ出てくる粒子の流量と思えます. 素粒子の衝突実験はまさにそのような状況です.

124　第 3 章　連続変数の量子力学

3.7 | 3 次元への拡張

　これまでは簡単のためにもっぱら空間の次元は 1 としてきました．私たちが
住んでいる世界は 3 次元空間です．変数の数が多くなるので複雑になります
が，現実の物理をきちんと記述するにはどうしても 3 次元への拡張が必要です．
3 次元空間のデカルト座標を (x, y, z) とし，各座標軸方向の位置演算子を $\hat{x}$,
$\hat{y}$, $\hat{z}$, 運動量演算子を $\hat{p}_x$, $\hat{p}_y$, $\hat{p}_z$ とします．まとめて表したいときは $\hat{x}_j$, $\hat{p}_j$
$(j = 1, 2, 3)$ のように表します．(x_j, p_j) が正準変数のペアになるので，正準
交換関係は

$$[\hat{x}_j, \hat{x}_k] = 0 \qquad [\hat{p}_j, \hat{p}_k] = 0 \qquad [\hat{x}_j, \hat{p}_k] = i\hbar \delta_{jk} \qquad (3.121)$$

となります．位置演算子，運動量演算子の固有ケットは

$$\hat{x}_j |\boldsymbol{x}\rangle = x_j |\boldsymbol{x}\rangle, \quad \hat{p}_j |\boldsymbol{p}\rangle = p_j |\boldsymbol{p}\rangle \qquad (3.122)$$

で定義されます [13]．$|\boldsymbol{x}\rangle = |x, y, z\rangle$, $|\boldsymbol{p}\rangle = |p_x, p_y, p_z\rangle$ とも書きます．直交
性は

$$
\begin{aligned}
\langle \boldsymbol{x} | \boldsymbol{x}' \rangle &= \delta^3(\boldsymbol{x} - \boldsymbol{x}') = \delta(x - x')\delta(y - y')\delta(z - z') \\
\langle \boldsymbol{p} | \boldsymbol{p}' \rangle &= \delta^3(\boldsymbol{p} - \boldsymbol{p}') = \delta(p_x - p_x')\delta(p_y - p_y')\delta(p_z - p_z')
\end{aligned}
\qquad (3.123)
$$

となります．完全性の関係は

$$\int d^3x \, |\boldsymbol{x}\rangle\langle\boldsymbol{x}| = \hat{I}, \quad \int d^3p \, |\boldsymbol{p}\rangle\langle\boldsymbol{p}| = \hat{I} \qquad (3.124)$$

で与えられます．積分を正確に書くと，

---

[13] $[\hat{x}_j, \hat{x}_k] = 0$ なので演算子 $\hat{x}$, $\hat{y}$, $\hat{z}$ は同時固有ケットを取れて，それを $|\boldsymbol{x}\rangle = |x, y, z\rangle$ と
しています．

$$\int d^3x := \int_{-\infty}^{\infty} dx \int_{-\infty}^{\infty} dy \int_{-\infty}^{\infty} dz$$
$$\int d^3p := \int_{-\infty}^{\infty} dp_x \int_{-\infty}^{\infty} dp_y \int_{-\infty}^{\infty} dp_z \tag{3.125}$$

の意味です. 位置表示での運動量の作用は

$$\langle \boldsymbol{x}|\hat{p}_j|\psi\rangle = \frac{\hbar}{i}\frac{\partial}{\partial x_j}\langle \boldsymbol{x}|\psi\rangle \tag{3.126}$$

と偏微分演算子の作用になります. 基底の変換は

$$\langle \boldsymbol{p}|\boldsymbol{x}\rangle = \frac{1}{\sqrt{(2\pi\hbar)^3}}\exp\left[-\frac{i\boldsymbol{p}\cdot\boldsymbol{x}}{\hbar}\right], \quad \langle \boldsymbol{x}|\boldsymbol{p}\rangle = \frac{1}{\sqrt{(2\pi\hbar)^3}}\exp\left[\frac{i\boldsymbol{p}\cdot\boldsymbol{x}}{\hbar}\right] \tag{3.127}$$

で行えます. ほとんど 1 次元の場合の簡単な拡張になっています.

問 3.18.

式 (3.127) でなぜ係数が $1/\sqrt{(2\pi\hbar)^3}$ になっているのかを考えなさい.

解 $\langle \boldsymbol{p}|\boldsymbol{x}\rangle = \langle p_x|x\rangle\langle p_y|y\rangle\langle p_z|z\rangle$ だからです. ■

3 次元空間のハミルトニアン演算子は

$$\hat{H} = \frac{\hat{p}_x^2 + \hat{p}_y^2 + \hat{p}_z^2}{2m} + V(\hat{x}, \hat{y}, \hat{z}) \tag{3.128}$$

で与えられ, 位置表示のシュレーディンガー方程式は

$$i\hbar\frac{\partial}{\partial t}\psi(x,y,z,t) = \left(-\frac{\hbar^2}{2m}\boldsymbol{\nabla}^2 + V(x,y,z)\right)\psi(x,y,z,t) \tag{3.129}$$

となります. ここで, $\psi(x,y,z,t) = \langle x,y,z|\psi(t)\rangle$ です. 導出は練習問題とします.

126 第 3 章 連続変数の量子力学

問 3.19.

ハミルトニアン演算子 (3.128) から出発して位置表示のシュレーディンガー方程式 (3.129) を導きなさい. また定常状態のシュレーディンガー方程式も導きなさい.

解 これはノーヒントで自力でやってみてください. ∎

束縛状態の場合は, 波動関数は規格化されていなければならないので

$$\int d^3x\, |\psi(x,y,z,t)|^2 = 1 \tag{3.130}$$

が任意の t について成り立ちます.

第4章

シュレーディンガー 方程式の解析

この章では定常状態の 1 次元シュレーディンガー方程式

$$\left(-\frac{\hbar^2}{2m}\frac{d^2}{dx^2} + V(x)\right)\varphi(x) = E\varphi(x) \tag{4.1}$$

を，具体的なポテンシャルを与えて調べていきます．ここで取り上げる例は典型的なものがほとんどですが，必ずしも最初からすべてを把握しておく必要はなく，あまり興味がない例については飛ばしても問題ないでしょう．その場合は 4.8 節に進んでください．

そもそもシュレーディンガー方程式 (4.1) を解くことは容易ではないです．特別な場合しか厳密に解けません．井戸型ポテンシャルやデルタ関数ポテンシャルでは，ほとんどの領域でポテンシャルは一定の値を取ります．ポテンシャルが一定の場合は簡単に解けます．このような典型問題では解き方がほぼ決まっています．ポテンシャルの形があるところでガクッと変わってしまう場合は，そこでシュレーディンガー方程式の形が変わってしまうので場合分けをします．そしてポテンシャルの変わり目のところで解（固有関数）をつなぎ合わせます．このような問題は**解の接続問題**と呼ばれます．つなぎ合わせ方のルールもシュレーディンガー方程式から直接導けます．詳しくは個別の問題を解くときに考察し，4.8 節で改めてまとめます．

ポテンシャルが全領域にわたって滑らかな場合（で定数ではない場合）は解くのは容易ではありません．この場合はハミルトニアンの特殊な性質を使ったり，微分方程式の知識を駆使したり，近似法に頼ったりする必要があります．4.5 節で調和振動子を，次章の 5.6 節ではもっと非自明な例を取り上げます．さらに 4.8 節でこの問題に一般的にどう立ち向かうかを議論します．

128 第 4 章　シュレーディンガー方程式の解析

4.1 │ 何をやっているのか？ ── 状況を理解する

　具体的な解析に入る前に，そもそも定常状態のシュレーディンガー方程式 (4.1) を解くことで何が分かるのかをもう一度検討しておきます．量子力学では闇雲に方程式を解いても物理は分かりません．ルールに則って結果を適切に解釈する必要があります．

　もともとシュレーディンガー方程式 (4.1) の左辺は 1 次元 1 粒子ハミルトニアン (3.92) から来ています．つまり，古典力学の設定としてはポテンシャル中の粒子の運動です．そこで，1 次元ポテンシャル $V(x)$ 中にいる粒子について考えます．典型的にはこれから考える井戸型ポテンシャルや調和振動子ポテンシャルです．古典的な粒子の運動はポテンシャルの形を見れば大体予想できます．より精密に知りたければ運動方程式やエネルギー保存則を解けばよいです．

　しかし，ここでは古典力学ではなく量子力学によって支配された系を考えています．つまり正準量子化によって，ハミルトニアンがハミルトニアン演算子に置き換わっています．量子系では状態（ケットベクトル）と物理量（エルミート演算子）が主な登場人物だったので，シュレーディンガー方程式 (3.84) を適切な初期条件で解けば，状態の時間発展が分かり，物理量の期待値の時間発展なども計算できます．ですが，別の方法として式 (3.84) を解く代わりに粒子のエネルギー固有状態 $|E\rangle$ を考えることもできます．なぜエネルギー固有状態かと言うと，これが分かれば系のあらゆる量子状態の時間発展が式 (3.84) を解かなくても完全に分かるからです (2.5.2 項)．もちろん，ハミルトニアン自体が可観測量なので，その固有値（エネルギー）を知ることにも意味があります．例えば統計力学では量子系のエネルギー固有値を知ることが非常に重要です．

　ボルンの確率則によりエネルギー固有状態 $|E\rangle$ にある粒子（エネルギーが確定した状態なので，要するにエネルギー E を持った粒子に対応）の位置 $\hat{x}$ を測定したときに，その観測値 X が微小な区間 $[x - dx/2, x + dx/2]$ に入っている確率は

$$P\left(x - \frac{dx}{2} \le X \le x + \frac{dx}{2}\right) = |\langle x|E\rangle|^2 dx \qquad (4.2)$$

で与えられます．つまり，測定によってエネルギー E の粒子が見出される場所の確率分布が密度関数 $p(x) = |\langle x|E\rangle|^2 = |\varphi(x)|^2$ で決まっていて，この分布を決める波動関数 $\varphi(x)$ は定常状態のシュレーディンガー方程式 (4.1) を解くことで得られるという寸法です．同じように有限の領域 $[x_1, x_2]$ に粒子が見出される確率は

$$P(x_1 \le X \le x_2) = \int_{x_1}^{x_2} dx\, |\varphi(x)|^2 \qquad (4.3)$$

と積分で計算できます．シュレーディンガー方程式は確率分布（正確にはその構成要素である確率振幅）を決めるための方程式です．シュレーディンガー方程式はしばしば波動方程式とも呼ばれますが，この言葉につられて粒子の運動の波形を決める方程式などと誤解してはいけません．

　エネルギー固有状態の位置表示の波動関数が分かれば，原理的には任意の波動関数の位置に関する確率分布の時間依存性まで完全に決められます（3.6.4 項）．粒子が観測される位置の時間発展が分かるとは言っていないことに十分に注意してください．分かるのは，粒子が観測される位置の確率分布の時間発展です．この違いは決定的に重要です．量子力学ではいつでも確率的に物事を考えないといけません．この考え方に十分に慣れてもらうために，わざわざ第 2 章で有限準位系の場合に寄り道しました．別の表示の波動関数を知りたければ基底を変換します．例えば運動量表示に移行するにはフーリエ変換を行えばよいのでした（3.4.4 項）．

　量子力学の目標は詰まるところ，状態の時間発展（つまり確率分布の時間発展）を知ることなので，定常状態のシュレーディンガー方程式を解くというのは物理的にも極めて重要な作業です．もちろん，許されるエネルギーの値を知ることも重要です．例えば水素原子内に束縛された電子のエネルギーは定常状態のシュレーディンガー方程式を解くことで離散的な値しか許されないことが導かれますが，このエネルギー固有値は前期量子論で知られていた水素原子のスペクトル系列と完全に一致します．シュレーディンガー方程式を解くことで分子の構造なども分かります．

130 第4章 シュレーディンガー方程式の解析

多くの量子力学の教科書で定常状態のシュレーディンガー方程式を頑張って調べるのは上記の理由によります.

ポテンシャル中に粒子が安定に存在している状態を**束縛状態**といいます. 安定に存在しているとは無限遠方に逃げていかないという意味です. 自由粒子は全領域を自由に動き回れて, 無限遠方まで到達可能なので束縛状態ではないです. 束縛状態の場合は, 粒子はポテンシャル中のどこかには必ずいるはずなので全確率が1となる規格化条件（自乗可積分条件）

$$\langle E|E \rangle = \int_{-\infty}^{\infty} dx \, |\varphi(x)|^2 = 1 \tag{4.4}$$

を課さないといけません. 古典力学に従う粒子ではエネルギー E がポテンシャル $V(x)$ より小さくなる領域には決して侵入できませんが, 量子力学では $E < V(x)$ となる領域でも一般に波動関数はゼロにはなりません. したがって, 波動関数に規格化条件を課すときは普通は全空間で積分する必要があります.

実は, これから見るようにこの**規格化条件（正確には規格化可能なための条件）は非常に強く, これが満たされるためにはエネルギーの値が離散的なものしか許されません！** つまり, ポテンシャル中に束縛された粒子の持っているエネルギーは必ず量子化されます. 特定のエネルギーを持った固有状態に限り, 粒子はポテンシャル中で安定に存在できます.

4.2 自由粒子

ポテンシャルの影響を全く受けない粒子を自由粒子というのでした. 自由粒子の運動を2つのケースに分けて調べます.

4.2.1 直線上の運動

まずは x 軸上を運動する自由粒子（いたる所で $V(x) = 0$）について再考しておきます. このとき, シュレーディンガー方程式は

$$-\frac{\hbar^2}{2m}\varphi''(x) = E\varphi(x) \tag{4.5}$$

となります．見かけは少し違いますが，これは単振動の運動方程式と本質的に同じです．変数が空間座標 x なので角振動数 ω ではなく波数 k を導入すると

$$\varphi''(x) + k^2\varphi(x) = 0, \quad k = \frac{\sqrt{2mE}}{\hbar} \tag{4.6}$$

となります．この微分方程式は簡単に解けて，一般解は

$$\varphi(x) = Ae^{ikx} + Be^{-ikx} \tag{4.7}$$

であることがすぐに分かります．ここで A, B は定数です．このような解を**平面波解**といいます．

　ここで，時間の依存性まで含めて考えると，エネルギー $E > 0$ を持っている場合は時間発展の位相因子 $e^{-iEt/\hbar}$ がつきます．つまり，自由粒子のエネルギー固有状態の時間発展は

$$\psi(x,t) = Ae^{-\frac{iEt}{\hbar}+ikx} + Be^{-\frac{iEt}{\hbar}-ikx} \tag{4.8}$$

という位置表示の波動関数で表されます．波動方程式の平面波解を思い出すと，$e^{-iEt/\hbar+ikx}$ は x 軸正の向きに進む波，$e^{-iEt/\hbar-ikx}$ は x 軸負の向きに進む波であることが分かります．波の分散関係は式 (4.6) より

$$E = \frac{\hbar^2 k^2}{2m} \tag{4.9}$$

です．波動関数 (4.8) に対して確率の流れ (3.117) を計算してみると，

$$j(x,t) = \frac{\hbar k}{m}|A|^2 - \frac{\hbar k}{m}|B|^2 \tag{4.10}$$

となるので，正の向きに進む解 $e^{-iEt/\hbar+ikx}$ は確かに粒子の確率の流れ（つまり同じ状態の粒子が多数いたときの全体的な流れ）が正の向きであることが分かります．したがって（平均的な）粒子の進行方向は正の向きだと解釈できます．

　次に，演算子形式の結果と比較してみます．運動量固有ケット $|p\rangle$ は $E = p^2/(2m)$ に対応するエネルギー固有ケットでもありました（3.6.2 項）．この固有ケットに対応する波動関数は

132 第4章 シュレーディンガー方程式の解析

$$\langle x|p \rangle = \frac{1}{\sqrt{2\pi\hbar}} e^{\frac{ipx}{\hbar}} = \frac{1}{\sqrt{2\pi\hbar}} e^{ikx} \tag{4.11}$$

となって確かに解の1つと対応しています.$p = \hbar k$ はアインシュタイン–ド・ブロイの関係式です.もう1つの解は負の運動量固有ケット $|-p\rangle$ で,これが e^{-ikx} に対応します.これらは両方ともエネルギー $E = p^2/(2m)$ を持つので同じシュレーディンガー方程式の解です.それらが2つの独立な解になっています.つまり,式 (4.7) は重ね合わせ状態 $|E\rangle = \sqrt{2\pi\hbar}(A|p\rangle + B|-p\rangle)$ と等価です.

自由粒子の固有関数 (4.11) は自乗可積分性の規格化条件 (4.4) を満たさないことに注意しましょう.自由粒子はポテンシャルに閉じ込められた束縛状態ではないからです.演算子形式で運動量固有ケットが状態とはみなせないことと対応しています.一方,固有関数 (4.11) を改めて $\varphi_p(x) := \langle x|p\rangle$ と書くことにすれば,$\langle p'|p\rangle = \delta(p' - p)$ より固有関数は

$$\int_{-\infty}^{\infty} dx\, \varphi_{p'}^*(x)\varphi_p(x) = \delta(p' - p) \tag{4.12}$$

という条件は満たします.これを自由粒子の固有関数の規格直交条件と呼ぶことにします [†1].

4.2.2 円周上の運動

ここまでは粒子が無限に長い直線上を自由に運動している場合を考えました.粒子が円周上を自由に動く場合は状況が変わります.周の長さが L である円周上の自由粒子の運動を考えてみます.この場合は波数 k を持つ自由粒子の固有関数

$$\varphi_k(x) = Ce^{ikx} \tag{4.13}$$

には波動関数の連続性のために**周期的境界条件**

[†1] 文献 [1] では波数で書いた固有関数 $\varphi_k(x) = e^{ikx}/\sqrt{2\pi}$ に対する規格直交条件を採用していますが,演算子形式の観点からは $\hat{x}$ と $\hat{p}$ を対等に扱うので,式 (4.12) を規格直交条件とする方が自然だと思います.

$$\varphi_k(x + L) = \varphi_k(x) \tag{4.14}$$

を課します[†2]. 固有関数の具体形 (4.13) を代入すると

$$e^{ikL} = 1 \tag{4.15}$$

が得られるので, 波数は離散的な値

$$k_n = \frac{2\pi n}{L} \quad (n \in \mathbb{Z}) \tag{4.16}$$

のみを取ります. n が負のときは k_n も負になるので, これは円周上を負の向きに回る粒子と解釈できます. $n = 0$ のときは波数, すなわち運動量はゼロなので粒子は止まっていると解釈します. このとき粒子のエネルギーも

$$E_n = \frac{\hbar^2}{2m} \left(\frac{2\pi n}{L} \right)^2 \quad (n \in \mathbb{Z}) \tag{4.17}$$

と量子化されます. $n = \pm 1, \pm 2, \ldots$ に対してはエネルギーは二重に縮退しています. もちろん, これは円周上を正の向きに回る場合と負の向きに回る場合のどちらも許されるからです.

定数 C は規格化条件 (円周上の何処かには必ず粒子が存在するための条件)

$$\int_0^L dx \, |\varphi_{k_n}(x)|^2 = 1 \tag{4.18}$$

より決まります.

問 4.1.

定数 C を求めなさい.

[†2] 波動関数の全体位相の違いは同じ状態を表すので論理的には $\varphi_k(x + L) = e^{i\theta} \varphi_k(x)$ という条件も許されます. 5.4 節の話と関係しています.

134 第 4 章 シュレーディンガー方程式の解析

> **解** 積分は非常に簡単です.

$$\int_0^L dx\, |C|^2 = |C|^2 L = 1 \tag{4.19}$$

なので $|C| = 1/\sqrt{L}$ です. C は一般に複素数ですが, 今の場合は波動関数の全体の因子になっているため, 極形式で表したときの位相因子は無視できます. したがって $C = 1/\sqrt{L}$ とできます. ∎

つまり, 固有関数は

$$\varphi_{k_n}(x) = \frac{1}{\sqrt{L}} \exp\left(\frac{2\pi i n x}{L}\right) \tag{4.20}$$

で与えられます. 定数は直線上の自由粒子 (4.11) のものとは異なっています. 円周上に粒子がいる場合は空間の長さが有限のため, 自乗可積分の規格化条件を課せるからです. さらに固有関数は正規直交性を満たします.

$$\int_0^L dx\, \varphi_{k_n}^*(x)\varphi_{k_m}(x) = \delta_{nm} \tag{4.21}$$

問 4.2.

式 (4.21) を示しなさい.

> **解** $n = m$ のときの積分は規格化条件そのものなので既に確かめています. なので, ここでは $n \neq m$ として積分がゼロになることを示します.

$$\begin{aligned}
\frac{1}{L}\int_0^L dx \exp\left(\frac{2\pi i(n-m)x}{L}\right) &= \frac{1}{L}\left[\frac{L}{2\pi i(n-m)}\exp\left(\frac{2\pi i(n-m)x}{L}\right)\right]_0^L \\
&= \frac{e^{2\pi i(n-m)} - 1}{2\pi i(n-m)} \\
&= 0
\end{aligned} \tag{4.22}$$

となるので直交性も示せました. ∎

このとき，固有関数は円周上で定義された関数（周期関数）の空間の正規直交基底になっています．つまり，周期 L を持つ関数 $f(x)$ は

$$f(x) = \sum_{n=-\infty}^{\infty} c_n \varphi_{k_n}(x) = \frac{1}{\sqrt{L}} \sum_{n=-\infty}^{\infty} c_n \exp\left(\frac{2\pi i n x}{L}\right) \tag{4.23}$$

と展開できます．これは**フーリエ級数**に他なりません．もう少し正確に言えば，周期関数がフーリエ級数で展開できるという数学の定理を使うことで，固有関数が完全正規直交系になっていることが保証されます．係数 c_n は

$$c_n = \int_0^L dx\, \varphi_{k_n}^*(x) f(x) = \frac{1}{\sqrt{L}} \int_0^L dx\, f(x) \exp\left(-\frac{2\pi i n x}{L}\right) \tag{4.24}$$

で与えられます．

4.3 井戸型ポテンシャル

4.3.1 無限井戸型ポテンシャル

束縛状態が存在する簡単なモデルは無限に高い仕切りに粒子を閉じ込めた場合で，**無限井戸型ポテンシャル**の問題といいます．この問題が簡単と言える理由は井戸の中ではポテンシャルの影響は全くないので自由粒子と同じになるためです．したがって厳密に解けます．あとは境目での解の接続をどうするかだけです．無限井戸型ポテンシャルは以下のように書けます．

$$V(x) = \begin{cases} 0 & (0 \leq x \leq L) \\ +\infty & (それ以外) \end{cases} \tag{4.25}$$

図で描くと図 4.1(a) のようになります．物理的な粒子は $0 \leq x \leq L$ という有限の領域にのみ存在できます．

無限井戸型ポテンシャルの場合，井戸の外でポテンシャルが常に無限大なので固有関数には

$$\varphi(x) = 0 \quad (井戸の外) \tag{4.26}$$

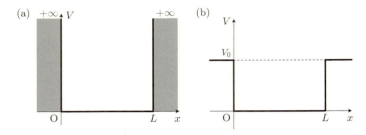

図 4.1 (a) 無限井戸型ポテンシャルと (b) 有限井戸型ポテンシャル．無限井戸では井戸の外の網掛けの領域には粒子は絶対に存在できません．一方，有限井戸の場合は粒子のエネルギーが $E < V_0$ であったとしても，量子力学的には井戸の外の領域に存在することがありえます（トンネル効果の一種）．4.3.2 項を参照のこと．

という条件が課されます．日本語訳は「井戸の外の領域には粒子は絶対に存在できない」です．きちんと式で示したい場合は次項の有限井戸型ポテンシャルの井戸の外の解で $V_0 \to \infty$ の極限をとってください．きちんと上の条件 (4.26) が出てきます．境目 $x = 0, L$ で厳密に $\varphi(x) = 0$ となっていなければいけない点が特に重要です．もし $x = 0, L$ で $\varphi(x) \neq 0$ だと，波動関数の連続性により少しだけ壁の外にはみ出た領域でも非ゼロになってしまい，上の条件に反します．古典力学では $V(x) > E$ となる領域には粒子は決して到達できませんが，量子力学ではこのような領域においても一般には波動関数はゼロとなりません．ですが，無限井戸型ポテンシャルのようなポテンシャルが発散領域を持つ場合は例外的な状況です．その領域での波動関数は明らかにゼロです．

$0 \leq x \leq L$ の領域ではシュレーディンガー方程式は式 (4.6) と全く同じです．一般解は

$$\varphi(x) = C \sin kx + D \cos kx \tag{4.27}$$

と三角関数を使った方が後々便利です．$k = \sqrt{2mE}/\hbar$ と定義したので $k > 0$ です．

次に積分定数を決めたいです．$C = D = 0$ だと波動関数はゼロ，つまり粒子が井戸の中にすら存在しないことになってしまうので不適切です．よって少なくともどちらかは非ゼロです．境界での条件を考えます．まず $x = 0$ での境

界条件より

$$\varphi(0) = D = 0 \tag{4.28}$$

です. このとき $x = L$ での境界条件は

$$\varphi(L) = C \sin kL \tag{4.29}$$

ですが, $C \neq 0$ なので

$$\sin kL = 0 \tag{4.30}$$

となります. これを解くと

$$kL = n\pi \quad (n = 1, 2, 3, \dots) \tag{4.31}$$

となります. ここで $k > 0, L > 0$ なので n は正の整数のみに制限しました.
エネルギー (4.9) に戻すと

$$E_n = \frac{\hbar^2}{2m}\left(\frac{n\pi}{L}\right)^2 \quad (n = 1, 2, 3, \dots) \tag{4.32}$$

となって量子化されます. 束縛状態のエネルギー固有値は離散的です. 離散的
エネルギーの系列を**エネルギー準位**, 固有状態を区別するラベル (今の場合は
n) を**量子数**といいます. また, 最もエネルギーが低い固有状態を**基底状態**, そ
れ以外を**励起状態**といいます. 問題の設定によって基底状態の量子数を $n = 0$
としたり, $n = 1$ としたりするので少し注意してください. 今の場合は $n = 1$
が基底状態です.

波動関数は

$$\varphi_n(x) = C \sin \frac{n\pi x}{L} \quad (n = 1, 2, 3, \dots) \tag{4.33}$$

となります. 境界条件をすべて使ってしまったので C は決まらないように思え
ますが, まだ規格化条件を使っていません. 規格化条件

$$\int_{-\infty}^{\infty} |\varphi_n(x)|^2 dx = \int_0^L |\varphi_n(x)|^2 dx = 1 \tag{4.34}$$

より C が決まります.

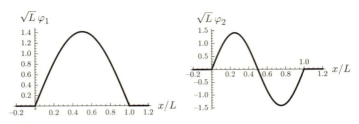

図 4.2 無限井戸型ポテンシャルにおける束縛状態と第 1 励起状態の波動関数．$x \leq 0$ と $x \geq L$ で波動関数は厳密にゼロになっています．基底状態 $(n = 1)$ では $x = L/2$ 付近に発見される確率が最も大きく，第 1 励起状態 $(n = 2)$ では $x = L/4, 3L/4$ 付近が最大になります．

問 4.3.

積分 (4.34) を計算して C を求めなさい．

解　計算すべき積分は

$$|C|^2 \int_0^L \sin^2 \frac{n\pi x}{L} dx = 1 \tag{4.35}$$

です．頑張って積分を計算すると

$$|C|^2 = \frac{2}{L} \tag{4.36}$$

が得られます．全体位相は無視してもよいので $C = \sqrt{2/L}$ と取っても何の問題もありません．■

結局，固有関数は

$$\varphi_n(x) = \sqrt{\frac{2}{L}} \sin \frac{n\pi x}{L} \tag{4.37}$$

となります．$n = 1, 2$ の場合を図 4.2 に示しました．粒子の確率分布を知りたければ確率密度 $p_n(x) = |\varphi_n(x)|^2$ を計算してください．

4.3 井戸型ポテンシャル **139**

問 4.4.

長さ L の無限井戸に閉じ込められた粒子が基底状態にあるとき，粒子の位置を測定して $[L/4, 3L/4]$ の領域に見出される確率を計算しなさい.

解 確率密度 $p_1(x) = |\varphi_1(x)|^2$ を有限区間 $[L/4, 3L/4]$ で積分すればよいです.

$$\frac{2}{L} \int_{L/4}^{3L/4} \sin^2 \frac{\pi x}{L} dx = \frac{1}{2} + \frac{1}{\pi} \approx 0.818 \tag{4.38}$$

約 82% の確率で発見されます. ∎

弦の振動との類似性

無限井戸型ポテンシャルの解析は，両端が固定された弦（あるいは定常波）の固有振動の解析と数学的にはほとんど等価です．弦の振動は 1 次元波動方程式

$$\frac{\partial^2 y}{\partial t^2} = \frac{T}{\sigma} \frac{\partial^2 y}{\partial x^2} \tag{4.39}$$

で記述されるのでした．ここで y は弦の変位，T は弦の張力，σ は単位長さあたりの弦の質量です．変数分離の仮定 $y(x,t) = e^{-i\omega t} \varphi(x)$ を置くと，

$$\varphi''(x) + k^2 \varphi(x) = 0 \quad \left(k := \sqrt{\frac{\sigma}{T}} \omega \right) \tag{4.40}$$

が得られます．弦の長さを L として固定端条件 $\varphi(0) = \varphi(L) = 0$ を課せば（図 4.3），井戸型ポテンシャルの問題と全く同じになって，固有角振動数

$$\sqrt{\frac{\sigma}{T}} \omega_n L = k_n L = n\pi \quad (n = 1, 2, 3, \dots) \tag{4.41}$$

が決まります．ただし，微分方程式の解の物理的意味は全く違うので混乱しないように注意しましょう．数学的には等価というだけです．しかし，このような数学的な等価性は非常に有用で，最近でもブラックホール時空での波の性質を調べるのにシュレーディンガー方程式との類似性が利用されたりしています.

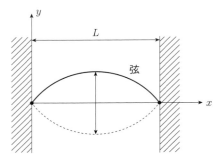

図 4.3 両端が固定された弦の振動のイメージ図．無限井戸型ポテンシャルの問題と数学的にはほとんど等価です．

対称な場合

なお，問題の設定によってはポテンシャルが

$$\widetilde{V}(x) = \begin{cases} 0 & \left(-\dfrac{L}{2} \leq x \leq \dfrac{L}{2}\right) \\ +\infty & (\text{それ以外}) \end{cases} \tag{4.42}$$

のように対称的に与えられる場合もあります．空間反転による波動関数の性質を見るにはこちらの方が便利です．もちろん，もう一度解き直してもいいのですが，$0 \leq x \leq L$ に井戸があるポテンシャル (4.25) とは $\widetilde{V}(x) = V(x+L/2)$ の関係があるので，x を適当にずらせば先ほどの問題に帰着します．念のために式でやってみましょう．シュレーディンガー方程式

$$\left(-\dfrac{\hbar^2}{2m}\dfrac{d^2}{dx^2} + \widetilde{V}(x)\right)\varphi(x) = E\varphi(x) \tag{4.43}$$

を考えます．$X = x + L/2$ と変数変換すれば $\widetilde{V}(x) = V(x+L/2) = V(X)$ なので

$$\left(-\dfrac{\hbar^2}{2m}\dfrac{d^2}{dX^2} + V(X)\right)\varphi\left(X - \dfrac{L}{2}\right) = E\varphi\left(X - \dfrac{L}{2}\right) \tag{4.44}$$

となります．したがって，エネルギー固有値は全く変わらず，エネルギー固有関数が

$$\varphi_n\left(X - \frac{L}{2}\right) = \sqrt{\frac{2}{L}} \sin \frac{n\pi X}{L} \tag{4.45}$$

で与えられます．これを元の x に戻せば

$$\varphi_n(x) = \sqrt{\frac{2}{L}} \sin \frac{n\pi}{L}\left(x + \frac{L}{2}\right) = \sqrt{\frac{2}{L}} \sin\left(\frac{n\pi x}{L} + \frac{n\pi}{2}\right) \tag{4.46}$$

が得られます．例えば基底状態の固有関数は

$$\varphi_1(x) = \sqrt{\frac{2}{L}} \cos \frac{\pi x}{L} \tag{4.47}$$

となり，第 1 励起状態は

$$\varphi_2(x) = \sqrt{\frac{2}{L}} \sin \frac{2\pi x}{L} \tag{4.48}$$

となります．本当は $\varphi_2(x)$ にはマイナス符号がつきますが，-1 も全体位相とみなせるので無視しました．

一般にポテンシャルが $V(-x) = V(x)$ を満たすとき，束縛状態の固有関数はエネルギー固有値の低いものから偶関数・奇関数が交互に現れます．基底状態の固有関数は偶関数です．この性質は 1 次元問題を調べる上で有用なのでよく利用されます．4.8 節で見ます．

● ちょっと一言 ●

無限井戸に閉じ込められた粒子では運動量の扱いが特殊です．どういうことかと言うと，無限井戸の場合は運動量演算子がエルミート演算子（数学で言うところの自己共役演算子）になっていないのです．なぜなっていないかについては演算子のドメインの問題に関わってくるので，ここでは説明できません [†3]．量子力学のルールにより，物理量はエルミート演算子でなければならないので，無限井戸の問題では運動量は物理量とはみなせないという結論に達します．なぜこのようなおかしな結論になってしまったのかと言うと，原因は井戸の外で

[†3] 例えば並木美喜雄 他著『量子力学 II（現代物理学の基礎）』岩波オンデマンドブックス §16.3 や文献 [10] 3.4 節の命題 3.11 で説明されています．

142 第 4 章 シュレーディンガー方程式の解析

ポテンシャルが発散していることにあります．この発散のせいで井戸の端で波動関数に固定端条件 $\varphi(0) = \varphi(L) = 0$ が課されるわけですが，これが運動量のエルミート性を損なってしまっています．これを回避するには例えば井戸の高さを "有限だけど滅茶苦茶高い" という状況に変えてやればよいです．ポテンシャルエネルギーが無限大に発散していること自体が非現実的な設定ですので，この回避策は物理的には自然に思えます．

4.3.2 有限井戸型ポテンシャル

先ほどのポテンシャルは井戸が無限に高い状況でしたが，井戸が有限の場合も考えられます．図 4.1(b) のようなポテンシャルを考えます．

$$V(x) = \begin{cases} 0 & (0 \leq x \leq L) \\ V_0 & (x < 0,\ x > L) \end{cases} \tag{4.49}$$

有限井戸型ポテンシャルといって，これも典型問題です．今度は段差が有限なので井戸の外でも波動関数はゼロになりません．また，$E > V_0$ のときは自由粒子と状況がよく似ていて，そもそも井戸に閉じ込められていません．したがって規格化可能な固有関数，つまり束縛状態は存在しません．

有限井戸型ポテンシャルでは $x = 0, L$ でポテンシャルが不連続的に変化するので，波動関数をこれらの点でつなぐ必要があります．波動関数自体は確率振幅という物理的な意味を持っているので，連続関数であることを要請します．一方，波動関数の導関数は一般に連続である必要はありません．例えば先ほど調べた無限井戸型ポテンシャルの場合は井戸の境界で波動関数は連続ですが，導関数は連続になっていません．導関数がつなぎ目でどうなるべきかはシュレーディンガー方程式から直接導けます．いまの場合に $x = 0$ でどう振る舞うべきか見てみましょう．まず $x = 0$ を含む微小な区間 $[-\epsilon, \epsilon]$ で式 (4.1) を積分します．

$$-\frac{\hbar^2}{2m} \int_{-\epsilon}^{\epsilon} \varphi''(x)dx = \int_{-\epsilon}^{\epsilon} (E - V(x))\varphi(x)dx \tag{4.50}$$

左辺は次のようになります．

$$-\frac{\hbar^2}{2m} \int_{-\epsilon}^{\epsilon} \varphi''(x)dx = -\frac{\hbar^2}{2m}(\varphi'(\epsilon) - \varphi'(-\epsilon)) \tag{4.51}$$

一方，右辺は $x = 0$ で段差があるので積分領域を分ける必要があります．

$$\int_{-\epsilon}^{\epsilon} (E - V(x))\varphi(x)dx = \int_{-\epsilon}^{0} (E - V(x))\varphi(x)dx + \int_{0}^{\epsilon} (E - V(x))\varphi(x)dx$$

$$= (E - V_0)\int_{-\epsilon}^{0} \varphi(x)dx + E\int_{0}^{\epsilon} \varphi(x)dx \tag{4.52}$$

波動関数は連続なので，これらの積分はどちらも $\epsilon \to 0$ でゼロに収束します．結局，波動関数の微分は

$$\lim_{\epsilon \to 0}(\varphi'(\epsilon) - \varphi'(-\epsilon)) = 0 \tag{4.53}$$

と振る舞う必要があります．これは導関数も連続であることを意味します．

今の場合はポテンシャルが各領域で定数だったので積分の処理が簡単でしたが，もしポテンシャルが定数関数ではない場合でも $x \to -0, x \to +0$ でどちらからも有限の値に近づくのなら，$[-\epsilon, 0], [0, \epsilon]$ の各領域での微小な積分は $\epsilon \to 0$ で必ずゼロに収束します．したがって，一般的な状況でポテンシャルが不連続に変化する場合も差が有限であれば，やはり波動関数の微分は連続です．不連続性の段差が無限のときは式 (4.52) が発散してしまうため，微分は連続にはなりません．

束縛状態は $0 < E < V_0$ のときに存在します．$0 \leq x \leq L$ における解は式 (4.27) です．$x < 0$ あるいは $x > L$ におけるシュレーディンガー方程式は

$$-\frac{\hbar^2}{2m}\varphi''(x) + V_0\varphi(x) = E\varphi(x) \tag{4.54}$$

です．$V_0 - E > 0$ を考えているので，次のように書き換えます．

$$\varphi''(x) - \kappa^2\varphi(x) = 0 \quad \left(\kappa = \frac{\sqrt{2m(V_0 - E)}}{\hbar}\right) \tag{4.55}$$

これを満たす独立な 2 つの解は指数関数型 $\varphi(x) = e^{\pm\kappa x}$ ですが，ここで束縛

144 第 4 章 シュレーディンガー方程式の解析

状態になるための条件（規格化可能なための条件）が効いてきます. $x > L$ の
領域に $e^{\kappa x}$ の解が存在すると, $x \to +\infty$ で波動関数が発散してしまうので絶
対に規格化条件 (4.4) は満たされません. つまり, $x > L$ では $e^{-\kappa x}$ の解だけ
存在できます. 同様に $x < 0$ では $e^{\kappa x}$ だけです. 以上から

$$\varphi(x) = \begin{cases} C_- e^{\kappa x} & (x < 0) \\ C_1 \sin kx + C_2 \cos kx & (0 \le x \le L) \\ C_+ e^{-\kappa x} & (x > L) \end{cases} \tag{4.56}$$

という解のみが束縛状態になりうる資格を持っています. これらを境目で貼り
合わせます. 先ほど見たように波動関数とその微分が連続的につながるように
します.

$$\lim_{x \to -0} \varphi(x) = \lim_{x \to +0} \varphi(x), \qquad \lim_{x \to L-0} \varphi(x) = \lim_{x \to L+0} \varphi(x)$$
$$\lim_{x \to -0} \varphi'(x) = \lim_{x \to +0} \varphi'(x), \qquad \lim_{x \to L-0} \varphi'(x) = \lim_{x \to L+0} \varphi'(x) \tag{4.57}$$

実際は $\varphi'(x)/\varphi(x)$ という比の連続性を考えた方が $C_\pm$ が現れないので少し簡
単です. このとき条件は

$$\frac{C_1}{C_2} = \frac{\kappa}{k}, \quad \frac{C_2 \sin kL - C_1 \cos kL}{C_2 \cos kL + C_1 \sin kL} = \frac{\kappa}{k} \tag{4.58}$$

となります. この式から比 C_1/C_2 は簡単に消去できます. さらに比 κ/k につ
いて解けば

$$\frac{\kappa}{k} = \tan \frac{kL}{2}, \quad -\cot \frac{kL}{2} \tag{4.59}$$

が得られます. 見慣れない三角関数が現れましたが, $\cot x = 1/\tan x =$
$\cos x / \sin x$ です. ここで $k = \sqrt{2mE}/\hbar$, $\kappa = \sqrt{2m(V_0 - E)}/\hbar$ だったこ
とを思い出すと

$$k^2 + \kappa^2 = \frac{2mV_0}{\hbar^2} \tag{4.60}$$

が成り立ちます. $0 < E < V_0$ より $k > 0$, $\kappa > 0$ に注意します.

以上から (k, κ) は 2 つの曲線

$$\kappa = k \tan \frac{kL}{2} \quad \text{と} \quad k^2 + \kappa^2 = \frac{2mV_0}{\hbar^2} \tag{4.61}$$

あるいは

$$\kappa = -k \cot \frac{kL}{2} \quad \text{と} \quad k^2 + \kappa^2 = \frac{2mV_0}{\hbar^2} \tag{4.62}$$

の第 1 象限における交点として与えられます．交点が定まれば，$E = \hbar^2 k^2/(2m)$ よりエネルギー固有値も決まります．これらの交点の総数が許される束縛状態の数になります．

もう少し見やすくなるように

$$\xi := \frac{kL}{2}, \quad \eta := \frac{\kappa L}{2} \tag{4.63}$$

を導入します．(ξ, η) で考えると

$$\eta = \xi \tan \xi \quad \text{と} \quad \xi^2 + \eta^2 = \frac{mL^2 V_0}{2\hbar^2} \tag{4.64}$$

の交点か，あるいは

$$\eta = -\xi \cot \xi \quad \text{と} \quad \xi^2 + \eta^2 = \frac{mL^2 V_0}{2\hbar^2} \tag{4.65}$$

の交点になります．

さて，$\eta = \xi \tan \xi$ は $\xi = 0, \pi, 2\pi, \ldots$ のとき $\eta = 0$ となります．一方 $\eta = -\xi \cot \xi$ は $\xi = \pi/2, 3\pi/2, 5\pi/2, \ldots$ のとき $\eta = 0$ となります．つまり，これらのグラフは

$$\xi = \frac{j\pi}{2} \quad (j = 0, 1, 2, \ldots) \tag{4.66}$$

で ξ 軸と交わります．両者のグラフは図 4.4(a) のようになります．これと 1/4 単位円の交点が束縛状態のエネルギー固有値を決めます．このグラフを見ると，有限井戸の場合は束縛状態は有限個しかないことが分かります．例えば

$$0 < \frac{mL^2 V_0}{2\hbar^2} \le \left(\frac{\pi}{2} \right)^2 \tag{4.67}$$

のとき，第 1 象限内の交点はただ 1 つだけ存在することが分かります．右側の不等号で等号が成り立つときは微妙な状況ですが，詳しく解を調べてみると，この場合も束縛状態は 1 個だけだと分かります．図 4.4(b) から分かるように，$V_0 > 0$ であれば，少なくとも 1 個の束縛状態は必ず存在することが分かります．

146　第4章　シュレーディンガー方程式の解析

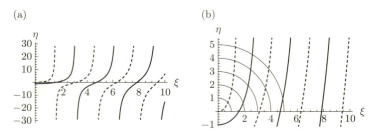

図 4.4　(a) $\eta = \xi\tan\xi$（実線）と $\eta = -\xi\cot\xi$（破線）のグラフ．(b) 束縛状態の数は有限個しかなく，これらのグラフと原点を中心とする半径 $\sqrt{mL^2V_0/2\hbar^2}$ の 1/4 円の交点を数えれば求まります．

問 4.5.

$V_0 \to \infty$ の極限で交点はどのようになるか？

解　この極限では半径が無限に大きくなっていくので，交点の ξ 座標はグラフが発散する ξ の値である $\pi/2, \pi, 3\pi/2, 2\pi, \ldots$ に近づいていきます．$\xi = kL/2$ だったので，エネルギー固有値は当たり前ですが無限井戸の結果 (4.32) に近づきます． ■

基底状態と第 1 励起状態の波動関数をプロットすると図 4.5 のようになります．今度は壁の外側にも若干染み出していることが分かります．これは粒子が壁の外側に存在する確率は小さいが，ゼロではないということを意味しています．このような古典的には許されない領域への染み出しは量子力学特有の現象で，いわゆる**トンネル効果**の一種です．

基底状態の粒子が禁止領域 $x < 0$ または $x > L$ に見出される確率を計算してみると

$$P_\text{禁止} = 2\int_{-\infty}^{0}|\varphi_1(x)|^2 dx = 2|C_-|^2 \int_{-\infty}^{0} e^{2\kappa x}dx = \frac{|C_-|^2}{\kappa} \tag{4.68}$$

となりますが，図 4.5 で示した $2mL^2V_0/\hbar^2 = 100$ の場合に具体的な数値を入れてみると，

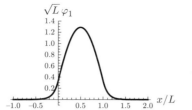
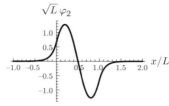

図 4.5 有限井戸型ポテンシャルにおける束縛状態と第 1 励起状態の波動関数. $2mL^2V_0/\hbar^2 = 100$ としました. このときのエネルギー固有値は $2mL^2E_1/\hbar^2 \approx 6.83$, $2mL^2E_2/\hbar^2 \approx 27.0$ です. 古典的には到達不可能な領域 $x/L < 0$, $x/L > 1$ にも粒子は存在しえます. 波動関数は $|x| \to \infty$ でゼロに収束します.

$$P_{禁止} \approx 0.012 \tag{4.69}$$

が得られます. つまり,約 1.2% の確率で禁止領域に粒子が発見されます.

問 4.6.

実際に $2mL^2V_0/\hbar^2 = 100$ の場合に $P_{禁止}$ を計算し,結果が式 (4.69) で与えられることを確かめなさい.

解 まず定数 C_- を規格化条件より決めます. $x = L/2$ における対称性を考えれば規格化条件は

$$2\int_{-\infty}^{L/2} dx\, |\varphi(x)|^2 = 1 \tag{4.70}$$

となります. $x = 0$ での接続条件より

$$C_2 = C_-, \quad C_1 = \frac{\kappa}{k}C_- \tag{4.71}$$

が得られるので, $0 < x < L$ の固有関数を C_- のみで表せます. 規格化条件は

$$2|C_-|^2\left[\int_{-\infty}^{0} dx\, e^{2\kappa x} + \int_{0}^{L/2} dx\left(\frac{\kappa}{k}\sin kx + \cos kx\right)^2\right] = 1 \tag{4.72}$$

148 第4章 シュレーディンガー方程式の解析

となります.

$2mL^2V_0/\hbar^2 = 100$ のとき,基底状態では $(\xi, \eta) \approx (1.3064, 4.8263)$ です.ここで上の規格化条件を使って

$$|C_-|^2 \approx \frac{0.1131}{L} \tag{4.73}$$

と決まります.したがって

$$P_{禁止} \approx \frac{0.1131}{\kappa L} = \frac{0.1131}{2\eta} \approx 0.0117 \tag{4.74}$$

となります.また,エネルギー固有値は

$$E_1 = \frac{2\hbar^2\xi^2}{mL^2} \approx 6.827 \frac{\hbar^2}{2mL^2} \tag{4.75}$$

であることも分かります. ∎

4.4 デルタ関数ポテンシャル

次のようなデルタ関数型のポテンシャル

$$V(x) = -\Lambda\delta(x) \quad (\Lambda > 0) \tag{4.76}$$

を考えてみます.$x \neq 0$ では $V(x) = 0$ なのでエネルギー E が正だと自由粒子のように振る舞い,やはり束縛状態は存在しません.一方,$E < 0$ のときは以下で見るように束縛状態が存在します.束縛状態のエネルギー固有値を求めます.

定常状態のシュレーディンガー方程式は

$$\left(-\frac{\hbar^2}{2m}\frac{d^2}{dx^2} - \Lambda\delta(x)\right)\varphi(x) = E\varphi(x) \tag{4.77}$$

となります.$x \neq 0$ では一般解は

$$\varphi(x) = Ae^{-\kappa x} + Be^{\kappa x} \quad \left(\kappa := \frac{\sqrt{-2mE}}{\hbar}\right) \tag{4.78}$$

で与えられます. $E < 0$ なので κ は正の実数であることに注意してください. 束縛状態に興味があるので

$$
\varphi(x) = \begin{cases} Ae^{-\kappa x} & (x > 0) \\ Be^{\kappa x} & (x < 0) \end{cases} \tag{4.79}
$$

という解に興味があります. これらを $x = 0$ でつなげればいいわけですが, デルタ関数ポテンシャルではポテンシャルは発散しているので滑らかにつながるわけではありません. どのようにつなげるべきかは有限井戸のときと同様にやはりシュレーディンガー方程式から導けます.

まず固有関数の連続性から

$$
\varphi(-0) = \varphi(+0) \tag{4.80}
$$

です. これから

$$
A = B \tag{4.81}
$$

が得られます. 次に $x = 0$ を含む微小な区間 $[-\epsilon, \epsilon]$ でシュレーディンガー方程式を積分すると

$$
-\frac{\hbar^2}{2m} \int_{-\epsilon}^{\epsilon} \varphi''(x)dx - \Lambda \int_{-\epsilon}^{\epsilon} \delta(x)\varphi(x)dx = E \int_{-\epsilon}^{\epsilon} \varphi(x)dx \tag{4.82}
$$

となります. 左辺第 1 項は全微分の形, 第 2 項はデルタ関数のために積分が実行できます. 右辺は固有関数の連続性のために $\epsilon \to 0$ でゼロになります. つまり, この極限で

$$
\varphi'(+0) - \varphi'(-0) = -\frac{2m\Lambda}{\hbar^2}\varphi(0) \tag{4.83}
$$

という条件が得られます. これが $x = 0$ での微分係数の接続条件です.

固有関数を代入すると

$$
\kappa = \frac{m\Lambda}{\hbar^2} \tag{4.84}
$$

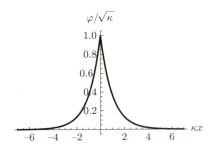

図 4.6 デルタ関数ポテンシャルのただ 1 つの束縛状態の固有関数.

が得られます.これを式 (4.78) に代入してエネルギー固有値を求めると

$$E = -\frac{m\Lambda^2}{2\hbar^2} \tag{4.85}$$

となります.つまり,この場合はただ 1 つの束縛状態が存在します.

問 4.7.

固有関数の規格化定数 A を求めよ.

解 規格化条件は $x=0$ での対称性を考慮して

$$2|A|^2 \int_0^\infty e^{-2\kappa x} dx = 1 \tag{4.86}$$

です.これより全体位相を無視して

$$A = \sqrt{\kappa} = \frac{\sqrt{m\Lambda}}{\hbar} \tag{4.87}$$

が得られます.固有関数の形は図 4.6 のようになります. ∎

4.5 調和振動子

応用上は調和振動子のポテンシャルが非常に重要です.

$$V(x) = \frac{1}{2}m\omega^2 x^2 \tag{4.88}$$

ポテンシャルの形は図 4.7 のようになります. このポテンシャルに対するシュレーディンガー方程式を直接解くのは結構難しいです. 後でやります. 先にもう少しスマートなやり方を紹介します.

4.5.1 代数的方法

まずは最もポピュラーだと思われる生成・消滅演算子を使った方法で解きます. この方法ではシュレーディンガー方程式を直接解くのではなく, もっと見通しの良い, 交換関係を使った代数計算に焼き直します. ブラ・ケットを使った演算子形式と非常に相性が良いです. 応用範囲もかなり広いです. 例えば角運動量の解析や場を量子化するときもほとんど同じ方法が使えます. 量子ハミルトニアンを直接調べるので, 3.6.2 項の自由粒子の解析と少し似ています.

量子的なハミルトニアン演算子

$$\hat{H} = \frac{\hat{p}^2}{2m} + \frac{1}{2}m\omega^2 \hat{x}^2 \tag{4.89}$$

まで遡ります. ここで, 天下り的ですが次の演算子を導入します[†4].

$$\hat{a} = \sqrt{\frac{m\omega}{2\hbar}}\hat{x} + \frac{i}{\sqrt{2\hbar m\omega}}\hat{p} \qquad \hat{a}^\dagger = \sqrt{\frac{m\omega}{2\hbar}}\hat{x} - \frac{i}{\sqrt{2\hbar m\omega}}\hat{p} \tag{4.90}$$

正準交換関係 $[\hat{x}, \hat{p}] = i\hbar$ を使うと, これらの演算子は

[†4] 一応気持ちを説明しておくと, ハミルトニアンを "因数分解" したいという動機で導入しています. $a^2 + b^2 = (a - bi)(a + bi)$ みたいなノリです. ただし演算子の場合は単純な因数分解の公式は使えません.

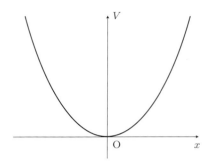

図 4.7 調和振動子のポテンシャルの概形. $|x| \to \infty$ で $V \to +\infty$ なので $E > 0$ に無限個の束縛状態が存在します.

$$[\hat{a}, \hat{a}^\dagger] = 1 \tag{4.91}$$

を満たすことが分かります.

問 4.8.

この交換関係 (4.91) を確かめなさい.

ヒント 基本的には代入して計算するだけですが，交換子に関する分配則

$$[\alpha\hat{A} + \beta\hat{B}, \gamma\hat{C} + \delta\hat{D}] = \alpha\gamma[\hat{A}, \hat{C}] + \alpha\delta[\hat{A}, \hat{D}] + \beta\gamma[\hat{B}, \hat{C}] + \beta\delta[\hat{B}, \hat{D}] \tag{4.92}$$

を使えば少し計算が楽になります. ∎

式 (4.90) を $\hat{x}, \hat{p}$ について逆に解くと

$$\hat{x} = \sqrt{\frac{\hbar}{2m\omega}}(\hat{a}^\dagger + \hat{a}), \quad \hat{p} = i\sqrt{\frac{\hbar m\omega}{2}}(\hat{a}^\dagger - \hat{a}) \tag{4.93}$$

となります. このとき

4.5 調和振動子　153

$$\hat{x}^2 = \frac{\hbar}{2m\omega}[(\hat{a}^\dagger)^2 + \hat{a}^\dagger\hat{a} + \hat{a}\hat{a}^\dagger + \hat{a}^2]$$
$$\hat{p}^2 = -\frac{\hbar m\omega}{2}[(\hat{a}^\dagger)^2 - \hat{a}^\dagger\hat{a} - \hat{a}\hat{a}^\dagger + \hat{a}^2] \qquad (4.94)$$

となるので，ハミルトニアンは次のように書けます．

$$\hat{H} = \frac{\hbar\omega}{2}(\hat{a}^\dagger\hat{a} + \hat{a}\hat{a}^\dagger) = \hbar\omega\left(\hat{a}^\dagger\hat{a} + \frac{1}{2}\right) \qquad (4.95)$$

十分に慣れてくると面倒なので演算子のハットは書かないことが多いのですが，慣れるまではきちんと書いた方がいいです．量子力学では演算子と数の区別は決定的に重要です．

　さらに，次のような演算子を導入します．

$$\hat{n} := \hat{a}^\dagger\hat{a} \qquad (4.96)$$

当然ですが，ハミルトニアンはこの演算子を使って

$$\hat{H} = \hbar\omega\left(\hat{n} + \frac{1}{2}\right) \qquad (4.97)$$

と書けます．このとき次の交換関係が成り立ちます．

$$[\hat{n}, \hat{a}^\dagger] = \hat{a}^\dagger \qquad\qquad [\hat{n}, \hat{a}] = -\hat{a}$$
$$[\hat{H}, \hat{a}^\dagger] = \hbar\omega\hat{a}^\dagger \qquad [\hat{H}, \hat{a}] = -\hbar\omega\hat{a} \qquad (4.98)$$

導出は練習問題とします．ここまでの計算は重要なので必ずマスターしてください．

154　第 4 章　シュレーディンガー方程式の解析

問 4.9.

式 (4.98) の 4 式を示しなさい.

解　愚直にやれば簡単に示せます. 例えば

$$[\hat{n}, \hat{a}^\dagger] = [\hat{a}^\dagger \hat{a}, \hat{a}^\dagger] = \hat{a}^\dagger \hat{a} \hat{a}^\dagger - \hat{a}^\dagger \hat{a}^\dagger \hat{a} = \hat{a}^\dagger (1 + \hat{a}^\dagger \hat{a}) - \hat{a}^\dagger \hat{a}^\dagger \hat{a} = \hat{a}^\dagger \tag{4.99}$$

となります. 途中で $[\hat{a}, \hat{a}^\dagger] = 1$ より導かれる $\hat{a} \hat{a}^\dagger = 1 + \hat{a}^\dagger \hat{a}$ を使いました. ハミルトニアンの方はもっと簡単で

$$[\hat{H}, \hat{a}^\dagger] = \hbar\omega[\hat{n}, \hat{a}^\dagger] = \hbar\omega \hat{a}^\dagger \tag{4.100}$$

です. $\hat{a}$ の方も同様です. ■

これで役者が揃いました. $\hat{n}$ の固有値問題

$$\hat{n}|n\rangle = n|n\rangle, \quad \langle n|n\rangle = 1 \tag{4.101}$$

を考えます. $\hat{n}$ と $\hat{H}$ は可換なので, $|n\rangle$ は実はハミルトニアンの固有状態でもあります.

$$\hat{H}|n\rangle = \hbar\omega\left(\hat{n} + \frac{1}{2}\right)|n\rangle = \hbar\omega\left(n + \frac{1}{2}\right)|n\rangle \tag{4.102}$$

したがって, $\hat{n}$ の固有値 n と固有状態 $|n\rangle$ を求めるのが目標です. いかにも整数を値に取りそうな文字 n を使っていますが, 今の段階では n がどのような値を取るのか分かっていないことに注意してください. これから取り得る値を制限します.

ここから先の議論は若干入り組んでいます. じっくりと自分の頭で考えてください. まず

$$\langle n|\hat{n}|n\rangle = n\langle n|n\rangle = n \tag{4.103}$$

が成り立ちますが, $\hat{n} = \hat{a}^\dagger \hat{a}$ なので

$$\langle n|\hat{n}|n\rangle = \langle n|\hat{a}^\dagger \hat{a}|n\rangle \tag{4.104}$$

とも書けます. ここで $|\phi\rangle := \hat{a}|n\rangle$ と置くと, $\langle\phi| = \langle n|\hat{a}^\dagger$ なので

$$\langle n|\hat{n}|n\rangle = \langle n|\hat{a}^\dagger\hat{a}|n\rangle = \langle\phi|\phi\rangle \tag{4.105}$$

であることが分かります. つまり

$$n = \langle\phi|\phi\rangle = \|\phi\|^2 \geq 0 \tag{4.106}$$

が得られます.

$\hat{n}$ の固有状態 $|n\rangle$ に $\hat{a}$ を作用させてできるベクトル $\hat{a}|n\rangle$ にさらに $\hat{n}$ を作用させると, 交換関係 (4.98) より

$$\hat{n}\hat{a}|n\rangle = (\hat{a}\hat{n} - \hat{a})|n\rangle = \hat{a}\hat{n}|n\rangle - \hat{a}|n\rangle$$
$$= \hat{a}n|n\rangle - \hat{a}|n\rangle = (n-1)\hat{a}|n\rangle \tag{4.107}$$

となるので, $\hat{a}|n\rangle$ は $\hat{n}$ の固有値 $n-1$ に対応する固有ケットであることが分かります. つまり, 固有値が 1 だけ下がります. 同様に $\hat{a}^\dagger|n\rangle$ に $\hat{n}$ を作用させてみると固有値が $n+1$ であることが分かります. このように $\hat{a}$ は $\hat{n}$ の固有値を 1 だけ下げ, $\hat{a}^\dagger$ は 1 だけ上げる演算子になっています. 慣れれば交換関係 (4.98) を見ただけでこのような構造は見抜けます.

$\hat{a}$ を繰り返し作用させていくと $\hat{n}$ の固有値は 1 ずつ下がっていくわけですが, 何回も繰り返せばどんどん下がり続けて, いずれは負の領域に到達するように思われます. 一方, 既に示したように $\hat{n}$ の固有値はゼロより小さくはなれません. これはどういうことでしょうか? キーとなるのはゼロ固有値の存在です. もし $\hat{n}$ の固有値にゼロが含まれていると仮定すると

$$\hat{n}|0\rangle = 0 \tag{4.108}$$

ですが, 左から $\langle 0|$ を掛けると

$$\langle 0|\hat{a}^\dagger\hat{a}|0\rangle = 0 \tag{4.109}$$

が得られます. この式は $\hat{a}|0\rangle$ のノルムがゼロであることを示しており, ヒルベルト空間の性質により, そのようなベクトルはゼロベクトルだけです. つまり

156　第4章　シュレーディンガー方程式の解析

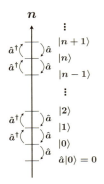

図 4.8　演算子 $\hat{a}$, $\hat{a}^\dagger$ による $\hat{n}$ の固有状態の移り変わりの様子．演算子 $\hat{a}$ を作用させ続けると，最終的に最低固有状態 $|0\rangle$ に行き着き，$|0\rangle$ に $\hat{a}$ を作用させると，もはやゼロベクトルになります．こうなっていないと，いくらでも低い固有状態が存在してしまいます．逆に最低固有状態 $|0\rangle$ から出発して演算子 $\hat{a}^\dagger$ を繰り返し作用させることで，すべての固有状態を作れます．$\hat{n}$ にも $\hat{H}$ にも固有値の上限はないので固有状態は無限個あります．

$$\hat{a}|0\rangle = 0 \tag{4.110}$$

が成り立ちます．このようなゼロ固有値に対応する固有状態 $|0\rangle$ が存在すれば，それ以降いくら消滅演算子を作用させてもゼロベクトルのままであり，固有値がマイナスになることはありません．ちょっと考えてみると，固有値の下落が途中で止まるのはこの可能性しかないことが分かります（図 4.8）．

以上の議論から，もし固有状態 $|n\rangle$ から出発して $\hat{a}$ を何回も作用させると，固有値が非負に留まるためには $\hat{a}^k|n\rangle$ の固有値 $n - k$ がゼロになるような整数 k が必ず存在することが分かりました．つまり $k = n$ であり，最初の出発点の固有状態 $|n\rangle$ の固有値 n は整数でなければなりません．最も低い固有値は $n = 0$ であることも示されました．

逆に図 4.8 のように最低固有状態 $|0\rangle$ から出発して固有値を上げる演算子 $\hat{a}^\dagger$ を作用させていけば，$\hat{n}$ のすべての固有状態を構成できます．$\hat{a}^\dagger$ の作用によっ

4.5 調和振動子 157

表 4.1 絶対に押さえておくべき生成・消滅演算子の働き.

記号	名前	働き	エネルギーの変化
$\hat{a}^\dagger$	生成演算子	エネルギー量子を作る	$+\hbar\omega$
$\hat{a}$	消滅演算子	エネルギー量子を消す	$-\hbar\omega$
$\hat{n} = \hat{a}^\dagger\hat{a}$	数演算子	エネルギー量子を数える	なし

て固有値は 1 だけ増えるので繰り返し作用させていけば，結局 $\hat{n}$ の固有値 n は非負整数全体を取り得ることが分かります．

$$\hat{n}|n\rangle = n|n\rangle, \quad \hat{H}|n\rangle = E_n|n\rangle \quad (n = 0, 1, 2, \dots) \tag{4.111}$$

ここでエネルギー固有値は

$$E_n = \hbar\omega\left(n + \frac{1}{2}\right) \quad (n = 0, 1, 2, \dots) \tag{4.112}$$

で与えられます．特に最低エネルギー固有値は $E_0 = \hbar\omega/2$ となり，ポテンシャルの最小値 $V(0) = 0$ よりも少しだけ高くなっています．これを**ゼロ点エネルギー**といいます．

ハミルトニアンの言葉では，$\hat{a}^\dagger$ はエネルギー固有値を $\hbar\omega$ だけ上げて，$\hat{a}$ はエネルギー固有値を $\hbar\omega$ だけ下げる演算子になっています．これはあたかもプランクのエネルギー量子 $\epsilon = \hbar\omega$ が作られたり消されたりすると解釈できるので，$\hat{a}^\dagger$ のことを**生成演算子**，$\hat{a}$ を**消滅演算子**といいます．極めて大事な点なので表 4.1 にまとめておきます．$\hat{n}$ はエネルギー量子が何個生成されたかを数える演算子と解釈でき，**数演算子**と呼ばれます．

面白いのは，基底状態の条件 $\hat{a}|0\rangle = 0$ から固有関数の形も完全に決まってしまうことです．いつものように左から $\langle x|$ を作用させると

$$\langle x|\left(\sqrt{\frac{m\omega}{2\hbar}}\hat{x} + \frac{i}{\sqrt{2\hbar m\omega}}\hat{p}\right)|0\rangle = 0 \tag{4.113}$$

$\varphi_0(x) = \langle x|0\rangle$ として式 (3.49) を使うと，1 階常微分方程式

158　第 4 章　シュレーディンガー方程式の解析

$$\left(\frac{d}{dx} + \frac{m\omega}{\hbar}x\right)\varphi_0(x) = 0 \tag{4.114}$$

を得ます．この微分方程式は簡単に解けます．

$$\varphi_0(x) = C\exp\left(-\frac{m\omega x^2}{2\hbar}\right) \tag{4.115}$$

なんと 2 階のシュレーディンガー方程式を解かずとも，1 階の微分方程式を解くことで，厳密な波動関数が得られました！ C は規格化条件より決めます．

$$\int_{-\infty}^{\infty} dx\,|\varphi_0(x)|^2 = 1 \tag{4.116}$$

問 4.10.

規格化定数 C を求めなさい．

解　ガウス積分が正しく計算できるかの確認問題です．

$$1 = \int_{-\infty}^{\infty} dx\,|\varphi_0(x)|^2 = |C|^2 \int_{-\infty}^{\infty} dx\,\exp\left(-\frac{m\omega x^2}{\hbar}\right) = |C|^2 \sqrt{\frac{\pi\hbar}{m\omega}} \tag{4.117}$$

位相因子を無視すれば $C = \left(\dfrac{m\omega}{\pi\hbar}\right)^{1/4}$ となります．　∎

したがって，基底状態の固有関数は

$$\varphi_0(x) = \left(\frac{m\omega}{\pi\hbar}\right)^{1/4}\exp\left(-\frac{m\omega x^2}{2\hbar}\right) \tag{4.118}$$

で与えられます．構成からほとんど明らかですが，$\varphi_0(x)$ は定常状態のシュレーディンガー方程式

$$\left(-\frac{\hbar^2}{2m}\frac{d^2}{dx^2} + \frac{1}{2}m\omega^2 x^2\right)\varphi_0(x) = E_0\varphi_0(x) \tag{4.119}$$

を確かに満たします．

4.5 調和振動子 **159**

問 4.11.

式 (4.118) が式 (4.119) を満たすことを確かめなさい.

解 直接代入して地道に計算するか, $\varphi_0(x)$ が満たすことが保証されている式 (4.114) の微分方程式を使って示すかの 2 通りの方針が考えられます. ここでは後者で示します. つまり

$$\varphi_0' = -\frac{m\omega}{\hbar}x\varphi_0 \tag{4.120}$$

から出発します. このとき

$$\varphi_0'' = -\frac{m\omega}{\hbar}\varphi_0 - \frac{m\omega}{\hbar}x\varphi_0' = -\frac{m\omega}{\hbar}\varphi_0 + \frac{m^2\omega^2}{\hbar^2}x^2\varphi_0 \tag{4.121}$$

これを整理すれば定常状態のシュレーディンガー方程式の形になります. ■

励起状態を具体的に作ってみましょう. 第 1 励起状態 $|1\rangle$ は基底状態 $|0\rangle$ に生成演算子 $\hat{a}^\dagger$ を作用させれば作れますが, $\hat{a}^\dagger|0\rangle$ は規格化されているかまだ分かりませんので, これを $|1\rangle$ と同定するのは早計です. 定数倍ずれている可能性があります. ノルムの 2 乗を計算してみると

$$\langle 0|\hat{a}\cdot\hat{a}^\dagger|0\rangle = \langle 0|(\hat{a}^\dagger\hat{a}+1)|0\rangle = 1 \tag{4.122}$$

となるので規格化されています. ここまで確認してようやく

$$|1\rangle = \hat{a}^\dagger|0\rangle \tag{4.123}$$

と決まります. 固有関数の言葉に翻訳すれば,

$$\begin{aligned}
\varphi_1(x) &= \langle x|\hat{a}^\dagger|0\rangle = \langle x|\left(\sqrt{\frac{m\omega}{2\hbar}}\hat{x} - \frac{i}{\sqrt{2\hbar m\omega}}\hat{p}\right)|0\rangle \\
&= \frac{1}{\sqrt{2}}\left(\sqrt{\frac{m\omega}{\hbar}}x - \sqrt{\frac{\hbar}{m\omega}}\frac{d}{dx}\right)\varphi_0(x) \\
&= \sqrt{\frac{2m\omega}{\hbar}}x\varphi_0(x)
\end{aligned} \tag{4.124}$$

160　第4章　シュレーディンガー方程式の解析

によって計算できます．最後の等式で $\varphi_0(x)$ の微分方程式 (4.120) を使いました．式 (4.118) を代入すると

$$\varphi_1(x) = \sqrt{2\pi}\left(\frac{m\omega}{\pi\hbar}\right)^{3/4} x \exp\left(-\frac{m\omega x^2}{2\hbar}\right) \tag{4.125}$$

が得られます．これが第1励起状態の固有関数です．もちろん定常状態のシュレーディンガー方程式

$$\left(-\frac{\hbar^2}{2m}\frac{d^2}{dx^2} + \frac{1}{2}m\omega^2 x^2\right)\varphi_1(x) = E_1\varphi_1(x) \tag{4.126}$$

の解になっています．

問 4.12.

式 (4.125) が式 (4.126) の解であることを確かめなさい．

ヒント　式 (4.124) で $\varphi_1(x)$ は $\varphi_0(x)$ で表せているので $\varphi_1'(x)$ は次のように計算できます．

$$\varphi_1' = \sqrt{\frac{2m\omega}{\hbar}}(\varphi_0 + x\varphi_0') = \sqrt{\frac{2m\omega}{\hbar}}\left(1 - \frac{m\omega}{\hbar}x^2\right)\varphi_0 \tag{4.127}$$

2階微分も頑張って計算しましょう．■

同様に $|n\rangle$ は $\hat{a}^\dagger|n-1\rangle$ に比例しますが，$\hat{a}^\dagger|n-1\rangle$ のノルムの2乗は

$$\langle n-1|\hat{a}\cdot\hat{a}^\dagger|n-1\rangle = \langle n-1|(\hat{a}^\dagger\hat{a}+1)|n-1\rangle = n \tag{4.128}$$

となり，今度は規格化されていません．$\hat{a}^\dagger\hat{a}|n-1\rangle = (n-1)|n-1\rangle$ を使いました．規格化を考えれば

$$|n\rangle = \frac{1}{\sqrt{n}}\hat{a}^\dagger|n-1\rangle \tag{4.129}$$

となります．同様に消滅演算子の作用は

$$\hat{a}|n\rangle = \sqrt{n}|n-1\rangle \tag{4.130}$$

であることも分かります．

問 4.13.

式 (4.130) を示しなさい．

解 $\hat{a}|n\rangle$ が $|n-1\rangle$ に比例することは既に知っているので，比例定数がどうなるかだけの問題です．

$$\hat{a}|n\rangle = c_n|n-1\rangle \tag{4.131}$$

として，両辺に左から $\hat{a}^\dagger$ を作用させると

$$
\begin{aligned}
(\text{左辺}) &= \hat{a}^\dagger \hat{a}|n\rangle = n|n\rangle \\
(\text{右辺}) &= c_n \hat{a}^\dagger |n-1\rangle = c_n\sqrt{n}|n\rangle
\end{aligned} \tag{4.132}
$$

なので $c_n = \sqrt{n}$ と決まります． ∎

式 (4.129) を固有関数の言葉に焼き直すと

$$\varphi_n(x) = \frac{1}{\sqrt{2n}}\left(\sqrt{\frac{m\omega}{\hbar}}x - \sqrt{\frac{\hbar}{m\omega}}\frac{d}{dx}\right)\varphi_{n-1}(x) \quad (n=1,2,\dots) \tag{4.133}$$

です．これを使えば n の低いところから順次決まっていきますが，見た目が全然美しくないので，変数変換を行ってもう少し綺麗に見えるように工夫します．

$$z := \sqrt{\frac{m\omega}{\hbar}}\,x, \quad \phi_n(z) := \varphi_n(x) \tag{4.134}$$

という無次元変数 z を導入すると，$\phi_n(z)$ の満たす関数関係式は美しいです．

162 第 4 章 シュレーディンガー方程式の解析

$$\phi_n(z) = \frac{1}{\sqrt{2n}} \left(z - \frac{d}{dz} \right) \phi_{n-1}(z) \qquad (4.135)$$

初期関数は

$$\phi_0(z) = A_0 e^{-z^2/2} \qquad \left(A_0 = \left(\frac{m\omega}{\pi\hbar} \right)^{1/4} \right) \qquad (4.136)$$

のように書くことができます．これを使えば低いところから順次決めていけます．例えば

$$\phi_1(z) = \frac{1}{\sqrt{2}} \left(z - \frac{d}{dz} \right) \phi_0(z) = \frac{A_0}{\sqrt{2}} \cdot 2z e^{-z^2/2} = A_1 H_1(z) e^{-z^2/2}$$

$$\phi_2(z) = \frac{1}{\sqrt{4}} \left(z - \frac{d}{dz} \right) \phi_1(z) = \frac{A_1}{2} (4z^2 - 2) e^{-z^2/2} = A_2 H_2(z) e^{-z^2/2}$$

$$(4.137)$$

となります．ここで $H_1(z) = 2z$, $H_2(z) = 4z^2 - 2$ です．ここに現れる多項式は**エルミート多項式**として知られる有名な特殊関数です．エルミート多項式については補遺 B.2 を参照してください．一般の励起状態はエルミート多項式 $H_n(z)$ を使って

$$\phi_n(z) = A_n H_n(z) e^{-z^2/2} \qquad \left(A_n = \frac{A_0}{\sqrt{2^n n!}} \right) \qquad (4.138)$$

と書けます．結果を覚える必要は特にありません．それよりも導出の論理を理解することの方が重要です．理屈を理解していれば，設定が少し変わっても応用が利きます．エルミート多項式は

$$H_n(z) = 2z H_{n-1}(z) - H'_{n-1}(z), \quad H_0(z) = 1 \qquad (4.139)$$

より帰納的に計算できます．$\phi_n(z) = A_n H_n(z) e^{-z^2/2}$ を式 (4.135) の漸化式に代入すれば得られます．

問 4.14.

この漸化式を使って $H_4(z)$ まで求めなさい.

解 次のようになります.

$$
\begin{aligned}
H_1(z) &= 2z \\
H_2(z) &= 2z \cdot 2z - 2 = 4z^2 - 2 \\
H_3(z) &= 2z(4z^2 - 2) - 8z = 8z^3 - 12z \\
H_4(z) &= 2z(8z^3 - 12z) - (24z^2 - 12) = 16z^4 - 48z^2 + 12
\end{aligned}
\tag{4.140}
$$

■

　これで量子調和振動子のすべてのエネルギー固有値と固有関数を構成できました！ 原理的にはここからあらゆる状態，または波動関数の時間発展が計算できます.

4.5.2　解析的方法

　前項の主結果 (4.138) を微分方程式の観点から導きます. やや発展的なテーマです. シュレーディンガー方程式は

$$
\left(-\frac{\hbar^2}{2m}\frac{d^2}{dx^2} + \frac{1}{2}m\omega^2 x^2 \right)\varphi(x) = E\varphi(x)
\tag{4.141}
$$

です. まず先ほどと同じように，美しさを求めて無次元量 z に変数変換します. 次のようになります.

$$
\left(-\frac{d^2}{dz^2} + z^2 \right)\phi(z) = \epsilon\phi(z) \quad \left(\epsilon := \frac{2E}{\hbar\omega} \right)
\tag{4.142}
$$

この方程式には**ウェーバーの微分方程式**という名前が付いています. その解は**放物柱関数**と呼ばれます.

　ここから先は微分方程式の知識がないと厳しいです. まず $|z| \to \infty$ における解の振る舞いを調べます. 束縛状態に興味があるので，規格化条件より $|z| \to \infty$

164 第4章 シュレーディンガー方程式の解析

で波動関数は $\phi(z) \to 0$ とならないと駄目です. 式 (4.138) をカンニングすれば当然そうなっているのですが,微分方程式だけからこれを出したいです. そこで $|z| \to \infty$ における近似的な解の候補として

$$\phi(z) \sim e^{az^b}, \quad |z| \to \infty \tag{4.143}$$

という仮定をおいてみます[†5]. これは単なる仮定なのでこれで上手くいく保証はないのですが,上手くいけば儲けものです. このとき

$$\begin{aligned}
\phi' &\sim abz^{b-1}e^{az^b} \\
\phi'' &\sim a^2b^2z^{2b-2}e^{az^b} + ab(b-1)z^{b-2}e^{az^b}
\end{aligned} \tag{4.144}$$

となります. $|z| \to \infty$ で $\phi(z) \to 0$ となるためには $a < 0$ かつ $b > 0$ でないと駄目です. したがって,リーディングでは $\phi'' \sim a^2b^2z^{2b-2}e^{az^b}$ と振る舞います. これと $z^2\phi \sim z^2e^{az^b}$ がちょうど打ち消し合えばシュレーディンガー方程式に矛盾しないので

$$a^2b^2 = 1, \quad 2b - 2 = 2 \tag{4.145}$$

という条件を得ます. 先ほどの考察より $a < 0$ かつ $b > 0$ なので

$$a = -\frac{1}{2}, \quad b = 2 \tag{4.146}$$

と完全に決まります. つまり,ϕ の漸近的振る舞いは

$$\phi(z) \sim e^{-z^2/2}, \quad |z| \to \infty \tag{4.147}$$

となって,もちろん式 (4.138) と一致しています.

漸近的な振る舞いが分かったので,波動関数を

$$\phi(z) = y(z)e^{-z^2/2} \tag{4.148}$$

と変換してしまうのが定石です. 束縛状態の要請は,$y(z)$ が $e^{z^2/2}$ のオーダー

[†5] このような方法を微分方程式の漸近解の構成といいます. 原理的にはこの方法で $|z| \to \infty$ における漸近級数解を得ることができます.

4.5 調和振動子 **165**

よりは遅く発散することです. $y(z)$ の満たす微分方程式は

$$y''(z) - 2zy'(z) + 2ny(z) = 0 \tag{4.149}$$

となります. ただし, $\epsilon = 2n+1$ とおきました. この方程式を**エルミートの微分方程式**といいます. エルミートの微分方程式はウェーバーの微分方程式を単に変数変換しただけなので, 両者をまとめてエルミート・ウェーバーの微分方程式ということもあります.

問 4.15.

式 (4.148) の $y(z)$ が式 (4.149) を満たすことを確かめなさい.

ヒント 代入して愚直に計算してください. 例えば

$$\phi' = (y' - zy)e^{-z^2/2}, \quad \phi'' = (y'' - 2zy' + (z^2-1)y)e^{-z^2/2} \tag{4.150}$$

です. ■

この段階では n には何も条件が課されていないことに注意してください. 以下で見るように束縛状態の要請から非負整数であることが導かれます. この微分方程式を級数解の方法で調べます.

$$y(z) = \sum_{k=0}^{\infty} a_k z^k \tag{4.151}$$

このとき

$$
\begin{aligned}
zy'(z) &= \sum_{k=0}^{\infty} ka_k z^k \\
y''(z) &= \sum_{k=0}^{\infty} k(k-1)a_k z^{k-2} = \sum_{k=0}^{\infty} (k+2)(k+1)a_{k+2} z^k
\end{aligned}
\tag{4.152}
$$

となるので, 微分方程式 (4.149) に代入すると

166 第4章 シュレーディンガー方程式の解析

$$\sum_{k=0}^{\infty}[(k+2)(k+1)a_{k+2} - 2(k-n)a_k]z^k = 0 \qquad (4.153)$$

が得られます．これが任意の z について成り立たないといけないので，係数の間には

$$a_{k+2} = \frac{2(k-n)}{(k+2)(k+1)}a_k \quad (k = 0, 1, 2, \dots) \qquad (4.154)$$

という関係が成立します．これは k が偶数と奇数の場合で独立に係数が決まっていることを示していて，各々が微分方程式の独立解を与えます．

$$y(z) = \sum_{m=0}^{\infty} a_{2m}z^{2m} + \sum_{m=0}^{\infty} a_{2m+1}z^{2m+1} \qquad (4.155)$$

具体的に a_{2m}, a_{2m+1} の漸化式を書くと

$$a_{2m} = \frac{2m-2-n}{m(2m-1)}a_{2m-2}$$
$$a_{2m+1} = \frac{2m-1-n}{m(2m+1)}a_{2m-1} \qquad (4.156)$$

となります．したがって a_0 と a_1 を与えれば，残りの係数は一意的に決まります．

　束縛状態の要請より n が非負整数でなければならないことを背理法で示します．もし n が非負整数でないとすると，$(a_0, a_1) \neq (0, 0)$ である限り，偶数次，奇数次の少なくとも一方は無限級数になることが容易に分かります．$(a_0, a_1) = (0, 0)$ だと $y(z) = 0$ となってしまうのでそもそも考える必要はありません．

　さて，級数解の係数は m が十分大きいとき

$$a_{2m} \sim \frac{a_{2m-2}}{m}, \quad a_{2m+1} \sim \frac{a_{2m-1}}{m} \qquad (4.157)$$

と振る舞います．この近似的な漸化式は

$$a_{2m} \sim \frac{a_0}{m!}, \quad a_{2m+1} \sim \frac{a_1}{m!} \qquad (4.158)$$

と解けるので，解の漸近的な振る舞いは

$$y(z) \sim a_0 \sum_{m=0}^{\infty} \frac{z^{2m}}{m!} + a_1 \sum_{m=0}^{\infty} \frac{z^{2m+1}}{m!} = (a_0 + a_1 z)e^{z^2} \tag{4.159}$$

となります．一方，束縛状態の要請から $y(z)$ は発散するとしても $e^{z^2/2}$ のオーダーよりは遅く発散しないと駄目だったので，上の解の振る舞いはこの要請に反します．つまり，前提条件の n が非負整数でないという仮定が誤りで，n は非負整数である必要があります．

では n が非負整数だと何が起こるのかを見てみます．n が非負の偶数のときは，漸化式より偶数次の級数は有限で打ち切られることが分かります．このとき，奇数次の級数が残ってしまうと，上の考察と同じ問題が起こってしまうので $a_1 = 0$ とします．こうすることで，奇数次の寄与は自明にゼロとなり，最終的に偶数次だけの多項式が得られます．これは当然束縛状態の条件を満たします．同様に n が非負の奇数のときは，$a_0 = 0$ とすることで奇数次の多項式が得られます．

以上をまとめると，結局微分方程式 (4.149) は n が非負整数のときのみ多項式解を持つことが分かります．この多項式解は定数倍を除いてエルミート多項式に一致します．エネルギー固有値は

$$E_n = \frac{\hbar\omega}{2}\epsilon_n = \frac{\hbar\omega}{2}(2n+1) = \hbar\omega\left(n + \frac{1}{2}\right) \tag{4.160}$$

となります．

例えば，$n = 2$ のときは級数解の漸化式は

$$a_{2m} = \frac{2(m-2)}{m(2m-1)}a_{2m-2} \tag{4.161}$$

となりますが，$m = 1, 2, 3, \ldots$ に対して具体的に計算してみると，

$$a_2 = -2a_0, \quad a_4 = a_6 = a_8 = \cdots = 0 \tag{4.162}$$

となることが分かります．したがって，多項式解は

$$y_{n=2}(z) = a_0(1 - 2z^2) = A_2 H_2(z)$$
$$A_2 = -\frac{a_0}{2}, \quad H_2(z) = 4z^2 - 2 \tag{4.163}$$

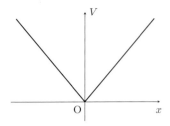

図 4.9 V字型ポテンシャル．$E > 0$ に無限個の束縛状態が存在します．

となるので，固有関数は

$$\phi_{n=2}(z) = y_{n=2}(z)e^{-z^2/2} = A_2 H_2(z)e^{-z^2/2} \qquad (4.164)$$

であり，生成・消滅演算子の方法で求めたものと一致します．定数 A_2 は波動関数の規格化条件より決めます．

n が非負整数のときは微分方程式 (4.149) はエルミート多項式の満たす微分方程式 (B.23) と一致しているので，一般の n についてもやはりエルミート多項式が現れます．

4.6　V字型ポテンシャル

ややマニアックですが，線形のポテンシャルを V の字の形でつないだ

$$\left(-\frac{\hbar^2}{2m}\frac{d^2}{dx^2} + \lambda|x|\right)\varphi(x) = E\varphi(x) \quad (\lambda > 0) \qquad (4.165)$$

は特殊関数を使えば厳密に解ける例になっているので紹介します（図 4.9）．この問題では $E > 0$ に無限個の束縛状態が存在するので，それを知るのが目標です．例によって変数変換で無次元化します．

$$z := \left(\frac{2m\lambda}{\hbar^2}\right)^{1/3} x, \quad \epsilon := \left(\frac{2m}{\hbar^2\lambda^2}\right)^{1/3} E \qquad (4.166)$$

と変換するとシュレーディンガー方程式は

$$\left(-\frac{d^2}{dz^2} + |z|\right)\phi(z) = \epsilon\phi(z) \tag{4.167}$$

と非常に見やすい形になります. 定石に従って $z > 0$ と $z < 0$ で場合分けします. $z > 0$ のときは

$$\left(-\frac{d^2}{dz^2} + z\right)\phi(z) = \epsilon\phi(z) \tag{4.168}$$

です. この方程式 (で $z \to z + \epsilon$ とシフトしたもの) は**エアリーの微分方程式**として古くからよく知られていて, 数学者によって調べ尽くされています. 微分方程式 (4.168) の解を**エアリー関数**といいます. エアリー関数については補遺 B.3 節に簡単にまとめました. 2 階の微分方程式なので独立解は 2 つあって, $\mathrm{Ai}(z - \epsilon)$, $\mathrm{Bi}(z - \epsilon)$ と表します [†6]. 重要なのは $\mathrm{Ai}(z - \epsilon)$ は $z \to \infty$ で指数関数的に減少し, $\mathrm{Bi}(z - \epsilon)$ は $z \to \infty$ で指数関数的に増大することです. 今は束縛状態に興味があるので Ai の方だけ考えればよいです.

$$\phi(z) = C\,\mathrm{Ai}(z - \epsilon) \quad (z > 0) \tag{4.169}$$

$z < 0$ のときの微分方程式は

$$\left(-\frac{d^2}{dz^2} - z\right)\phi(z) = \epsilon\phi(z) \tag{4.170}$$

となるので解として

$$\phi(z) = C'\,\mathrm{Ai}(-z - \epsilon) \quad (z < 0) \tag{4.171}$$

を取ります. これらを $z = 0$ で滑らかにつなぎます. 得られる方程式は

$$C\,\mathrm{Ai}(-\epsilon) = C'\,\mathrm{Ai}(-\epsilon), \quad C\,\mathrm{Ai}'(-\epsilon) = -C'\,\mathrm{Ai}'(-\epsilon) \tag{4.172}$$

となります. 最初の式から $\mathrm{Ai}(-\epsilon) = 0$ または $C = C'$ ですが, 前者が成り立つときは $\mathrm{Ai}'(-\epsilon) \neq 0$ なので第 2 式より $C = -C'$ です. このとき固有関数

[†6] $\mathrm{Ai}(x)$ はもちろんエアリー (Airy) さんから来ていますが, $\mathrm{Bi}(x)$ の方は A の次は B だからという洒落 (?) のようです.

170 第 4 章　シュレーディンガー方程式の解析

表 4.2　V 字型ポテンシャルのエネルギー固有値．解くべき方程式が分かっているので容易に任意の精度で計算できます．

n	ϵ_n	n	ϵ_n
0	1.018792972	6	6.163307356
1	2.338107410	7	6.786708090
2	3.248197584	8	7.372177255
3	4.087949444	9	7.944133587
4	4.820099211	10	8.488486734
5	5.520559828	11	9.022650853

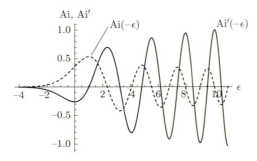

図 4.10　エアリー関数 $\mathrm{Ai}(-\epsilon)$ とその導関数 $\mathrm{Ai}'(-\epsilon)$ のグラフ．ゼロ点を読み取ることでエネルギー固有値が分かります．ゼロ点は交互に現れます．

は奇関数になっています．$C = C'$ のときは固有関数は偶関数で，このとき第 2 式より $\mathrm{Ai}'(-\epsilon) = 0$ が得られます．したがって，エアリー関数とその導関数のゼロ点を読み取れば固有値が得られます．エアリー関数は数式処理システムにデフォルトで組み込まれているので簡単にゼロ点を計算できます．具体的なエネルギー固有値は表 4.2 のようになります．n は固有状態のラベル（量子数）です．$\mathrm{Ai}(-\epsilon)$, $\mathrm{Ai}'(-\epsilon)$ の様子をプロットすると図 4.10 のようになります．

　4.3.1 項の最後で述べたように，ポテンシャルが $V(-x) = V(x)$ の対称性を持つときは固有関数は偶関数か奇関数のどちらかです．特に量子数 n が偶数のときは固有関数は偶関数であり，n が奇数のときは奇関数になります．偶関数を $x = 0$ で滑らかに接続するには $\phi'(+0) = 0$ を課せば十分で

$$\mathrm{Ai}'(-\epsilon_n) = 0 \quad (n : 偶数) \tag{4.173}$$

が得られます．一方，奇関数のときは $\phi(+0) = 0$ であれば滑らかにつながります．したがって条件は

$$\mathrm{Ai}(-\epsilon_n) = 0 \quad (n : 奇数) \tag{4.174}$$

です．もちろん素朴な接続条件 (4.172) から得られる結果と一致しています．

規格化定数を決めましょう．やるべき積分は

$$1 = \int_{-\infty}^{\infty} dx\, |\varphi_n(x)|^2 = \left(\frac{\hbar^2}{2m\lambda}\right)^{1/3} \int_{-\infty}^{\infty} dz\, |\phi_n(z)|^2 \tag{4.175}$$

です．$z = 0$ での対称性を考えると

$$2\left(\frac{\hbar^2}{2m\lambda}\right)^{1/3} \int_0^{\infty} dz\, |\phi_n(z)|^2 = 2\left(\frac{\hbar^2}{2m\lambda}\right)^{1/3} |C_n|^2 \int_0^{\infty} dz\, \mathrm{Ai}(z - \epsilon_n)^2 \tag{4.176}$$

となりますが，このエアリー関数の積分は解析的に実行できて

$$\int_0^{\infty} dz\, \mathrm{Ai}(z - \epsilon_n)^2 = \epsilon_n \mathrm{Ai}(-\epsilon_n)^2 + \mathrm{Ai}'(-\epsilon_n)^2 \tag{4.177}$$

となります [7]．ここで先ほどの考察より n が偶数のときは $\mathrm{Ai}'(-\epsilon_n) = 0$ であり，n が奇数のときは $\mathrm{Ai}(-\epsilon_n) = 0$ なので規格化定数は最終的に

$$C_n = \begin{cases} \left(\dfrac{2m\lambda}{\hbar^2}\right)^{1/6} \dfrac{1}{\sqrt{2\epsilon_n}\, \mathrm{Ai}(-\epsilon_n)} & (n : 偶数) \\[3mm] \left(\dfrac{2m\lambda}{\hbar^2}\right)^{1/6} \dfrac{1}{\sqrt{2}\, \mathrm{Ai}'(-\epsilon_n)} & (n : 奇数) \end{cases} \tag{4.178}$$

で与えられます．

―――――――――――――

[7] この積分は不定積分

$$\int \mathrm{Ai}(x)^2 dx = x\, \mathrm{Ai}(x)^2 - \mathrm{Ai}'(x)^2 + C$$

から導いています．両辺を微分してエアリーの微分方程式を使えば確かめられます．

172　第 4 章　シュレーディンガー方程式の解析

　この例の教訓はシュレーディンガー方程式が特殊関数の微分方程式になっていれば，固有関数を特殊関数で表すことができて，その接続条件を書き下すことで固有値を決める方程式が得られるということです．いわゆる厳密に解けるポテンシャルというのはだいたいこの状況に当てはまります．ただし，シュレーディンガー方程式が始めから特殊関数の微分方程式になっていることは稀で，普通は上手い変数変換をしてやる必要があります．5.5 節で応用例を見ます．

問 4.16.

$V(x) = \begin{cases} \lambda x & (x > 0) \\ -\alpha^3 \lambda x & (x < 0) \end{cases}$ で与えられる非対称 V 字型ポテンシャル
の束縛状態のエネルギー固有値を決める方程式を書き下しなさい．ただし，$\lambda > 0, \alpha > 0$ とする．

解　やり方は同じです．式 (4.166) の変数変換を行えば，固有関数は

$$\phi(z) = \begin{cases} C \, \mathrm{Ai}(z - \epsilon) & (z > 0) \\ C' \, \mathrm{Ai}\left(-\alpha z - \dfrac{\epsilon}{\alpha^2}\right) & (z < 0) \end{cases} \tag{4.179}$$

となるので接続条件より

$$\mathrm{Ai}(-\epsilon) \, \mathrm{Ai}'\left(-\frac{\epsilon}{\alpha^2}\right) + \frac{1}{\alpha} \, \mathrm{Ai}'(-\epsilon) \, \mathrm{Ai}\left(-\frac{\epsilon}{\alpha^2}\right) = 0 \tag{4.180}$$

が得られます．もちろん $\alpha = 1$ のときは対称な場合を再現します．一方，$\alpha \to \infty$ の極限を取ると，この方程式は

$$\mathrm{Ai}(-\epsilon) = 0 \tag{4.181}$$

と著しく簡単化されます．ポテンシャル的には $x < 0$ の領域に無限に高い壁が反り立っている感じです．$z < 0$ の固有関数はもちろん $\phi(z) \to 0 \ (\alpha \to \infty)$ になっています．したがって，$z > 0$ の固有関数に $\phi(+0) = 0$ という境界条件を課せば出てきます．　■

4.7 ポテンシャルによる粒子の散乱

これまでは粒子がポテンシャルの中に閉じ込められている束縛状態について扱ってきました．一方で，物理では粒子がポテンシャルの壁にぶつかって散乱するという現象も重要です [†8]．粒子がポテンシャルに束縛されておらず，散乱を起こす場合を**散乱状態**といいます [†9]．量子力学でのポテンシャルによる散乱現象を簡単な例で見ます．**トンネル効果**という極めて興味深い現象が現れます．トンネル効果にまつわるもっと発展的な話題は 5.3–5.5 節で扱います．

ここでは簡単な模型として有限井戸型ポテンシャルをひっくり返した壁型ポテンシャルを扱います（図 4.11）．ポテンシャルの具体的な形を

$$V(x) = \begin{cases} V_0 & (0 \leq x \leq L) \\ 0 & （それ以外） \end{cases} \tag{4.182}$$

とします．ここで $V_0 > 0$ です．

特に興味があるのはトンネル効果が起こる $0 < E < V_0$ の場合なので，以下ではずっとこのエネルギー領域で考えます．まず，

$$k = \frac{\sqrt{2mE}}{\hbar}, \quad \kappa = \frac{\sqrt{2m(V_0 - E)}}{\hbar} \tag{4.183}$$

を定義します．

シュレーディンガー方程式は簡単に解けます．$x < 0$ または $x > L$ の領域における独立な 2 解は $e^{\pm ikx}$ です．自由粒子で見たように e^{ikx} は右向きに進む波で，e^{-ikx} は左向きに進む波です．一方，$0 \leq x \leq L$ の領域では $e^{\pm \kappa x}$ が独立な解です．

今，x 軸の負の無限遠から右向き平面波 e^{ikx} を入射させたときにどうなるか考えます．ここで言っている波とは波動関数，つまり確率振幅であることに注

[†8] 例えば粒子同士の散乱でも片方の粒子が非常に重ければ，その粒子の影響をあたかもポテンシャルの効果として取り入れることができます．

[†9] 量子力学の粒子の状態には束縛状態，散乱状態に加えて共鳴状態があります．共鳴状態は束縛状態とよく似ています．5.5 節で登場します．

174   第 4 章　シュレーディンガー方程式の解析

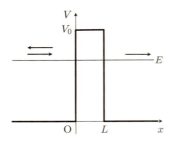

図 4.11　壁型ポテンシャルによる粒子の散乱．負の無限遠からやってきた粒子は $E < V_0$ にもかかわらず，壁の向こう側の領域 $x > L$ に到達しえます（トンネル効果）．

意します．現象自体は波動の分野で学んだことが使えますが，最後の物理的解釈の部分で量子力学のルールを適用します．まずポテンシャルの壁 $x = 0$ で波は反射します．したがって，$x < 0$ の領域には反射波 e^{-ikx} も存在します．

古典論の粒子は $E < V_0$ のとき，必ず $x = 0$ の壁で跳ね返ります．ところが波の場合は $E < V_0$ となる領域でも振幅はゼロにはなりません．したがって $x > 0$ の領域にも波が存在しえます．量子力学の解釈では，粒子の存在する確率がこの領域でもゼロではないということです．

ポテンシャルの内部の領域 $0 < x < L$ では $e^{\pm \kappa x}$ という "波" になりますが，$x = L$ で反射する "波" もあるので，やはり両方が存在します．

ポテンシャル壁の向こう側の $x > L$ にも波が存在するわけですが，これがまさにトンネル効果です．$x > L$ の領域ではこれ以上跳ね返ることはないので，透過した右向きの波 e^{ikx} のみが存在します．

以上の定性的な考察を踏まえて，波動関数の接続問題を解きます．まず $x < 0$ の領域では波動関数は

$$\varphi(x) = A_1 e^{ikx} + A_2 e^{-ikx} \tag{4.184}$$

となります．$0 < x < L$ では

$$\varphi(x) = B_1 e^{\kappa x} + B_2 e^{-\kappa x} \tag{4.185}$$

です．最後に $x > L$ では

$$\varphi(x) = Ce^{ikx} \tag{4.186}$$

という右向きの波だけです．これらをポテンシャルの切り替わり点 $x = 0, L$ で滑らかに接続させます．まず $x = 0$ における $\varphi(x)$ と $\varphi'(x)$ の連続性より

$$A_1 + A_2 = B_1 + B_2, \quad ik(A_1 - A_2) = \kappa(B_1 - B_2) \tag{4.187}$$

が得られます．$x = L$ における連続性からは

$$B_1 e^{\kappa L} + B_2 e^{-\kappa L} = Ce^{ikL}, \quad \kappa(B_1 e^{\kappa L} - B_2 e^{-\kappa L}) = ikCe^{ikL} \tag{4.188}$$

方程式が 4 つで未知数が 5 つなので，完全には解けませんが，例えば透過波の係数 C が与えられたと思えば，残りは C を使って表せます．計算が面倒ですが，地道にやればゴールに辿り着きます．結果のみを書くと，

$$\begin{aligned}
A_1 &= \frac{(k^2 - \kappa^2)\sinh \kappa L + 2ik\kappa \cosh \kappa L}{2ik\kappa} e^{ikL} C \\
A_2 &= \frac{(k^2 + \kappa^2)\sinh \kappa L}{2ik\kappa} e^{ikL} C, \\
B_1 &= \frac{\kappa + ik}{2\kappa} e^{-(\kappa - ik)L} C, \quad B_2 = \frac{\kappa - ik}{2\kappa} e^{(\kappa + ik)L} C
\end{aligned} \tag{4.189}$$

となります．特に興味があるのは反射した波と透過した波で，係数の比

$$\begin{aligned}
\mathcal{R} &:= \frac{A_2}{A_1} = \frac{(k^2 + \kappa^2)\sinh \kappa L}{(k^2 - \kappa^2)\sinh \kappa L + 2ik\kappa \cosh \kappa L} \\
\mathcal{T} &:= \frac{C}{A_1} = \frac{2ik\kappa e^{-ikL}}{(k^2 - \kappa^2)\sinh \kappa L + 2ik\kappa \cosh \kappa L}
\end{aligned} \tag{4.190}$$

が重要です．これらの絶対値の 2 乗は反射と透過の確率に相当し，反射率・透過率といいます [10]．

$$\begin{aligned}
R &:= |\mathcal{R}|^2 = \frac{(k^2 + \kappa^2)^2 \sinh^2 \kappa L}{4k^2\kappa^2 + (k^2 + \kappa^2)^2 \sinh^2 \kappa L} \\
T &:= |\mathcal{T}|^2 = \frac{4k^2\kappa^2}{4k^2\kappa^2 + (k^2 + \kappa^2)^2 \sinh^2 \kappa L}
\end{aligned} \tag{4.191}$$

---

[10] 正確には反射率・透過率は確率の流れの比によって定義されます．$|x| \to \infty$ で自由粒子のように振る舞う場合はちょうど係数の比の絶対値の 2 乗に等しくなります．

176 第 4 章 シュレーディンガー方程式の解析

このとき常に $R + T = 1$ が成り立っています．つまり，量子力学では粒子のエネルギーがポテンシャルの壁 V_0 より小さいにもかかわらず，波が透過する確率はゼロではありません．透過する波があるということは，その領域に粒子が存在する確率がゼロではないということです．つまり，粒子がポテンシャルの壁をすり抜けることがありえるので**トンネル効果**といいます．トンネル効果は古典力学では決して起こりえない現象であることに注意してください．

κL が大きいときは $\sinh \kappa L \approx e^{\kappa L}/2$ と近似できます．このとき透過率は

$$
T \approx \frac{4k^2 \kappa^2}{(k^2 + \kappa^2)^2 e^{2\kappa L}/4} = \frac{16E(V_0 - E)}{V_0^2} \exp\left[-\frac{2\sqrt{2m(V_0 - E)}\, L}{\hbar} \right]
$$
(4.192)

と指数関数的に振る舞います．指数関数の中を見ると，ポテンシャルが高くなるか，あるいは幅が広くなるほど透過しにくくなることが分かります．さらにプランク定数は逆数の形で入っているので，$\hbar$ が小さい，つまり古典極限に近い（量子力学的効果が小さい）ほど，トンネル効果は見えにくくなります．これらは直観通りの結果なので納得できると思います．

問 4.17.

デルタ関数ポテンシャル $V(x) = \Lambda \delta(x)$ に対して，粒子の散乱の透過率を計算しなさい．粒子のエネルギーは $E > 0$ とする．

解　基本方針はこれまでと同じです．各領域で解を構成して接続します．有限の壁より計算自体は簡単です．$E > 0$ のときは $x \neq 0$ での一般解を

$$
\varphi(x) = A e^{ikx} + B e^{-ikx} \qquad \left(k := \frac{\sqrt{2mE}}{\hbar} \right)
$$
(4.193)

と書いた方が便利です．x 軸負の無限遠方から粒子が入射してくるとすると，

$$
\varphi(x) = \begin{cases} A e^{ikx} + B e^{-ikx} & (x < 0) \\ C e^{ikx} & (x > 0) \end{cases}
$$
(4.194)

という解の $x = 0$ での接続条件を考えることになります.接続条件は

$$\varphi(-0) = \varphi(+0), \quad \varphi'(+0) - \varphi'(-0) = \frac{2m\Lambda}{\hbar^2}\varphi(0) \tag{4.195}$$

です.ポテンシャルの符号が 4.4 節のものとは反転しているのに注意してください.固有関数を代入すると,

$$A + B = C, \quad ikC - (ikA - ikB) = \frac{2m\Lambda}{\hbar^2}C \tag{4.196}$$

となります.このとき反射の係数 $\mathcal{R} := B/A$ と透過の係数 $\mathcal{T} := C/A$ は

$$\mathcal{R} = -\frac{m\Lambda}{m\Lambda - ik\hbar^2}, \quad \mathcal{T} = -\frac{ik\hbar^2}{m\Lambda - ik\hbar^2} \tag{4.197}$$

と一意的に決まります.したがって,反射率,透過率は

$$\begin{aligned} R = |\mathcal{R}|^2 = \frac{m^2\Lambda^2}{m^2\Lambda^2 + \hbar^4 k^2} = \frac{m\Lambda^2}{m\Lambda^2 + 2\hbar^2 E} \\ T = |\mathcal{T}|^2 = \frac{\hbar^4 k^2}{m^2\Lambda^2 + \hbar^4 k^2} = \frac{2\hbar^2 E}{m\Lambda^2 + 2\hbar^2 E} \end{aligned} \tag{4.198}$$

で与えられます.もちろん $R + T = 1$ が成り立ちます.量子力学では $\Lambda < 0$ でも散乱が起こることに注意してください.　■

● **ちょっと一言** ●

壁型ポテンシャル (4.182) で $LV_0 = \Lambda$ を一定に保ったまま $L \to 0$ の極限を取ると,デルタ関数ポテンシャル $V(x) = \Lambda\delta(x)$ になります.したがって,壁型ポテンシャルの結果 (4.191) で同じ極限を取ればデルタ関数ポテンシャルの結果 (4.198) を再現するはずです.余裕のある人はぜひ確かめてください.

R と T をエネルギーの関数として見たとき,$E = -m\Lambda^2/(2\hbar^2)$ で発散しますが,これはちょうど $\Lambda < 0$ のときに存在する束縛状態のエネルギーと同じです.このような状況は**共鳴現象**の一種で,散乱の共鳴として束縛状態の情報も読み取れます.共鳴状態については 5.5 節で扱います.

178　第 4 章　シュレーディンガー方程式の解析

4.8 まとめと考察

　この章では典型問題を通じて定常状態の 1 次元シュレーディンガー方程式を
どうやって解くかを解説してきました．既にお分かりだと思いますが，ポテン
シャルによって解き方がかなり変わります．スラスラと解けるようになるため
には問題演習をいっぱいやってトレーニングを積む必要があります．色々なテ
クニックが出てきたのでここでまとめておきます．さらに 1 次元ポテンシャル
問題特有の性質をいくつか取り上げます．

4.8.1　まとめ

　束縛状態を求める問題では波動関数が規格化できる必要がありますが，その
ためには波動関数が無限遠方または境界でゼロになっていないといけません．
したがって，シュレーディンガー方程式の解として無限遠方または境界でゼロ
になる解を取ってきます．ポテンシャルの形がガクッと変わるときはそこで場
合分けをしてください．そして解を以下のルールで接続させます．

- ポテンシャルが連続だったり，不連続でも段差が有限の場合は波動関数と
  その導関数がどちらも連続になるようにつなぎます．しばしば滑らかにつ
  なぐといいます．

- ポテンシャルに発散している領域がある場合は，その領域で波動関数がゼ
  ロであることを要請します．物理的にはその領域に粒子が存在できないと
  いうことです．

- デルタ関数のように 1 点でのみ発散している場合はシュレーディンガー方程
  式に戻って導関数の接続条件を求めます．波動関数には連続性を課します．

　これらの接続条件と波動関数が無限遠方または境界でゼロになるという境界
条件からエネルギー固有値を決定する方程式が得られます．

4.8.2 考察

　ポテンシャルが定数ではない滑らかな関数のときは難しいです．この場合は調和振動子などの一部のケース（5.6.2 項も参照）を除いて微分方程式を真面目に調べる必要があります．したがって微分方程式の知識が必要になります．以下の説明はいささか専門的なので難しければ読み飛ばしても問題ないです[†11]．解ける模型かどうかを判断する手っ取り早い方法は微分方程式の特異点の構造に着目することです．線形常微分方程式の特異点には 2 種類あって，これらは**確定特異点**と**不確定特異点**といいます．不確定特異点は確定特異点を上手く衝突（合流）させると現れて，ポアンカレ・ランク（不確定さの度合い）というものでさらに分類されます[†12]．2 つの確定特異点を合流させるとランクが 1 の不確定特異点が得られます．これにさらに確定特異点を合流させればランクが 2 になります．さらに特殊な状況でランクが 1/2 だけ下がることがあります．2 階の微分方程式の場合はポアンカレ・ランクは整数か半奇数であることが知られています．

　いわゆる解ける 2 階線形常微分方程式は，確定特異点を 3 個持つガウスの超幾何微分方程式とそこから特異点の合流で派生して得られる一連の微分方程式群（クンマーの合流型超幾何，ベッセル，エルミート・ウェーバー，エアリーの微分方程式）に帰着するものがほとんどです．直交多項式（エルミート多項式，ルジャンドル多項式，ラゲール多項式，チェビシェフ多項式，ゲーゲンバウアー多項式，ヤコビ多項式）が満たす微分方程式はすべてこのクラスに属し

[†11] ここで必要となる常微分方程式の一般論については例えば坂井秀隆 著，『常微分方程式』，東京大学出版会 (2015) や高野恭一 著，『常微分方程式』，朝倉書店 (2019) を参照してください．

[†12] 大まかに言うと，ポアンカレ・ランクは不確定特異点における解の振る舞いを決めています．例えば $x = \infty$ がポアンカレ・ランク r の不確定特異点であるとき，この特異点周りの解の漸近展開は e^{Ax^r} のような指数関数の因子を持ち，さらに $1/x^r$ に関する級数になります．例えばエアリーの微分方程式 (B.32) は $x = \infty$ にランク 3/2 の不確定特異点を持ちますが，エアリー関数の $x = \infty$ における漸近展開 (B.36) は実際に $e^{\pm \frac{2}{3} x^{3/2}}$ の因子を持ち，$1/x^{3/2}$ に関する級数で与えられます．

180 第 4 章 シュレーディンガー方程式の解析

ます．したがって，シュレーディンガー方程式の特異点の構造を見れば，解ける模型かどうかを判断する材料になります[†13]．

それ以外の一般的な微分方程式を解析的に解くことはほぼ無理ですが，次のようなことは言えます．定常状態の 1 次元シュレーディンガー方程式は 2 階線形常微分方程式なので独立な解が 2 個あります．束縛状態では無限遠方（または境界）でゼロとなる解が欲しいので，例えば $x \to -\infty$ でゼロに近づく解を $\varphi_{-\infty}^{\mathrm{good}}(x)$ とします．この解を $x \to +\infty$ に持っていくと勝手に選んだエネルギーの値ではゼロに近づきません．つまり $x \to +\infty$ でゼロに近づく解を $\varphi_{+\infty}^{\mathrm{good}}(x)$，発散する解を $\varphi_{+\infty}^{\mathrm{bad}}(x)$ とすると，一般に

$$\varphi_{-\infty}^{\mathrm{good}}(x) = A(E)\varphi_{+\infty}^{\mathrm{good}}(x) + B(E)\varphi_{+\infty}^{\mathrm{bad}}(x) \tag{4.199}$$

と重ね合わせになっています．係数は x には依存しませんが，エネルギーには依存します．エネルギーの値を上手く調整すると $B(E)$ がゼロになることがあります．そのときには $x \to \pm\infty$ 両方で波動関数はゼロになるので束縛状態に他なりません．このような条件が満たされるのは離散的なエネルギーの値だけです．したがって束縛状態のエネルギー固有値 E_n は原理的には

$$B(E_n) = 0 \tag{4.200}$$

という条件で決まります．このような離散的な実数 E_n は無限個存在する場合もありますし，有限個しかない場合もあります[†14]．ポテンシャルの形に依り

[†13] 本書に出てくる例だと 5.3 節の式 (5.57) は（適当な変数変換をすれば）ランク 1 の不確定特異点を 2 個，5.4 節の式 (5.86) はランク 1/2 の不確定特異点を 2 個，5.7 節の式 (5.197) はランク 5/2 の不確定特異点を 1 個持っており，ガウスの超幾何微分方程式のクラスに入っていません．これらは確定特異点を 4 個持つホインの微分方程式から派生して得られるクラスに属しており，一般的に言って厳密には解けません．

[†14] 文献 [10] の命題 7.6 (1) の証明で「束縛状態の固有値 $\lambda = E$ は可算無限個で，束縛状態は離散エネルギー固有値を持つ」との記述がありますが，この主張は不正確です．既に調べた有限井戸型ポテンシャルは有限個の離散エネルギー固有値しか持ません．一般にポテンシャルが全領域で有界であれば束縛状態のエネルギー固有値は有限個しか存在しません．誤りの原因はスツルム・リウヴィル理論の有限区間 $[a, b]$ における境界値問題の結果を安直に無限領域 $(-\infty, \infty)$ の場合に適用してしまったからだと思われます．

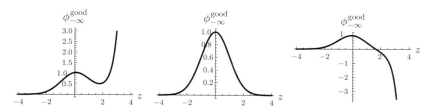

図 4.12 シュレーディンガー方程式 (4.142) で基底状態が実現される様子．$\epsilon = 0.9$（左），$\epsilon = 1$（中央），$\epsilon = 1.1$（右）の 3 つの場合の解 $\phi_{-\infty}^{\text{good}}(z)$ の振る舞いを示しました．束縛状態のエネルギーのときだけ $\phi_{-\infty}^{\text{good}}(z)$ は反対側 $z \to +\infty$ でも収束することが見て取れます．

ます．また，係数 $A(E)$ や $B(E)$ を求めることを微分方程式の解の接続問題と言って，由緒正しい難問です．普通は $B(E)$ を解析的に知るのは無理ですが，この見方は数値的にエネルギー固有値を計算したいときに役立ちます．

調和振動子の無次元化されたシュレーディンガー方程式 (4.142) での具体的な様子を示したのが図 4.12 です．$z \to -\infty$ でゼロに収束する解 $\phi_{-\infty}^{\text{good}}(z)$ を構成します．この例の場合は放物柱関数という特殊関数を使えば容易にできますが，普通はルンゲ・クッタ法などを使って数値的に求めます．無次元化されたエネルギー ϵ を与えれば固有関数が全体の因子を除いて決まります．ϵ が勝手な値のときは $\phi_{-\infty}^{\text{good}}(z)$ は $z \to +\infty$ で発散します．図では $\epsilon = 0.9$（左）と $\epsilon = 1.1$（右）の場合のグラフを示しました．エネルギー固有値 $\epsilon = 1$ に取ると，$\phi_{-\infty}^{\text{good}}(z)$ は $z \to +\infty$ でもゼロに収束します（中央）．

ロンスキアンによる記述

ロンスキアンを使えば $B(E)$ を波動関数で直接的に表すことができて尚便利です．2 つの関数 $y_1(x), y_2(x)$ のロンスキアンを

$$W[y_1, y_2](x) := \begin{vmatrix} y_1(x) & y_2(x) \\ y_1'(x) & y_2'(x) \end{vmatrix} = y_1(x) y_2'(x) - y_1'(x) y_2(x) \quad (4.201)$$

で定義します．$W[y_2, y_1](x) = -W[y_1, y_2](x)$ なので，自分自身とのロンスキアンはゼロです．ロンスキアンは 2 つの解が線形独立かどうかを判定するのに利用されます．

182 第 4 章 シュレーディンガー方程式の解析

問 4.18.

2 つの関数 $y_1(x)$ と $y_2(x)$ が線形独立なら $W[y_1, y_2](x) \neq 0$, 線形従属なら $W[y_1, y_2](x) = 0$ であることを示しなさい.

解 2 つの関数 $y_1(x)$ と $y_2(x)$ が線形独立であるとは $c_1 y_1(x) + c_2 y_2(x) = 0$ が任意の x について成り立つとき, $c_1 = c_2 = 0$ になるということです. 両辺を微分すると $c_1 y_1'(x) + c_2 y_2'(x) = 0$ が得られますが, これらを行列の形で

$$\begin{pmatrix} y_1(x) & y_2(x) \\ y_1'(x) & y_2'(x) \end{pmatrix} \begin{pmatrix} c_1 \\ c_2 \end{pmatrix} = 0 \tag{4.202}$$

と書けば, $(c_1, c_2) = (0, 0)$ 以外の解が存在するための条件は $W[y_1, y_2](x) = 0$ であることが分かります. このときは $y_1(x)$ と $y_2(x)$ が線形従属です. $W[y_1, y_2](x) \neq 0$ のときは必ず $(c_1, c_2) = (0, 0)$ となるので独立です. ∎

問 4.19.

定常状態のシュレーディンガー方程式 (4.1) の独立な 2 つの解を $\varphi_1(x)$, $\varphi_2(x)$ とするとき, ロンスキアン $W[\varphi_1, \varphi_2](x)$ は x に依存しないことを示しなさい.

解 簡単に示せます. x に依存しないことを示す定石は微分がゼロになることを示すことです. シュレーディンガー方程式を使えば 2 階の微分を微分を含まない関数に直せることに注意します. 引数は省略します.

$$\begin{aligned}
\frac{d}{dx} W[\varphi_1, \varphi_2] &= (\varphi_1 \varphi_2' - \varphi_1' \varphi_2)' \\
&= \varphi_1' \varphi_2' + \varphi_1 \varphi_2'' - \varphi_1'' \varphi_2 - \varphi_1' \varphi_2' \\
&= \varphi_1 \varphi_2'' - \varphi_1'' \varphi_2
\end{aligned} \tag{4.203}$$

ですが，ここでシュレーディンガー方程式

$$\varphi_1'' = \frac{2m(V-E)}{\hbar^2}\varphi_1, \quad \varphi_2'' = \frac{2m(V-E)}{\hbar^2}\varphi_2 \tag{4.204}$$

を代入すればロンスキアンの微分がゼロであることが分かります．したがっ
て，ロンスキアンは x に依存しません． ■

式 (4.199) の両辺で $\varphi_{+\infty}^{\text{good}}(x)$ とのロンスキアンを取ると

$$W[\varphi_{-\infty}^{\text{good}}, \varphi_{+\infty}^{\text{good}}](x) = B(E)W[\varphi_{+\infty}^{\text{bad}}, \varphi_{+\infty}^{\text{good}}](x) \tag{4.205}$$

が得られます．ここで $W[\varphi_{+\infty}^{\text{bad}}, \varphi_{+\infty}^{\text{good}}](x)$ は $x \to +\infty$ における線形独立な 2
解のロンスキアンなのでいつも非ゼロです．したがって

$$B(E) = 0 \quad \Longleftrightarrow \quad W[\varphi_{-\infty}^{\text{good}}, \varphi_{+\infty}^{\text{good}}](x) = 0 \tag{4.206}$$

が成り立ちます．つまり，束縛状態では $x \to \pm\infty$ でそれぞれゼロに近づく解
$\varphi_{-\infty}^{\text{good}}(x)$, $\varphi_{+\infty}^{\text{good}}(x)$ は線形従属の関係になっています．数値計算するときは，
まず $\varphi_{-\infty}^{\text{good}}(x)$, $\varphi_{+\infty}^{\text{good}}(x)$ をそれぞれ作っておいて，それらのロンスキアンがあ
る $x = x_0$ においてゼロになるようなエネルギーを計算してやれば，束縛状態
のエネルギー固有値が分かります．さっき示したようにシュレーディンガー方
程式の解のロンスキアンは x に依存しないので理論的には x_0 の値は好きに選
べますが，実際の数値計算では x_0 の値によって固有値の精度は変わりえます．

先ほどと同様に無次元化されたシュレーディンガー方程式 (4.142) について
やって見たのが図 4.13 です．$\phi_{-\infty}^{\text{good}}(z)$ と $\phi_{+\infty}^{\text{good}}(z)$ を作って，それらのロンス
キアン $W[\phi_{-\infty}^{\text{good}}, \phi_{+\infty}^{\text{good}}](z)$ を $z = 0$ で評価して，エネルギー ϵ の関数として
プロットしました．ロンスキアンは $\epsilon = 1, 3, 5, \ldots$ でゼロになっていることが
分かります．

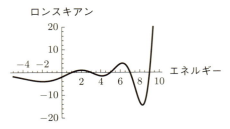

図 4.13 シュレーディンガー方程式 (4.142) の $z \to \pm\infty$ でゼロに収束する 2 つの解 $\phi_{-\infty}^{\text{good}}(z), \phi_{+\infty}^{\text{good}}(z)$ のロンスキアンの様子．$z = 0$ としてエネルギー ϵ の関数としてプロットしています．ロンスキアンがゼロになるエネルギーが両側での境界条件が満たされるときで，つまりエネルギー固有値です．

1 次元問題の特殊性

さらに 1 次元問題の束縛状態に関しては以下の性質がよく知られています．これらの性質が利用できれば，より効率よくエネルギー固有値を計算できることが多いです．

定常状態の 1 次元シュレーディンガー方程式の束縛状態について以下が成り立つ．

- (I) すべてのエネルギー固有値はポテンシャルの最小値以上である．
- (II) エネルギー固有値は縮退していない（2 次元以上だと縮退はありえる）．
- (III) $V(-x) = V(x)$ のとき，固有関数は偶関数，奇関数のどちらかである．
- (IV) エネルギー固有値を $E_0 < E_1 < E_2 < \cdots$ と低い方から順番に量子数のラベル n をつけると，E_n に対応する固有関数は両端を除いて n 個のゼロ点を持つ．特に基底状態の固有関数はゼロ点を持たない．

ここでは最初 2 つの主張だけ証明します. 3 番目は 5.7 節で空間反転の演算子を使って示します. 最後の主張の証明は面倒なので省略します[15].

証明：(I) は次のように簡単に示せます.

$$E_n = \langle E_n|\hat{H}|E_n\rangle = \frac{\langle E_n|\hat{p}^2|E_n\rangle}{2m} + \langle E_n|V(\hat{x})|E_n\rangle \tag{4.207}$$

ここで $\hat{p}$ はエルミートなので $\langle E_n|\hat{p}^2|E_n\rangle = \langle E_n|\hat{p}^\dagger\cdot\hat{p}|E_n\rangle = \|pE_n\|^2 \geq 0$ です. 一方，右辺第 2 項の期待値は

$$\langle E_n|V(\hat{x})|E_n\rangle = \int_{-\infty}^{\infty} dx\, V(x)|\varphi_n(x)|^2 \tag{4.208}$$

と書き直せますが，$V(x) \geq V_{\min}$ なので両辺に $|\varphi_n(x)|^2$ を書けて積分すれば

$$\int_{-\infty}^{\infty} dx\, V(x)|\varphi_n(x)|^2 \geq V_{\min}\int_{-\infty}^{\infty} dx\, |\varphi_n(x)|^2 = V_{\min} \tag{4.209}$$

が示せます. したがって $E_n \geq V_{\min}$ が常に成り立ちます.

(II) のエネルギー固有値が縮退していないことはロンスキアンを使って示せます. 縮退があると仮定して異なる 2 つの固有関数を $\varphi_1(x)$, $\varphi_2(x)$ とします. 固有値が同じなので，$\varphi_1(x)$ と $\varphi_2(x)$ は全く同じシュレーディンガー方程式を満たします. したがって先ほどの問よりロンスキアンは定数です. 固有関数 $\varphi_1(x)$ と $\varphi_2(x)$ はどちらも $x \to \infty$ でゼロに収束するため，それらのロンスキアンもゼロにならないといけません. ロンスキアンは定数だったので結局全領域でゼロになっています. これは $\varphi_1(x)$ と $\varphi_2(x)$ が線形従属，すなわち同じ固有状態に対応する固有関数であることを意味します. 仮定に反するので縮退はなしです. ∎

---

[15] 例えば文献 [13] の第 3 章 §12 に証明があります.

第5章

進んだ話題

　この章ではこれまでに学んだ事柄を発展させたトピックをいくつか取り上げます．後半はかなり難しいので最初のうちは理解できなくても問題はないです．

5.1 混合状態と密度演算子

　これまではケットベクトルで表される状態だけを考えてきました．このような状態を**純粋状態**といいます．実は量子力学には純粋状態を拡張した状態も存在し，それを**混合状態**といいます．混合状態は複数の状態を確率的に混ぜ合わせる**確率混合**という操作で導入できます．混合状態はケットベクトルで表すことができず，その記述には**密度演算子**が必要になります．混合状態がどのようなときに必要になるかは後で具体例を挙げて見ます．

　混合状態とは色々な状態を一定の確率で混ぜ合わせたものですが，ここではk個の純粋状態$|\psi_1\rangle, \dots, |\psi_k\rangle$をそれぞれ確率$p_1, \dots, p_k$で混ぜ合わせた状態を考えてみます[†1]．確率の条件$p_1 + \dots + p_k = 1$が成り立っているとします．そのような状態を$\hat{\rho}$でラベリングすることにします．$\hat{\rho}$は密度演算子に対応しており，その形はすぐに分かります．混合状態$\hat{\rho}$の下で物理量$\hat{A}$を測定して測定値aを得る確率$P(a|\hat{\rho})$は

[†1] なぜこのような状況を考えるのかと疑問に思うかもしれません．物理で現れる具体例を後で取り上げます．

188　第 5 章　進んだ話題

$$P(a|\hat{\rho}) = \sum_{j=1}^{k} \Big(|\psi_j\rangle \text{ が選ばれる確率} \Big) \times \Big(|\psi_j\rangle \text{ の下で } a \text{ を得る確率} \Big)$$

$$= \sum_{j=1}^{k} p_j P(a|\psi_j) \tag{5.1}$$

で計算できます．ここで $P(a|\psi_j)$ は各純粋状態 $|\psi_j\rangle$ $(j = 1, \ldots, k)$ の下で $\hat{A}$ の固有値 a を得る確率であり，これは今までのボルンの確率則より計算できます．ここでは 2.7 節で導いた結果 (2.72) を使います．$P(a|\psi_j) = \text{tr}(\hat{P}_a\hat{\rho}_j)$ $(\hat{\rho}_j = |\psi_j\rangle\langle\psi_j|)$ なので

$$P(a|\hat{\rho}) = \sum_{j=1}^{k} p_j \text{tr}(\hat{P}_a\hat{\rho}_j) = \text{tr}(\hat{P}_a\hat{\rho}) \tag{5.2}$$

$$\hat{\rho} := \sum_{j=1}^{k} p_j\hat{\rho}_j = \sum_{j=1}^{k} p_j|\psi_j\rangle\langle\psi_j| \tag{5.3}$$

となります．この結果は純粋状態の結果 (2.72) と見た目は同じで密度演算子の形だけが変わっています．式 (5.2) は混合状態も含めた最も一般的なボルンの確率則の書き方です．混合状態では密度演算子 $\hat{\rho}$ を使って状態を指定するのが普通です．純粋状態 $|\psi\rangle$ は確率 1 での自分自身の混合とみなせるので密度演算子は $\hat{\rho} = |\psi\rangle\langle\psi|$ となりますが，逆に一般の混合状態 (5.3) を 1 つのケットベクトルと同一視することはできません．

　期待値は次のようになります．

$$\langle \hat{A} \rangle_\rho = \sum_a a P(a|\hat{\rho}) = \sum_a a \, \text{tr}(\hat{P}_a\hat{\rho}) = \text{tr}(\hat{A}\hat{\rho}) \tag{5.4}$$

最後の等号で $\hat{A}$ のスペクトル分解 (1.83) を使いました．

　1 つの混合状態を実現する確率混合は複数存在しえます．そのような例を 1 つ取り上げます．2 次元ヒルベルト空間の正規直交基底 $|e_1\rangle$, $|e_2\rangle$ を状態とみなして，確率 1/2 で混ぜ合わせた状態を考えます．密度演算子は

$$\hat{\rho} = \frac{1}{2}|e_1\rangle\langle e_1| + \frac{1}{2}|e_2\rangle\langle e_2| \tag{5.5}$$

となりますが，完全性を使えば

$$\hat{\rho} = \frac{1}{2}\hat{I} \tag{5.6}$$

と恒等演算子に比例します．ところで，別の正規直交基底 $|e_1'\rangle$, $|e_2'\rangle$ を選んでもやはり完全性は成り立つので

$$\hat{\rho} = \frac{1}{2}|e_1'\rangle\langle e_1'| + \frac{1}{2}|e_2'\rangle\langle e_2'| \tag{5.7}$$

と書くこともできて，$|e_1'\rangle$ と $|e_2'\rangle$ を確率 1/2 で混ぜ合わせた状態ともみなせます．密度演算子ではどのような確率混合を行ったかに依らずに普遍的に混合状態を記述できます．

密度演算子の性質を見ます．まず，全確率が 1 である要請から

$$\mathrm{tr}\,\hat{\rho} = 1 \tag{5.8}$$

が示されます．

問 5.1.

式 (5.8) を示しなさい．

解 全確率が 1 となる条件

$$1 = \sum_a P(a|\hat{\rho}) = \sum_a \mathrm{tr}(\hat{P}_a\hat{\rho}) \tag{5.9}$$

が課されますが，ここで射影演算子の完全性

$$\sum_a \hat{P}_a = \hat{I} \tag{5.10}$$

を使えば示せます． ■

190 第 5 章 進んだ話題

さらに任意のケットベクトル $|\Psi\rangle$ に対して

$$\langle\Psi|\hat{\rho}|\Psi\rangle = \sum_j p_j|\langle\psi_j|\Psi\rangle|^2 \geq 0 \tag{5.11}$$

が成り立ちます．このような演算子を**半正定値演算子**といいます．半正定値演算子の固有値はすべて非負となります．

問 5.2.

$\hat{A}$ が半正定値演算子のとき，その固有値はすべて非負であることを示しなさい．

解　$\hat{A}$ の固有値 a を取ってきて，$\hat{A}|a\rangle = a|a\rangle$ を考えます．$|a\rangle$ は規格化された固有ベクトルです．このとき半正定値性より

$$a = \langle a|\hat{A}|a\rangle \geq 0 \tag{5.12}$$

となります．任意の固有値に対して式 (5.12) が成り立つので，固有値はすべて非負です．　■

密度演算子はエルミート演算子なのでスペクトル分解が可能です．次のような形になります．

$$\hat{\rho} = \sum_j \lambda_j|\lambda_j\rangle\langle\lambda_j| \tag{5.13}$$

これは式 (5.3) の形とよく似ています．実際，スペクトル分解は確率混合とみなせます．なぜなら

$$\sum_j \lambda_j = \mathrm{tr}\,\hat{\rho} = 1 \tag{5.14}$$

で半正定値性より $\lambda_j \geq 0$ なので $\hat{\rho}$ は確率 λ_j で $|\lambda_j\rangle$ を混ぜた状態と解釈できます．一方，もともとの定義 (5.3) をスペクトル分解と解釈することはできません．なぜなら一般に $|\psi_j\rangle$ は直交しているとは限らないからです．

カノニカル分布

量子統計力学のカノニカル分布はエネルギー固有状態 $|E_n\rangle$ の確率混合とみなせます. 系の逆温度を β とすると, 混合の確率は

$$p_n = \frac{1}{Z} e^{-\beta E_n}$$

で与えられます. ここで Z は分配関数と呼ばれる量です. したがって密度演算子は

$$\hat{\rho} = \sum_n p_n |E_n\rangle\langle E_n| = \sum_n \frac{1}{Z} e^{-\beta E_n} |E_n\rangle\langle E_n| \tag{5.15}$$

となります. ここで最後の式はハミルトニアンのスペクトル分解を考えれば,

$$\hat{\rho} = \frac{1}{Z} e^{-\beta \hat{H}} \tag{5.16}$$

と書けることが分かります. $\operatorname{tr}\hat{\rho} = 1$ より分配関数は

$$Z = \operatorname{tr} e^{-\beta \hat{H}} = \sum_n e^{-\beta E_n} \tag{5.17}$$

で与えられることが分かります.

測定結果に関する情報不足

物理量の測定を行うと射影仮説により状態は固有状態へ収縮しますが, もし何らかの理由で測定結果を知らなかったとしたら, どの状態に収縮したか分からないので固有状態が確率的に混ざり合った状態とみなさないといけません. つまり測定結果に関する情報不足は混合状態とみなせます. 混合確率は測定結果を得る確率 $P(a|\psi)$ そのものなので, 状態の変化は

$$\hat{\rho} = |\psi\rangle\langle\psi| \quad \rightarrow \quad \hat{\rho}_{\text{after}} = \sum_a P(a|\psi)\hat{\rho}_{a,\text{after}} \tag{5.18}$$

となります. ここで結果 a に対応する収縮後の状態 (2.73) の密度演算子 $\hat{\rho}_{a,\text{after}}$ は

$$\hat{\rho}_{a,\text{after}} = \frac{P_a|\psi\rangle\langle\psi|P_a}{\|P_a\psi\|^2} = \frac{P_a|\psi\rangle\langle\psi|P_a}{\operatorname{tr}(\hat{P}_a\hat{\rho})} \tag{5.19}$$

となり, ボルンの確率則 $P(a|\psi) = \operatorname{tr}(\hat{P}_a\hat{\rho})$ と合わせれば

$$\hat{\rho}_{\text{after}} = \sum_a \hat{P}_a \hat{\rho} \hat{P}_a \tag{5.20}$$

が得られます．測定前の状態が混合状態でも全く同じ形になります．

ノイズの影響による状態の変化

　このような測定結果の知識不足と同じ状況はノイズなどの影響による環境系との意図しない相互作用によって起こりえます．すなわち環境系による"意図しない測定"が行われ，私たちはその"測定結果"を知ることができないのです．これをデコヒーレンスといいます．デコヒーレンスによって状態の重ね合わせによる干渉性（コヒーレンス）が失われてしまうため，量子コンピュータでもデコヒーレンスを防ぐ（あるいは訂正する）ことが非常に大事です．いわゆる「シュレーディンガーの猫のパラドックス」もマクロスケールの量子状態は（特殊な例外を除いて）環境系によるデコヒーレンスの影響から逃れることができないために，必然的に古典的な状態に収縮したものの混合状態になると考えると納得いきます．

量子状態トモグラフィー

　多数の測定の結果から混合状態を含む未知の状態を特定する方法について考えます．簡単のために $\mathbb{C}^2$ に限ります．このとき密度演算子はトレースが 1 の 2×2 エルミート行列です．単位行列とパウリ行列を

$$\sigma_0 = I, \quad \sigma_1 = \sigma_x, \quad \sigma_2 = \sigma_y, \quad \sigma_3 = \sigma_z \tag{5.21}$$

と書くことにします．このとき密度演算子は一般的に次のような形をしていることが分かります．

$$\rho = \frac{1}{2} \sum_{i=0}^{3} a_i \sigma_i = \frac{1}{2} \begin{pmatrix} a_0 + a_3 & a_1 - ia_2 \\ a_1 + ia_2 & a_0 - a_3 \end{pmatrix} \tag{5.22}$$

ここで a_0, a_1, a_2, a_3 は実数ですが，$\operatorname{tr} \rho = 1$ より $a_0 = 1$ と決まります．残りの a_1, a_2, a_3 が測定結果から推定できれば状態 ρ が分かったことになります．

これらの係数は

$$a_i = \text{tr}(\sigma_i \rho) \quad (i = 1, 2, 3) \tag{5.23}$$

で与えられることが直接計算により確かめられます.

問 5.3.

式 (5.23) を確かめなさい.

解 例えば

$$\sigma_1 \rho = \begin{pmatrix} 0 & 1 \\ 1 & 0 \end{pmatrix} \cdot \frac{1}{2} \begin{pmatrix} 1 + a_3 & a_1 - ia_2 \\ a_1 + ia_2 & 1 - a_3 \end{pmatrix} = \frac{1}{2} \begin{pmatrix} a_1 + ia_2 & 1 - a_3 \\ 1 + a_3 & a_1 - ia_2 \end{pmatrix}$$
$$\tag{5.24}$$

より $\text{tr}(\sigma_1 \rho) = a_1$ が成り立ちます. 他も同様です. ∎

式 (5.4) より $\text{tr}(\sigma_i \rho)$ は状態 ρ の下での物理量 σ_i の測定における期待値そのものです. つまり, 状態 ρ の下で多数回 σ_i の測定を行ってその平均を取ることで a_i の値が推定できます. すべての方向の測定を繰り返せば状態 ρ を知ることができます. これが**量子状態トモグラフィー**です.

5.2 合成系と部分系

興味がある系（注目系）が外界と相互作用する場合に, 注目系を含むもっと広い系を考えて全体が閉じた系になるようにする, というのは物理学での常套手段です. 量子力学でも注目系と相互作用する系を含めた全体系を考えて, そこから元の注目系の情報を引き出すという手段が有効です. 合成系の作り方, 合成系から部分系への落とし方が重要になります. 前者はテンソル積, 後者は部分トレースという操作で行われます.

5.2.1 テンソル積空間

既に知っているヒルベルト空間からもっと高い次元のヒルベルト空間を系統

194　第 5 章　進んだ話題

的に作り出す方法を紹介します．2 つのヒルベルト空間 $\mathcal{H}_1$ と $\mathcal{H}_2$ を考えます．$\mathcal{H}_1$ の次元を n_1，$\mathcal{H}_2$ の次元を n_2 とします．さらに $\mathcal{H}_1$ の正規直交基底を $|e_{1i}\rangle$，$\mathcal{H}_2$ の正規直交基底を $|e_{2i}\rangle$ とします．当然これらはそれぞれ n_1 個，n_2 個あります．このとき，**テンソル積** $|e_{1i}\rangle \otimes |e_{2j}\rangle$ $(i = 1, \ldots, n_1; j = 1, \ldots, n_2)$ という $n_1 n_2$ 個（$n_1 + n_2$ 個ではないことに注意！）のベクトルを定義して，これらで張られるヒルベルト空間を**テンソル積空間** $\mathcal{H}_1 \otimes \mathcal{H}_2$ といいます [†2]．$|e_{1i}\rangle \otimes |e_{2j}\rangle$ で 1 つのケットベクトルと思ってください．$\otimes$ は 2 つの空間を識別するための記号です．テンソル積空間がきちんとヒルベルト空間になっていることは証明すべきことですが，ここでは省略します．

少し見やすくなるように基底を

$$|e_{ij}\rangle = |e_{1i}\rangle \otimes |e_{2j}\rangle \tag{5.25}$$

と書くことにします．内積は次のように定義します．

$$
\begin{aligned}
\langle e_{ij}|e_{i'j'}\rangle &= \Big(\langle e_{1i}| \otimes \langle e_{2j}| \Big)\Big(|e_{1i'}\rangle \otimes |e_{2j'}\rangle \Big) \\
&:= \langle e_{1i}|e_{1i'}\rangle \langle e_{2j}|e_{2j'}\rangle \\
&= \delta_{ii'}\delta_{jj'}
\end{aligned}
\tag{5.26}
$$

したがって，$|e_{ij}\rangle$ は $\mathcal{H}_1 \otimes \mathcal{H}_2$ の正規直交基底です．この辺りから表示が複雑になっていきます．

$\mathcal{H}_1 \otimes \mathcal{H}_2$ の元を $|v\rangle$ と書くと，$|e_{ij}\rangle$ が基底になっているので，このベクトルは

$$|v\rangle = \sum_{i=1}^{n_1}\sum_{j=1}^{n_2} v_{ij}|e_{ij}\rangle = \sum_{i=1}^{n_1}\sum_{j=1}^{n_2} v_{ij}|e_{1i}\rangle \otimes |e_{2j}\rangle \tag{5.27}$$

と展開できます．したがって内積は

[†2] 非常に混乱しやすい概念として**直積空間** $\mathcal{H}_1 \times \mathcal{H}_2$ があります．これは $n_1 + n_2$ 次元ベクトル空間です．ユークリッド空間をよく $\mathbb{R}^3$ のように書きますが，これは直積空間 $\mathbb{R} \times \mathbb{R} \times \mathbb{R}$ のことです．またこれまでの $\mathbb{C}^2$ も直積空間 $\mathbb{C} \times \mathbb{C}$ のことです．これらはここで考えるテンソル積空間とは全く別の空間なのですが，しばしばテンソル積のことを直積と言ったりすることもあって混乱します．

$$\langle v|w\rangle = \sum_{i,i'=1}^{n_1} \sum_{j,j'=1}^{n_2} v_{ij}^* w_{i'j'} \langle e_{ij}|e_{i'j'}\rangle = \sum_{i,i'=1}^{n_1} \sum_{j,j'=1}^{n_2} v_{ij}^* w_{i'j'} \delta_{ii'} \delta_{jj'}$$

$$= \sum_{i=1}^{n_1} \sum_{j=1}^{n_2} v_{ij}^* w_{ij} \tag{5.28}$$

と計算できます.

$\mathcal{H}_1$ 上の演算子 $\hat{A}_1$ と $\mathcal{H}_2$ 上の演算子 $\hat{A}_2$ から $\mathcal{H}_1 \otimes \mathcal{H}_2$ 上の演算子 $\hat{A}_1 \otimes \hat{A}_2$ を以下のように定義できます.

$$(\hat{A}_1 \otimes \hat{A}_2)(|v_1\rangle \otimes |v_2\rangle) := (\hat{A}_1|v_1\rangle) \otimes (\hat{A}_2|v_2\rangle) \tag{5.29}$$

一般の状態に対しては

$$(\hat{A}_1 \otimes \hat{A}_2)|v\rangle = \sum_{i=1}^{n_1} \sum_{j=1}^{n_2} v_{ij} (\hat{A}_1 \otimes \hat{A}_2)(|e_{1i}\rangle \otimes |e_{2j}\rangle)$$

$$= \sum_{i=1}^{n_1} \sum_{j=1}^{n_2} v_{ij} (\hat{A}_1|e_{1i}\rangle) \otimes (\hat{A}_2|e_{2j}\rangle) \tag{5.30}$$

と作用します.

$\mathcal{H}_1$ のベクトルにだけ作用し, $\mathcal{H}_2$ のベクトルには何もしない演算子は $\hat{A}_1 \otimes \hat{I}$ と書かれますが, これを単に $\hat{A}_1$ と書くこともあります. イジング模型などで多用されます. 添字等によってどの空間に作用するのか適宜自分で判断します.

$\mathcal{H}_1 \otimes \mathcal{H}_2$ 上の一般の線形演算子 $\hat{F}$ はこのようなテンソル積の線形和で表されます.

$$\hat{F} = \hat{A}_1 \otimes \hat{A}_2 + \hat{B}_1 \otimes \hat{B}_2 + \cdots \tag{5.31}$$

多量子ビットの話

実用上は $\mathbb{C}^2$ のテンソル積をきちんと理解できていれば十分でしょう. $\mathbb{C}^2$ は 2 次元なので, テンソル積空間 $\mathbb{C}^2 \otimes \mathbb{C}^2$ は $2 \times 2 = 4$ 次元です ($2 + 2 = 4$ ではないです). 4 次元複素ヒルベルト空間なので結果的に $\mathbb{C}^4$ と同型です. 量子コンピュータの用語では, $\mathbb{C}^2$ は 1 量子ビットで, $\mathbb{C}^2 \otimes \mathbb{C}^2$ は 2 量子ビットの

196　第5章　進んだ話題

システムです．同様に3量子ビットは $2^3 = 8$ 次元で，$\mathbb{C}^2 \otimes \mathbb{C}^2 \otimes \mathbb{C}^2 \simeq \mathbb{C}^8$ で記述できます．直積空間だと $\mathbb{C}^2 \times \mathbb{C}^2 \times \mathbb{C}^2 = \mathbb{C}^6$ なので全然違います．

問 5.4.

n 量子ビットのヒルベルト空間の次元はいくつか？ テンソル積空間としてはどのように表されるか？

解　n 量子ビットのヒルベルト空間は $\mathbb{C}^2$ の n 個のテンソル積で与えられますが，これを略記法 $(\mathbb{C}^2)^{\otimes n}$ で表すことが多いです．次元は複素空間として数えて 2^n 次元なので n が大きくなると極めて大きな空間です．100 量子ビットで $2^{100} \sim O(10^{30})$ 次元です！ $2^{100} \times 2^{100}$ の行列を想像できるでしょうか？ 私はできません． ■

1 量子ビット系 $\mathbb{C}^2$ の正規直交基底を

$$|0\rangle = \begin{pmatrix} 1 \\ 0 \end{pmatrix}, \quad |1\rangle = \begin{pmatrix} 0 \\ 1 \end{pmatrix} \tag{5.32}$$

とします．2 量子ビット系 $\mathbb{C}^2 \otimes \mathbb{C}^2$ の正規直交基底は

$$|0\rangle \otimes |0\rangle, \quad |0\rangle \otimes |1\rangle, \quad |1\rangle \otimes |0\rangle, \quad |1\rangle \otimes |1\rangle \tag{5.33}$$

の4つあります．$|0\rangle \otimes |1\rangle$ と $|1\rangle \otimes |0\rangle$ は違うベクトルを表していることに注意してください．少し紛らわしいのですが，$|0\rangle \otimes |0\rangle$ をしばしば $|0\rangle|0\rangle$ とか $|00\rangle$ と書いたりします．便利なので積極的に使っていきます．4 次元ヒルベルト空間 $\mathbb{C}^4$ と同型なので，これらは成分表示で

$$|00\rangle = \begin{pmatrix} 1 \\ 0 \\ 0 \\ 0 \end{pmatrix}, \quad |01\rangle = \begin{pmatrix} 0 \\ 1 \\ 0 \\ 0 \end{pmatrix}, \quad |10\rangle = \begin{pmatrix} 0 \\ 0 \\ 1 \\ 0 \end{pmatrix}, \quad |11\rangle = \begin{pmatrix} 0 \\ 0 \\ 0 \\ 1 \end{pmatrix} \tag{5.34}$$

と書けます．この成分の対応させ方は一通りではないので，便利なように選ん

でいます．最も標準的な方法は左辺を2進数表示と思って10進数に直したときに j であれば，第 $j+1$ 成分だけが1になるように取ります．つまり2桁の2進数を $(ij)_2$ と書くことにすれば，$(00)_2 = 0,\ (01)_2 = 1,\ (10)_2 = 2,\ (11)_2 = 3$ です．2進数か10進数かは普通は文脈から判断できるので，添字は省略します．任意の2量子ビットのベクトルはこれらの線形結合で表されます．例えば

$$|v\rangle = v_0|0\rangle + v_1|1\rangle = \begin{pmatrix} v_0 \\ v_1 \end{pmatrix}, \quad |w\rangle = w_0|0\rangle + w_1|1\rangle = \begin{pmatrix} w_0 \\ w_1 \end{pmatrix} \quad (5.35)$$

とすると，

$$\begin{aligned} |v\rangle \otimes |w\rangle &= (v_0|0\rangle + v_1|1\rangle) \otimes (w_0|0\rangle + w_1|1\rangle) \\ &= v_0 w_0|00\rangle + v_0 w_1|01\rangle + v_1 w_0|10\rangle + v_1 w_1|11\rangle \\ &= \begin{pmatrix} v_0 w_0 \\ v_0 w_1 \\ v_1 w_0 \\ v_1 w_1 \end{pmatrix} = \begin{pmatrix} v_0|w\rangle \\ v_1|w\rangle \end{pmatrix} \end{aligned} \quad (5.36)$$

となります．最後の式はややインフォーマルな書き方ですが覚えやすい形です．

問 5.5.

$|w\rangle \otimes |v\rangle$ の成分を計算して，一般には $|v\rangle \otimes |w\rangle \neq |w\rangle \otimes |v\rangle$ であることを確かめなさい．等式が成り立つのはどういうときか考えなさい．

解 前半は上の式 (5.36) が $v_j \leftrightarrow w_j\ (j = 0, 1)$ の入れ替えで不変になっていないことから明らかでしょう．後半は第2，第3成分が等しくなるためには $v_0 w_1 = w_0 v_1$ が成り立っていればよいので，$|v\rangle$ と $|w\rangle$ が線形従属であれば等式が成り立ちます．∎

1量子ビットに働く行列のテンソル積を考えます．A, B を $\mathbb{C}^2$ 上の行列とします．先ほどの一般論より，$A \otimes B$ は

198 第 5 章 進んだ話題

$$(A \otimes B)(|v\rangle \otimes |w\rangle) = A|v\rangle \otimes B|w\rangle \tag{5.37}$$

で計算でき，$\mathbb{C}^2 \otimes \mathbb{C}^2$ 上の 4×4 行列となります．A, B は 2 次の正方行列なので

$$A = \begin{pmatrix} a_{00} & a_{01} \\ a_{10} & a_{11} \end{pmatrix}, \quad B = \begin{pmatrix} b_{00} & b_{01} \\ b_{10} & b_{11} \end{pmatrix} \tag{5.38}$$

と書けます．$A \otimes B$ の基底 $|0\rangle \otimes |0\rangle$ への作用を見てみると

$$(A \otimes B)(|0\rangle \otimes |0\rangle) = A|0\rangle \otimes B|0\rangle = \begin{pmatrix} a_{00} \\ a_{10} \end{pmatrix} \otimes \begin{pmatrix} b_{00} \\ b_{10} \end{pmatrix} = \begin{pmatrix} a_{00}b_{00} \\ a_{00}b_{10} \\ a_{10}b_{00} \\ a_{10}b_{10} \end{pmatrix}$$

$$= \begin{pmatrix} a_{00}b_{00} & * & * & * \\ a_{00}b_{10} & * & * & * \\ a_{10}b_{00} & * & * & * \\ a_{10}b_{10} & * & * & * \end{pmatrix} \begin{pmatrix} 1 \\ 0 \\ 0 \\ 0 \end{pmatrix} \tag{5.39}$$

となります．これから $A \otimes B$ の第 1 列が分かります．同様に他の基底への作用を愚直に計算すれば，$A \otimes B$ の成分表示は

$$A \otimes B = \begin{pmatrix} a_{00}b_{00} & a_{00}b_{01} & a_{01}b_{00} & a_{01}b_{01} \\ a_{00}b_{10} & a_{00}b_{11} & a_{01}b_{10} & a_{01}b_{11} \\ a_{10}b_{00} & a_{10}b_{01} & a_{11}b_{00} & a_{11}b_{01} \\ a_{10}b_{10} & a_{10}b_{11} & a_{11}b_{10} & a_{11}b_{11} \end{pmatrix} = \begin{pmatrix} a_{00}B & a_{01}B \\ a_{10}B & a_{11}B \end{pmatrix} \tag{5.40}$$

となります．行列のテンソル積をしばしば**クロネッカー積**といいます．

問 5.6.

行列 $Y = \begin{pmatrix} 0 & -i \\ i & 0 \end{pmatrix}$ に対してクロネッカー積 $Y \otimes Y$ を計算しなさい．

解 一般式 (5.40) に代入してください.

$$Y \otimes Y = \begin{pmatrix} 0 & -iY \\ iY & 0 \end{pmatrix} = \begin{pmatrix} 0 & 0 & 0 & -1 \\ 0 & 0 & 1 & 0 \\ 0 & 1 & 0 & 0 \\ -1 & 0 & 0 & 0 \end{pmatrix} \tag{5.41}$$

∎

5.2.2 量子もつれ

$|v_1\rangle \in \mathcal{H}_1$, $|v_2\rangle \in \mathcal{H}_2$ に対して $|v_1\rangle \otimes |v_2\rangle$ の形のベクトルを**積状態**といいます. 次のように展開されます.

$$\begin{aligned} |v_1\rangle \otimes |v_2\rangle &= \left(\sum_{i=1}^{n_1} v_{1i}|e_{1i}\rangle \right) \otimes \left(\sum_{j=1}^{n_2} v_{2j}|e_{2j}\rangle \right) \\ &= \sum_{i=1}^{n_1} \sum_{j=1}^{n_2} v_{1i} v_{2j} |e_{1i}\rangle \otimes |e_{2j}\rangle \end{aligned} \tag{5.42}$$

テンソル積の表記 $\mathcal{H}_1 \otimes \mathcal{H}_2$ から勘違いしやすいのですが, $\mathcal{H}_1 \otimes \mathcal{H}_2$ の任意のベクトルがいつも積状態 $|v\rangle \otimes |w\rangle$ の形で書けるわけではありません. 例えば

$$|\beta_{00}\rangle := \frac{|0\rangle \otimes |0\rangle + |1\rangle \otimes |1\rangle}{\sqrt{2}} = \frac{1}{\sqrt{2}} \begin{pmatrix} 1 \\ 0 \\ 0 \\ 1 \end{pmatrix} \tag{5.43}$$

は基底の線形和なのでテンソル積空間 $\mathbb{C}^2 \otimes \mathbb{C}^2$ の立派なベクトルですが, 式 (5.36) において, どのような $(v_0, v_1; w_0, w_1)$ を選ぼうとも $|\beta_{00}\rangle$ は決して作れません. ベクトル $|\beta_{00}\rangle$ は**ベル状態**あるいは **EPR 状態** (Einstein-Podolsky-Rosen 状態[†3]) と呼ばれます. このような積状態では表せない状態は**量子もつ**

[†3] この名前はボーアとの論争で有名な論文 A. Einstein, B. Podolsky and N. Rosen, "*Can Quantum-Mechanical Description of Physical Reality Be Considered Complete?*"

200　第 5 章　進んだ話題

れとか**量子エンタングルメント**などと呼ばれます．量子もつれは量子コンピュー
タや量子情報理論において極めて重要な概念です．2022 年度のノーベル物理学
賞は量子もつれの実験的な成果についてでした．

問 5.7.

ベル状態 $|\beta_{00}\rangle$ が積状態 $|v\rangle \otimes |w\rangle$ の形では表せないことを示しなさい．

解　やってみると簡単に分かります．式 (5.36) と式 (5.43) を比較す
ると

$$v_0 w_0 = \frac{1}{\sqrt{2}}, \quad v_0 w_1 = 0, \quad v_1 w_0 = 0, \quad v_1 w_1 = \frac{1}{\sqrt{2}} \tag{5.44}$$

が得られますが，1 番目と 4 番目の式より v_0, v_1, w_0, w_1 はどれもゼロでは
ありません．一方，$v_0 w_1 = 0$ より v_0 か w_1 のどちらかはゼロなので明らか
に矛盾しています．　■

5.2.3　部分トレース

テンソル積空間を使えば，2 つのヒルベルト空間 $\mathcal{H}_1$ と $\mathcal{H}_2$ から，これらを
含むもっと大きなヒルベルト空間 $\mathcal{H}_1 \otimes \mathcal{H}_2$ が作れます．物理的には 2 つの系
の合成系のヒルベルト空間がテンソル積空間になっています．一方，大きな系
から逆に一部の系だけに注目したい場合もあります．このようなときは**部分ト
レース**という操作で部分系へ移行できます．部分トレースとは基底の一部分だ
けの対角和を取ることです．全体系の密度演算子に対して部分トレースを取れ
ば，残った部分系の密度演算子が得られます．つまり全体系の状態から部分系

Phys. Rev. **47** (1935) 777–780 に由来します．この論文でアインシュタインらは量子も
つれに相当する状態を考えることで，量子力学が理論として不完全であると主張したので
すが，皮肉なことに今日では量子もつれこそが量子力学の本質を捉えた状態であると認識
されています．ときどき EPR パラドックスと呼ばれることもありますが，現在では量子
力学のパラドックスとはみなされてはいません．

の状態を構成できます.

量子力学で現れる典型的な設定は注目系 S とそれと相互作用する環境系 E の合成系です. したがって注目系, 環境系のヒルベルト空間をそれぞれ $\mathcal{H}_S, \mathcal{H}_E$ とすれば合成系のヒルベルト空間は $\mathcal{H}_S \otimes \mathcal{H}_E$ となります. この全体系での状態を表す密度演算子 $\hat{\rho}_{SE}$ から出発します. この状態は一般には量子もつれになっていて, 各部分系のテンソル積としては書けません. このとき部分トレース

$$\hat{\rho}_S := \mathrm{tr}_E\, \hat{\rho}_{SE} \tag{5.45}$$

によって部分系である注目系 S の密度演算子が得られます. これを**縮約密度演算子**といいます. ここで tr_E は環境系 E の基底に関するトレースを取ることを意味します. S と E の正規直交基底をそれぞれ $\{|e_{S,i}\rangle\}, \{|e_{E,j}\rangle\}$ とすると, 全体系の基底は $\{|e_{S,i}\rangle \otimes |e_{E,j}\rangle\}$ ですが, このとき $\mathcal{H}_S \otimes \mathcal{H}_E$ 上の演算子 $\hat{A}$ に対して

$$\mathrm{tr}_E\, \hat{A} := \sum_j \langle e_{E,j}|\hat{A}|e_{E,j}\rangle \tag{5.46}$$

です. 紛らわしいですが, $\mathrm{tr}_E\, \hat{A}$ は $\mathcal{H}_S$ 上の演算子です. さらに

$$\mathrm{tr}_{SE}\, \hat{A} = \mathrm{tr}_S(\mathrm{tr}_E\, \hat{A}) = \mathrm{tr}_E(\mathrm{tr}_S\, \hat{A}) \tag{5.47}$$

が成り立ちます.

例を見た方が分かりやすいです. 全体系の純粋状態

$$|\psi_{SE}\rangle = \frac{|0_S\rangle \otimes |0_E\rangle + |1_S\rangle \otimes |1_E\rangle}{\sqrt{2}} \tag{5.48}$$

を考えます. 添字 S, E をつけてどちらの系のベクトルか区別できるようにしています. 密度演算子はもちろん $\hat{\rho}_{SE} = |\psi_{SE}\rangle\langle\psi_{SE}|$ です. E に関する部分トレースを取ると

$$\hat{\rho}_S = \mathrm{tr}_E\, \hat{\rho}_{SE} = \langle 0_E|\hat{\rho}_{SE}|0_E\rangle + \langle 1_E|\hat{\rho}_{SE}|1_E\rangle \tag{5.49}$$

となりますが, これを計算すると注目系 S の縮約密度演算子

$$\hat{\rho}_S = \frac{1}{2}(|0_S\rangle\langle 0_S| + |1_S\rangle\langle 1_S|) \tag{5.50}$$

202　第 5 章　進んだ話題

が得られます．一般に全体系で純粋状態だったとしても部分トレースで得られ
る縮約密度演算子は混合状態になります．量子もつれがあるかどうかが関係し
ています．逆にある系の混合状態は適当な合成系を考えることで，純粋状態か
らの部分トレースとして構成できます．これを**純粋化**といいます．

　例えば，5.1 節で取り上げた統計力学のカノニカル分布において，考えてい
る系を A とします．系 A と全く同じヒルベルト空間を持つ別の系 B を用意し
て，全体系の量子もつれ状態

$$|\psi_{AB}\rangle = \sum_n \frac{1}{\sqrt{Z}} e^{-\frac{\beta E_n}{2}} |E_n; A\rangle \otimes |E_n; B\rangle \tag{5.51}$$

を考えます．$|E_n; X\rangle$ は系 X でのエネルギー固有状態です．系 B についての部
分トレースを取ると，元の系 A に関する密度演算子 (5.15) を得ます．

問 5.8.

実際に計算して式 (5.15) が得られることを確かめなさい．

解　$(|a\rangle \otimes |b\rangle)(\langle a| \otimes \langle b|) = |a\rangle\langle a| \otimes |b\rangle\langle b|$ に注意してください．全体
系の密度演算子は

$$\begin{aligned}
\hat{\rho}_{AB} &= |\psi_{AB}\rangle\langle\psi_{AB}| \\
&= \sum_{n,m} \frac{1}{Z} e^{-\frac{\beta E_n}{2} - \frac{\beta E_m}{2}} |E_n; A\rangle\langle E_m; A| \otimes |E_n; B\rangle\langle E_m; B|
\end{aligned} \tag{5.52}$$

と書けるので，B に関する部分トレースを取れば

$$\begin{aligned}
\hat{\rho}_A = \mathrm{tr}_B\,\hat{\rho}_{AB} &= \sum_j \sum_{n,m} \frac{1}{Z} e^{-\frac{\beta E_n}{2} - \frac{\beta E_m}{2}} |E_n\rangle\langle E_m| \otimes \langle E_j|E_n\rangle\langle E_m|E_j\rangle \\
&= \sum_j \sum_{n,m} \frac{1}{Z} e^{-\frac{\beta E_n}{2} - \frac{\beta E_m}{2}} \delta_{jn}\delta_{mj} |E_n\rangle\langle E_m| \\
&= \sum_n \frac{1}{Z} e^{-\beta E_n} |E_n\rangle\langle E_n|
\end{aligned} \tag{5.53}$$

となります．系を表す引数は省略しました．　　　　　　　　　　　　　■

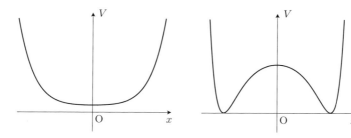

図 5.1 ポテンシャル (5.54) の概形．左は $M < A$ の場合で，右は $M > A$ の場合です．$M > A$ のときはポテンシャルは 2 重に縮退した谷底を持ちます．

5.3 二重井戸ポテンシャル

この節から 5.5 節までは量子トンネル効果に関連したトピックです．束縛状態だけどトンネル効果が現れる簡単な模型として極小値を 2 個持つようなポテンシャルがよく考えられ，**二重井戸ポテンシャル**と呼ばれます．ここではちょっとマニアックな対称二重井戸ポテンシャルの例を取り上げて，そのエネルギー固有値がどうなっているのか議論します．

次のようなポテンシャルを考えます．

$$V(x) = \frac{\hbar^2 \beta^2}{2m}(A\cosh 2\beta x - M)^2 \tag{5.54}$$

ここで A, M, β は正の定数です．このポテンシャルの概形は図 5.1 のようになり，特に $M > A$ のときは 2 つの谷底を持ちます．以下ではもっぱらこの状況を考えます．

定常状態のシュレーディンガー方程式は

$$\left(-\frac{\hbar^2}{2m}\frac{d^2}{dx^2} + \frac{\hbar^2\beta^2}{2m}(A\cosh 2\beta x - M)^2\right)\varphi(x) = E\varphi(x) \tag{5.55}$$

となります．扱いやすくなるように無次元化します．

$$z = \beta x, \quad \epsilon = \frac{2mE}{\hbar^2 \beta^2} \tag{5.56}$$

204　第 5 章　進んだ話題

このときシュレーディンガー方程式は

$$\left(-\frac{d^2}{dz^2} + (A\cosh 2z - M)^2\right)\phi(z) = \epsilon\phi(z) \tag{5.57}$$

と見やすい形になります．ここで $\phi(z) = \varphi(x) = \varphi(z/\beta)$ です．驚くべきことに M が正の整数のときは，エネルギー準位の下から M 番目までの固有値と固有関数を解析的に書き下すことができます[†4]．

ここでは $M = 3$ のときの最初の 3 個の固有値・固有関数を具体的に示します．エネルギー固有値は次のようになります．

$$\begin{aligned}
\epsilon_0 &= 7 + A^2 - 2\sqrt{1 + 4A^2} \\
\epsilon_1 &= 5 + A^2 \\
\epsilon_2 &= 7 + A^2 + 2\sqrt{1 + 4A^2}
\end{aligned} \tag{5.58}$$

対応する固有関数は

$$\begin{aligned}
\phi_0(z) &= C_0\left(2A + (1 + \sqrt{1 + 4A^2})\cosh 2z\right)e^{-\frac{A}{2}\cosh 2z} \\
\phi_1(z) &= C_1 \sinh 2z\, e^{-\frac{A}{2}\cosh 2z} \\
\phi_2(z) &= C_2\left(2A + (1 - \sqrt{1 + 4A^2})\cosh 2z\right)e^{-\frac{A}{2}\cosh 2z}
\end{aligned} \tag{5.59}$$

で与えられます．C_j は規格化定数です．これらの結果を発見するのは難しいですが，一旦与えられてしまえば，シュレーディンガー方程式を満たすかどうかを確かめることは難しくありません．手計算でも十分可能です．固有関数のゼロ点の数を見てみると，$\phi_j(z)$ $(j = 0, 1, 2)$ は j 個のゼロ点を持つので，4.8 節で見たようにこれらはエネルギー準位の下から 3 番目までの固有状態に対応していることが分かります．$A = 1/10$ のときの基底状態と第 1 励起状態の固有

[†4] 導出などに興味がある人は次の原論文を見てください．難しくはありません．M. Razavy, "*An exactly soluble Schrödinger equation with a bistable potential*," Am. J. Phys. **48** (1980) 285–288. 背後にある数理構造に興味がある人は以下が参考になると思います．こちらはかなり難しいです．A. G. Ushveridze, "*Quasi-Exactly Solvable Models in Quantum Mechanics*," CRC Press.

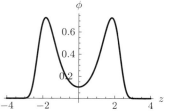 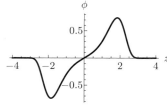

図 5.2 $M = 3$, $A = 1/10$ のときの基底状態（左）と第 1 励起状態（右）の固有関数. 二重井戸のために 2 つの谷底 $z \approx \pm 2.0$ 付近に発見される確率が高くなっています.

関数を図 5.2 に示しました.

ここで A が小さいときのエネルギー固有値の振る舞いを見てみると

$$\begin{aligned} \epsilon_0 &= 5 - 3A^2 + O(A^4) \\ \epsilon_1 &= 5 + A^2 \\ \epsilon_2 &= 9 + 5A^2 + O(A^4) \end{aligned} \quad (5.60)$$

と展開できます. つまり各準位のエネルギー差は

$$\begin{aligned} \epsilon_1 - \epsilon_0 &= 4A^2 + O(A^4) \\ \epsilon_2 - \epsilon_1 &= 4 + 4A^2 + O(A^4) \end{aligned} \quad (5.61)$$

となって，基底状態と第 1 励起状態のエネルギー差は第 1 励起状態と第 2 励起状態のエネルギー差に比べて遥かに小さくなっていることが分かります．これは二重井戸の一般的な性質で，エネルギー固有値が各井戸を隔てる障壁よりも十分に低いときは，左の井戸でほとんど安定な状態と右の井戸でほとんど安定な状態が対等に実現するのですが，トンネル効果によるすり抜けが稀に起こるのでそれぞれの井戸に局在化していた状態が混ざり合います．今の例の場合はポテンシャル障壁の最大値は $z = 0$ のときの値 $(A - 3)^2 = 9 - 6A + A^2$ なので，A が小さいときは基底状態と第 1 励起状態のエネルギー固有値がこれより十分に低くなります．A が小さいほど，2 つの井戸底はどんどん離れていき，トンネル効果は起きにくくなるので，基底状態と第 1 励起状態はほとんど縮退

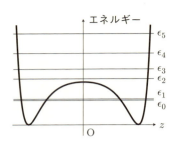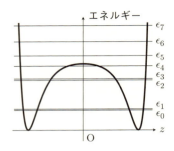

図 5.3 二重井戸におけるエネルギー固有値の分布の概形図．左が $A = 1/10$, $M = 3$ の場合，右が $A = 1/2$, $M = 6$ の場合．障壁より低い固有値はほとんど二重に縮退しています．数値計算でエネルギー固有値を概算して図示しました．

した状態になります．今の例の場合は，第 2 励起状態以上はポテンシャル障壁より高いエネルギーを持つので，このような縮退に近い構造は現れません．M をもっと大きい値に取ると，第 2 励起状態と第 3 励起状態のペアリングなども起きます（図 5.3）．

この例はマニアックだったのでもう少し典型的な設定を練習問題として取り上げます．

問 5.9.

二重井戸型ポテンシャル

$$V(x) = \begin{cases} V_0 & (-a < x < a) \\ 0 & (-a-b < x < -a, \ a < x < a+b) \\ +\infty & (x < -a-b, \ x > a+b) \end{cases}$$

を考える（図 5.4）．$0 < E < V_0$ におけるエネルギー固有値を決定する方程式を書き下しなさい．

5.3 二重井戸ポテンシャル 207

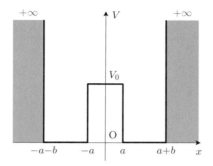

図 5.4 四角い対称二重井戸型ポテンシャル．解の張り合わせを $x=0$ における対称性を利用して工夫すれば計算量を劇的に減らせます．

解　図 5.4 のように $-a-b<x<-a$ と $a<x<a+b$ にある 2 つの井戸が $-a<x<a$ にある有限の高さの障壁で隔てられた対称二重井戸型ポテンシャルの典型問題です．基本的にはこれまでの束縛状態や散乱の問題を解くのと同じ方法で解けますが，対称性を利用すると計算量をかなり減らせます．

ポテンシャルが $V(-x)=V(x)$ を満たすので 4.8 節の定理が使えます．つまり束縛状態の固有関数は必ず偶関数か奇関数のどちらかです．$x>0$ で作った解を $x\to -x$ で反転させれば $x<0$ の解になっています．これらを $x=0$ で滑らかにつなぎ合わせます．これは $0<x<a$ での固有関数が偶関数か奇関数になっていれば自動的に実現されます．さらに $x=a+b$ では固有関数はゼロになっているので，$x>0$ の偶関数の固有関数としては

$$\varphi(x)=\begin{cases} A\cosh\kappa x & (0<x<a) \\ B\sin k(a+b-x) & (a<x<a+b)\end{cases} \quad (5.62)$$

という形にまで制限できます．ここでいつも通り

$$k=\frac{\sqrt{2mE}}{\hbar},\quad \kappa=\frac{\sqrt{2m(V_0-E)}}{\hbar} \quad (5.63)$$

としています．$x=0, x=a+b$ の接続条件は既に満たされていることに注意してください．あとは $x=a$ での接続条件を課せばいいだけなので，

208　第 5 章　進んだ話題

$$A \cosh \kappa a = B \sin kb$$
$$\kappa A \sinh \kappa a = -kB \cos kb \tag{5.64}$$

の 2 つの式が得られます．非自明な (A, B) が存在する条件は

$$k \cosh \kappa a \cos kb + \kappa \sinh \kappa a \sin kb = 0 \tag{5.65}$$

になります．これから偶関数に対するエネルギー固有値が決まります．
　同様に奇関数の場合は

$$\varphi(x) = \begin{cases} A \sinh \kappa x & (0 < x < a) \\ B \sin k(a + b - x) & (a < x < a + b) \end{cases} \tag{5.66}$$

とすればよいので，固有値を決める式は

$$k \sinh \kappa a \cos kb + \kappa \cosh \kappa a \sin kb = 0 \tag{5.67}$$

となります．　　　　　　　　　　　　　　　　　　　　　　　■

● ちょっと一言 ●

$\Lambda := 2aV_0$ を有限に保ったまま障壁の高さ V_0 を無限に高くすると障壁はデルタ関数となります．このとき，

$$\kappa \approx \frac{\sqrt{2mV_0}}{\hbar}, \quad \sinh \kappa a \approx \frac{\Lambda}{\hbar} \sqrt{\frac{m}{2V_0}}, \quad \cosh \kappa a \approx 1 \tag{5.68}$$

と近似できるので，偶関数のエネルギーを決める式は

$$k \cos kb + \frac{m\Lambda}{\hbar^2} \sin kb = 0 \tag{5.69}$$

と簡単になります．一方，奇関数の方の式は

$$\sin kb = 0 \tag{5.70}$$

と障壁がない幅が b の無限井戸の場合と全く同じになります．

意欲的な人はぜひ式 (5.65) と式 (5.67) や式 (5.69) と式 (5.70) の方程式を
コンピュータを使って数値的に解いてみて，先ほど説明した一般的性質が成り
立っているか確かめてみてください．

5.4 周期ポテンシャル

定常状態のシュレーディンガー方程式 (4.1) でポテンシャルが周期関数の場
合は新たな性質が現れます．結晶中の電子は周期的な原子構造の影響で周期ポ
テンシャル中の粒子の運動として記述できます．このような場合は電子が取る
ことのできるエネルギーの値が特定の連続的な領域に限られ，これをバンド構
造といいます．

5.4.1 ブロッホの定理

バンド構造の数学的な由来となるのが以下で見るブロッホの定理です．

ブロッホの定理

ポテンシャルが

$$V(x + L) = V(x) \tag{5.71}$$

という周期性を持つとする．このとき

$$\varphi(x + L) = e^{ikL}\varphi(x) \quad (k \in \mathbb{R}) \tag{5.72}$$

を満たす x 軸全体で有界な（発散しないということ）固有関数が存在す
る．あるいは周期関数を用いて

$$\varphi(x) = e^{ikx}u(x), \quad u(x + L) = u(x) \tag{5.73}$$

の形で書くこともできる．

今考えているような 1 次元問題のブロッホの定理は特にフロケの定理とも呼
ばれます．式 (5.72) や式 (5.73) を満たす固有関数は（方程式には現れない）連

210 第 5 章 進んだ話題

続的なパラメータ k を持っている点が重要です。ブロッホの定理を満たす固有
関数を**ブロッホ関数**といいます。

問 5.10.

ブロッホ関数 (5.73) は必ず式 (5.72) を満たすことを確かめなさい。

解 次のようになります。

$$\varphi(x+L) = e^{ik(x+L)}u(x+L) = e^{ikL}e^{ikx}u(x) = e^{ikL}\varphi(x) \tag{5.74}$$

■

　エネルギー固有値に縮退がない（有界な固有関数がただ一つしかない）場合
のブロッホの定理は簡単に示せます [5]。

ブロッホの定理の証明：シュレーディンガー方程式

$$\left(-\frac{\hbar^2}{2m}\frac{d^2}{dx^2} + V(x)\right)\varphi(x) = E\varphi(x) \tag{5.75}$$

において、変数を $x \to x+L$ とずらします。このときのシュレーディンガー
方程式は

$$\left(-\frac{\hbar^2}{2m}\frac{d^2}{dx^2} + V(x+L)\right)\varphi(x+L) = E\varphi(x+L) \tag{5.76}$$

となりますが、ポテンシャルの周期性よりこれは元のシュレーディンガー方程
式と同じ形です。つまり、$\varphi(x+L)$ も最初のシュレーディンガー方程式の解に
なっています。仮定より有界な固有関数はただ一つしかないので、$\varphi(x+L)$ は
$\varphi(x)$ に比例しないといけません。したがって

---

[5] 4.8 節で示した「1 次元ポテンシャル問題の束縛状態には縮退がない」という定理は使え
ないことに注意してください。ここで考えている有界な固有関数は束縛状態ではないので、
無限遠方でゼロになるわけではなく、むしろ周期的です。したがって 2 つの解のロンスキ
アンがゼロになるという部分が示せません。1 次元問題でも縮退はありえます。

$$\varphi(x + L) = \lambda \varphi(x) \tag{5.77}$$

と書くことができます．この式から

$$\varphi(x + nL) = \lambda^n \varphi(x) \tag{5.78}$$

が得られますが，$n \to \pm\infty$，つまり $x \to \pm\infty$ における固有関数の有界性の要求から $|\lambda| = 1$ でないと駄目です．したがって適当な実数 k を取ってきて $\lambda = e^{ikL}$ とできます． ■

縮退がある場合の証明は面倒なので省略します[6]．なお，演算子形式を使って以下のように証明することもできます．

演算子形式による別証明：x を $x + L$ にずらす操作は並進に他なりません．したがって並進演算子 $\hat{T}$ で記述できます．

$$\varphi(x + L) = \langle x + L | \varphi \rangle = \langle x | \hat{T}^\dagger(L) | \varphi \rangle = \langle x | \hat{T}(-L) | \varphi \rangle \tag{5.79}$$

以下では $\hat{T}_L := \hat{T}(-L)$ と書きます．ここで有限の並進演算子は式 (3.60) で与えられるので

$$\hat{T}_L = \exp\left(\frac{i\hat{p}L}{\hbar}\right) \tag{5.80}$$

です．このとき

$$
\begin{aligned}
\hat{T}_L V(\hat{x}) \hat{T}_L^\dagger | x \rangle &= \hat{T}_L V(\hat{x}) | x + L \rangle = \hat{T}_L V(x + L) | x + L \rangle \\
&= V(x + L) \hat{T}_L | x + L \rangle = V(x) | x \rangle \\
&= V(\hat{x}) | x \rangle
\end{aligned} \tag{5.81}
$$

より，$V(\hat{x})$ と $\hat{T}_L$ は可換であることが分かります．このことと $\hat{T}_L$ が $\hat{p}$ のみの関数であることから $\hat{T}_L$ はハミルトニアン $\hat{H}$ とも可換であることが分かります．したがって，これらは同時固有状態を持ちます．

---

[6] 全く一般的な設定での証明は例えば文献 [18] の第 2 章 §1 問題 9 にあります．

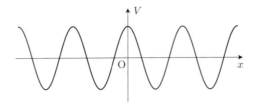

図 5.5 マシュー・ポテンシャルの概形．周期的な構造を持ちます．

$$\hat{H}|E,\lambda\rangle = E|E,\lambda\rangle, \quad \hat{T}_L|E,\lambda\rangle = \lambda|E,\lambda\rangle \tag{5.82}$$

第 2 式を位置表示に直せば式 (5.77) になりますが，ここで並進演算子はユニタリ演算子なのでその固有値 λ は絶対値が 1 の複素数です（問 A.9 参照）．したがってブロッホの定理が成り立ちます． ∎

5.4.2 マシュー・ポテンシャル

周期ポテンシャルの例として

$$V(x) = V_0 \cos\frac{2\pi x}{L} \tag{5.83}$$

を考えてみましょう（図 5.5）．シュレーディンガー方程式は

$$\left(-\frac{\hbar^2}{2m}\frac{d^2}{dx^2} + V_0 \cos\frac{2\pi x}{L}\right)\varphi(x) = E\varphi(x) \tag{5.84}$$

となります．周期ポテンシャルなのでもちろんブロッホの定理が成り立ちます．

見た目を簡単にするために変数変換をしてパラメータを無次元化します．

$$z := \frac{\pi x}{L}, \quad q := \frac{mL^2}{\pi^2\hbar^2}V_0, \quad \epsilon := \frac{2mL^2}{\pi^2\hbar^2}E \tag{5.85}$$

とおけば

$$\left(\frac{d^2}{dz^2} + \epsilon - 2q\cos 2z\right)\phi(z) = 0 \tag{5.86}$$

が得られます．この方程式は**マシューの微分方程式**として知られていて，よく調べられています．方程式の解を**マシュー関数**といいます．$\cos 2z$ の周期は π

なので，ブロッホの定理により有界な固有関数は

$$\phi(z) = e^{ikz}u(z), \quad u(z+\pi) = u(z) \tag{5.87}$$

の形で書けます．ここで $u(z)$ は周期 π の周期関数なのでフーリエ級数として

$$u(z) = \sum_{n=-\infty}^{\infty} c_n e^{2inz} \tag{5.88}$$

と表せます（4.2.2 項も参照してください）．これを式 (5.86) に代入すると

$$(k+2n)^2 c_n + q(c_{n-1} + c_{n+1}) = \epsilon c_n \tag{5.89}$$

という差分方程式（漸化式）が得られます．

問 5.11.

式 (5.89) を導出しなさい．

解 次のようにします．

$$
\begin{aligned}
\phi(z) &= e^{ikz} \sum_{n=-\infty}^{\infty} c_n e^{2inz} = \sum_{n=-\infty}^{\infty} c_n e^{i(k+2n)z} \\
\phi''(z) &= \sum_{n=-\infty}^{\infty} \Big(-(k+2n)^2 c_n \Big) e^{i(k+2n)z}
\end{aligned}
\tag{5.90}
$$

さらに $2\cos 2z = e^{2iz} + e^{-2iz}$ なので

$$
\begin{aligned}
e^{2iz}\phi(z) &= \sum_{n=-\infty}^{\infty} c_n e^{i(k+2n+2)z} = \sum_{n=-\infty}^{\infty} c_{n-1} e^{i(k+2n)z} \\
e^{-2iz}\phi(z) &= \sum_{n=-\infty}^{\infty} c_n e^{i(k+2n-2)z} = \sum_{n=-\infty}^{\infty} c_{n+1} e^{i(k+2n)z}
\end{aligned}
\tag{5.91}
$$

214 第5章 進んだ話題

となります．これらを式 (5.86) に代入して，$e^{i(k+2n)z}$ の係数を比較すれば望みの差分方程式が得られます． ∎

差分方程式 (5.89) の一般解を構成するのは難しいのですが，無限個の係数 $\{c_n\}$ を縦に並べた無限次元のベクトル

$$\vec{v} = \begin{pmatrix} \vdots \\ c_{-1} \\ c_0 \\ c_1 \\ \vdots \end{pmatrix} \tag{5.92}$$

を作ると差分方程式は形式的に

$$H\vec{v} = \epsilon\vec{v} \tag{5.93}$$

という行列の固有値問題の形で書けます．ここで H は無限次元の行列で

$$H = \begin{pmatrix} \ddots & \ddots & & \ddots & & \\ & q & (k-2)^2 & q & & \\ & & q & k^2 & q & \\ & & & q & (k+2)^2 & q \\ & & & & \ddots & \ddots & \ddots \end{pmatrix} \tag{5.94}$$

という形をしています．無限サイズ行列の固有値問題なのでそのままでは解けませんが，行列を適当なサイズで打ち切ってしまえば，少なくとも数値的に固有値を求めることはできます．これはある値より大きいすべての n に対して $c_{\pm n} = 0$ という境界条件を課したことに相当します．例えば $\vec{v} = (c_{-2}, c_{-1}, c_0, c_1, c_2)^T$ だけ残して，残りすべてをゼロにしてしまえば

$$H_{5\times 5} = \begin{pmatrix} (k-4)^2 & q & 0 & 0 & 0 \\ q & (k-2)^2 & q & 0 & 0 \\ 0 & q & k^2 & q & 0 \\ 0 & 0 & q & (k+2)^2 & q \\ 0 & 0 & 0 & q & (k+4)^2 \end{pmatrix} \quad (5.95)$$

という 5×5 行列の固有値を求める問題に落ちます．コンピュータで行列の固有値を求めることができる人は，ぜひこの行列の固有値を求めてみてください．問題としては両端のバネが固定された連成振動子の固有振動数を求めることと非常に似ています．行列のサイズを大きくしていったときに，固有値が収束していけばそれが元の行列 H の固有値のはずです．

例えば $k = 0$, $q = 1$ のときにコンピュータを使ってやってみると，行列のサイズを増やしたときに固有値は急速に収束していき，小さい方から

$$-0.45514, \quad 3.9170, \quad 4.3713, \quad 16.033, \quad 16.034, \quad \ldots \quad (5.96)$$

という値が得られます．もちろん実際の固有値は無限桁の数ですが，有限で打ち切った近似値を書いています．

ここで重要な点は H が連続パラメータ k に依存しているために，固有値 ϵ も k に依存します．k を固定すると，上のように H の固有値は離散的に決まりますが，k を動かすことで固有値の値は連続的に変化します．具体的に $q = 1$ のときに ϵ の値を k に対してプロットしたのが図 5.6(a) です．この図は ϵ がある連続的な領域に値を持つときのみ，有界な固有関数が存在することを示しています．このような固有値の許される連続的な領域を**エネルギーバンド**といい，逆に許されない領域を**エネルギーギャップ**といいます．$q = 1$ のときはエネルギーバンドは

$$[-0.45514, -0.11025], \quad [1.8591, 3.9170], \quad [4.3713, 9.0477], \quad \ldots \quad (5.97)$$

にあります．固体物理では結晶中の電子のバンド構造を知ることで，金属と半導体と絶縁体の違いを説明することができます．

216　第 5 章　進んだ話題

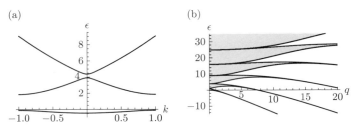

図 5.6 (a) マシュー・ポテンシャルのバンド構造 ($q = 1$). ブロッホ関数の k を変化させることで, 固有値 ϵ の値も連続的に変化します. $k \sim k+2$ の周期構造があるので $-1 \leq k \leq 1$ で考えれば十分です (固体物理では第 1 ブリュアンゾーンと呼ばれます). ϵ が取ることのできる領域をバンドといいます. (b) バンド・ギャップの q 依存性. 塗りつぶされた領域がバンドを表しています. q が小さいとほとんどがバンド領域で自由電子のスペクトルに近くなります. q が大きいとポテンシャルの中にあるバンド幅が非常に狭くなり束縛状態に近くなります.

● ちょっと一言 ●

　量子力学的にはバンド構造の起源は粒子が周期ポテンシャルの壁をすり抜けるトンネル効果だと考えられます. 例えば V_0 や L を大きくすると, q の値も大きくなりますが, このときポテンシャルの中にいる粒子はポテンシャルの壁を乗り越えにくくなるので, バンドの幅は狭くなり, 粒子がポテンシャルに閉じ込めれた束縛状態に近くなります (ポテンシャルより十分大きなエネルギーを持つ粒子は自由粒子に近いです). つまり k を変化させてもエネルギー固有値はほぼ一定の値に収まります. 逆に q の値を小さくしていくと, 粒子はポテンシャルの影響を感じにくくなるので, ほとんど自由粒子に近い振る舞いをします. この場合は連続スペクトルに近く, ほとんどがバンド領域でギャップの幅が非常に狭くなります. 実際に q を変化させたときのバンド領域をプロットしたのが図 5.6(b) です.

　ここでももう少し典型的な例を練習問題とします.

5.4 周期ポテンシャル 217

問 5.12.

次のような周期ポテンシャルに対してエネルギーバンドを決める方程式を導きなさい.

$$V(x) = \Lambda \sum_{n=-\infty}^{\infty} \delta(x - nL) \tag{5.98}$$

このようなポテンシャルを**クローニッヒ・ペニー模型**という.

解 $-L < x < 0$ におけるシュレーディンガー方程式の解は

$$\varphi(x) = Ae^{ikx} + Be^{-ikx} \quad \left(k := \frac{\sqrt{2mE}}{\hbar} \right) \tag{5.99}$$

となります. ブロッホの定理を使うと, ある実数 θ が存在して

$$\varphi(x + L) = e^{i\theta}\varphi(x) = e^{i\theta}(Ae^{ikx} + Be^{-ikx}) \quad (-L < x < 0) \tag{5.100}$$

となりますが, これは区間 $(0, L)$ の解を与えます. $x \to x - L$ と置き換えると

$$\varphi(x) = e^{i\theta}(Ae^{ik(x-L)} + Be^{-ik(x-L)}) \quad (0 < x < L) \tag{5.101}$$

となります. $x = 0$ での接続条件を考えると, 波動関数の連続性より

$$A + B = e^{i\theta}(Ae^{-ikL} + Be^{ikL}) \tag{5.102}$$

となります. 導関数の接続条件は

$$\varphi'(+0) - \varphi'(-0) = \lambda\varphi(0) \quad \left(\lambda := \frac{2m\Lambda}{\hbar^2} \right) \tag{5.103}$$

なので

$$ike^{i\theta}(Ae^{-ikL} - Be^{ikL}) - ik(A - B) = \lambda(A + B) \tag{5.104}$$

が得られます. これらを連立方程式

218 第5章 進んだ話題

$$\begin{pmatrix} 1 - e^{i(\theta - kL)} & 1 - e^{i(\theta + kL)} \\ i(1 - e^{i(\theta - kL)}) + \lambda/k & -i(1 - e^{i(\theta + kL)}) + \lambda/k \end{pmatrix} \begin{pmatrix} A \\ B \end{pmatrix} = 0 \quad (5.105)$$

と見て，非自明な A, B が存在する条件を求めると

$$\begin{vmatrix} 1 - e^{i(\theta - kL)} & 1 - e^{i(\theta + kL)} \\ i(1 - e^{i(\theta - kL)}) + \lambda/k & -i(1 - e^{i(\theta + kL)}) + \lambda/k \end{vmatrix} = 0 \quad (5.106)$$

となります．あとはこれを頑張って整理すれば

$$\cos\theta = \cos kL + \lambda L \frac{\sin kL}{2kL} \quad (5.107)$$

という条件が得られます．θ を動かすことでエネルギーバンドが決まります．
具体的には

$$-1 \leq \cos kL + \lambda L \frac{\sin kL}{2kL} \leq 1 \quad (5.108)$$

を満たす E の領域がエネルギーバンドです．$\lambda \to 0$ のときは第1項が支配的
なので $E \geq 0$ のほとんどのエネルギー領域をバンドが占めます．これはデル
タ関数ポテンシャルの影響が小さく自由電子に近いからです．一方，$\lambda \to \infty$
のときは第2項目が支配的になりますが，このときは $\sin kL \approx 0$ となるエ
ネルギー領域付近に非常に狭いバンドがあります．これは幅 L の無限井戸に
閉じ込められていて，ほとんどトンネル効果が起きないためだと考えられま
す． ∎

5.5 共鳴状態

　量子力学での粒子のポテンシャル問題において，粒子がポテンシャルに閉じ
込められている状況を**束縛状態**，ポテンシャルにぶつかって反射したり透過し
たりして無限遠方に出ていく状況を**散乱状態**というのでした．ここでは第3の
状況である**共鳴状態**を取り上げます．共鳴状態ではエネルギー固有値が複素数
になるという不思議なことが起こるので，物理的にイメージしずらいと思いま

5.5 共鳴状態　219

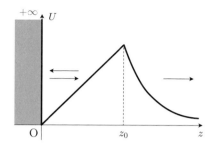

図 5.7 準安定なポテンシャル (5.112) の概形．共鳴状態を説明するためのおもちゃの模型です．三角井戸にトラップされている粒子はトンネル効果で外に出ることができます．このような物理描像は自然にシーゲルト境界条件を導きます．

す[†7]．できるだけ定量的に取り扱えるように厳密に解ける例を取り上げます．やや不自然ですが，次のようなポテンシャルを考えます．

$$V(x) = \begin{cases} +\infty & (x < 0) \\ \lambda x & (0 < x < L) \\ \dfrac{\lambda L^3}{x^2} & (x > L) \end{cases} \quad (5.109)$$

ポテンシャルの概形は図 5.7 のようになります（すぐ下で見る無次元量に直しています）．$x<0$ の領域には無限に高い壁が立っているために粒子は侵入できません．$L \to \infty$ とするとポテンシャルは $x \to \infty$ で無限大に発散するので無限三角井戸となり束縛状態が無限個存在します．L が有限のときに興味深い現象が起きます．

いつも通り変数変換して見やすくします．

$$z = \left(\frac{2m\lambda}{\hbar^2}\right)^{1/3} x, \quad z_0 = \left(\frac{2m\lambda}{\hbar^2}\right)^{1/3} L, \quad \epsilon = \left(\frac{2m}{\hbar^2\lambda^2}\right)^{1/3} E \quad (5.110)$$

シュレーディンガー方程式は次のようになります．

$$\left(-\frac{d^2}{dz^2} + U(z)\right)\phi(z) = \epsilon\phi(z) \quad (5.111)$$

[†7] 文献 [24] の序盤に共鳴状態に関する詳細な説明があります．

220　第 5 章　進んだ話題

ここでポテンシャル $U(z)$ は

$$
U(z) = \begin{cases} +\infty & (z < 0) \\ z & (0 < z < z_0) \\ \dfrac{z_0^3}{z^2} & (z > z_0) \end{cases} \tag{5.112}
$$

です．この問題を 2 通りの見方で見ることで共鳴状態について説明します．

5.5.1　準安定状態として

　粒子の（無次元化した）エネルギー ϵ が $0 < \epsilon < z_0$ の範囲にあるときは粒子を三角井戸の領域 $(0 < z < z_0)$ に閉じ込めることが可能です．しかし，このポテンシャルは $z = z_0$ でピークを持ち，その後 $U \to 0$ に落ちていくために閉じ込めた粒子はトンネル効果によりポテンシャルのトラップから脱出可能です（図 5.7）．一旦三角井戸から抜け出した粒子は無限遠方まで到達可能なためにもう戻ってきません．つまり，もともと井戸に閉じ込めていたはずが，実際は有限の時間で粒子は無限遠方に逃げ出してしまいます．このような状況を**準安定**といいます．これが共鳴状態に相当します．直観的に納得できると思いますが，z_0 が大きいほどポテンシャルの壁の高さが高くなるのでトンネリングは起こりにくくなります．極端な話，$z_0 \to \infty$ としてしまえば粒子は絶対にポテンシャルから逃れられないので束縛状態となります．

　以上のことを固有関数の言葉に翻訳します．まず図 5.7 を見てください．井戸の中では右向きの波も左向きの波も存在します．しかし，井戸の外の領域では逃げていく波しか存在しません．したがって，固有関数に

$$
\phi(z) = \begin{cases} 0 & (z < 0) \\ C_1 \phi_1(z) + C_2 \phi_2(z) & (0 < z < z_0) \\ C_3 \phi_3(z) & (z > z_0) \end{cases} \tag{5.113}
$$

という境界条件を課します．ここで $\phi_1(z)$, $\phi_2(z)$ は $0 < z < z_0$ の領域における独立な 2 解です．井戸の中で右向きも左向きも両方含むので独立な 2 解の重ね合わせを取ってきています．$\phi_3(z)$ としては $z > z_0$ の領域における解のうち

十分遠方で右向きに進む波だけを取ってきます．このような条件を**シーゲルト境界条件**といいます．これが共鳴状態の 1 つの見方です．共鳴状態では無限遠方に波が逃げていくという境界条件を課します．

非常に興味深いことにシーゲルト境界条件を満たすエネルギー ϵ は離散的ですが，その値は複素数になります．この複素エネルギーにもきちんと意味があります．後で説明します．この例は厳密に解けるものになっているので，定量的にエネルギー固有値を評価して複素数になることを確認します．やることはいつもと同じです．ポテンシャルがガクッと変化する $z = 0$ と $z = z_0$ で固有関数を接続します．$z = 0$ における接続条件は

$$C_1\phi_1(0) + C_2\phi_2(0) = 0 \tag{5.114}$$

です．$z = z_0$ における条件は

$$C_1\phi_1(z_0) + C_2\phi_2(z_0) = C_3\phi_3(z_0)$$
$$C_1\phi_1'(z_0) + C_2\phi_2'(z_0) = C_3\phi_3'(z_0) \tag{5.115}$$

となります．これらを (C_1, C_2, C_3) に関する連立方程式と思って

$$\begin{pmatrix} \phi_1(0) & \phi_2(0) & 0 \\ \phi_1(z_0) & \phi_2(z_0) & -\phi_3(z_0) \\ \phi_1'(z_0) & \phi_2'(z_0) & -\phi_3'(z_0) \end{pmatrix} \begin{pmatrix} C_1 \\ C_2 \\ C_3 \end{pmatrix} = 0 \tag{5.116}$$

の形に書きます．$(C_1, C_2, C_3) = (0, 0, 0)$ 以外の解が存在するための条件は

$$\begin{vmatrix} \phi_1(0) & \phi_2(0) & 0 \\ \phi_1(z_0) & \phi_2(z_0) & -\phi_3(z_0) \\ \phi_1'(z_0) & \phi_2'(z_0) & -\phi_3'(z_0) \end{vmatrix} = 0 \tag{5.117}$$

となります．

ここまでは一般的な結果ですが，今の例の場合は $\phi_i(z)$ $(i = 1, 2, 3)$ はすべて解析関数で表せます．まず $0 < z < z_0$ については 4.6 節と同じ状況なのでエアリー関数を用いて

$$\phi_1(z) = \mathrm{Ai}(z - \epsilon), \quad \phi_2(z) = \mathrm{Bi}(z - \epsilon) \tag{5.118}$$

222 第5章 進んだ話題

となります. 一方, $z > z_0$ ではポテンシャルが $1/z^2$ 型ですが, このタイプの固有関数はベッセル関数あるいはハンケル関数の線形和で表せます. これらの関数については補遺 B.4 節を参照してください. 今の場合は $z \to \infty$ で右向きの解が欲しいのでハンケル関数を使った方が便利で

$$\phi_3(z) = \sqrt{z} H_\nu^{(1)}(\sqrt{\epsilon}z) \quad \left(\nu = \frac{\sqrt{1+4z_0^3}}{2}\right) \tag{5.119}$$

となります. 特に ν が半奇数のときはハンケル関数は指数関数で表せるので解は非常に簡単になります. 例えば $\nu = 1/2$ ($z_0 = 2^{1/3}$) のときは

$$\phi_3(z)|_{z_0=2^{1/3}} = -\frac{e^{i\sqrt{\epsilon}z}}{\epsilon^{1/4}}\sqrt{\frac{2}{\pi}}\left(1 + \frac{i}{\sqrt{\epsilon}z}\right) \tag{5.120}$$

となって確かに右向きの波だけを含むことが分かります. とにかく特殊関数で表されていれば容易に関数の値を評価できます.

これらの解析的な結果を式 (5.117) に代入すれば, 与えられた z_0 に対して ϵ が決まります. 例えば $z_0 = 4, 8$ に対して ϵ を計算すると, 表 5.1 のような値が得られます. エネルギー固有値は離散的ですが複素数値となっています. $z_0 \to \infty$ における束縛状態のエネルギーは 4.6 節の問 4.16 で見たように

$$\text{Ai}(-\epsilon) = 0 \tag{5.121}$$

で計算できます. 表 5.1 ではこのときの値も載せました.

ガモフはこれと似たような準安定なポテンシャル (図 5.8) を用いて原子核の崩壊現象の代表例であるアルファ崩壊のメカニズムを説明しました. 彼による複素エネルギーの物理的な解釈を紹介しましょう. 共鳴状態のエネルギーが

$$E = E_\mathrm{r} - i\frac{\Gamma}{2} \quad (\Gamma > 0) \tag{5.122}$$

と複素数の形で表せたとすると, 波動関数の時間依存性は

$$\exp\left(-\frac{iEt}{\hbar}\right) = \exp\left(-\frac{\Gamma t}{2\hbar}\right)\exp\left(-\frac{iE_\mathrm{r}t}{\hbar}\right) \tag{5.123}$$

という因子になるので, t が大きくなると急速にゼロに近づきます. つまり有

表 5.1 ポテンシャル (5.112) にシーゲルト境界条件 (5.113) を課したときのエネルギー固有値. 固有値は離散的な複素数になります. 実部が共鳴エネルギー, 虚部が寿命と解釈できます. z_0 が大きいほど束縛状態に近く寿命が長くなります. またエネルギーが高いほど寿命が短いことも読み取れます（容易に井戸から抜けられるということです）.

n	$z_0 = \infty$	$z_0 = 8$	$z_0 = 4$
0	2.3381074	$2.3381074 - 7.2 \times 10^{-17}i$	$2.3343739 - 0.0014777i$
1	4.0879494	$4.0879490 - 2.2 \times 10^{-9}i$	$4.0786028 - 0.2594740i$
2	5.5205598	$5.5204203 - 0.0000245i$	$6.4127352 - 1.330031i$
3	6.7867081	$6.7798362 - 0.0069243i$	$10.132386 - 2.751173i$
4	7.9441336	$7.9471027 - 0.1332956i$	$15.174566 - 4.306434i$
5	9.0226509	$9.3361083 - 0.4814765i$	$21.489068 - 5.963599i$

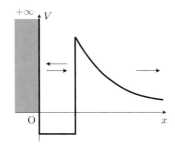

図 5.8 ガモフが考えたアルファ崩壊を説明するためのポテンシャル. 井戸型ポテンシャルと $1/x$ 型のクーロン・ポテンシャルを組み合わせて準安定でトンネル効果が起きるようにしています. これも厳密に解ける模型になっているのですが, ここで取り上げた例よりは扱いづらいです. どちらもトンネル効果による粒子の逃げ出しなので現象の本質は同じです.

限の領域に粒子が発見される確率は時間が経つにつれて小さくなっていきます. これはもちろん準安定なポテンシャルの谷からトンネル効果で粒子が無限遠方に逃げていくことと対応しています. 複素エネルギーの虚部が大きいほど寿命が短くなります. これまで考えてきた確率の保存が成り立たないので, 開いた量子系の例だと言えます.

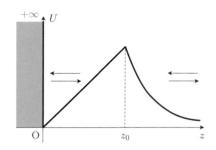

図 5.9 粒子のポテンシャル散乱の観点からは共鳴状態は散乱データ（反射率や透過率）の発散を引き起こす状態と思えます．なぜならシーゲルト境界条件は入射波が存在しないという特異な状況だからです．

5.5.2 散乱の共鳴として

別の見方として同じポテンシャル問題で今度は正の無限遠方から負の向きに粒子を入射させてポテンシャルによる散乱を調べることを考えます（図5.9）．この場合は $z > z_0$ における固有関数は

$$\phi(z) = C_3 \phi_3(z) + C_4 \phi_4(z) \tag{5.124}$$

と右向き，左向き両方の波が存在します．再び解を $z = 0, z_0$ で接続させれば係数の関係式が得られます．このとき入射波との係数の比 C_i/C_4 ($i = 1, 2, 3$) を考えると，前項のシーゲルト境界条件が課されるときは $C_4 = 0$ となるのでこれらの係数は発散します[†8]．このように共鳴状態を反射や透過の係数（もっと物理的な用語を使えばグリーン関数や散乱振幅や S 行列）が発散するような状態と捉えることもできます[†9]．普通の散乱問題ではエネルギーは実数で入射波が存在しますが，複素のエネルギー領域に拡張することで入射波がなくなるような特異な共鳴状態が現れます．

では実数のエネルギー領域だけを考えた場合はどうなるかというと，この場合でも複素領域での特異性の"名残り"は見えます．例えば

[†8] 正確にはこの例の場合は反射率が 1 なので C_3/C_4 は常に 1 ですが，C_1/C_4 と C_2/C_4 は発散します．透過波も存在する場合は反射率と透過率が複素共鳴エネルギーで発散します．

[†9] さらに言えば束縛状態も同じ捉え方が可能です．

$$\frac{1}{(E - E_{\mathrm{r}})^2 + \Gamma^2/4} \tag{5.125}$$

という関数は $E = E_{\mathrm{r}} \pm i\Gamma/2$ という複素数に特異性（極）を持ちますが，実数 E に対してプロットしてみれば，$E = E_{\mathrm{r}}$ にピークを持つことが分かります．これが共鳴エネルギーであり，Γ が小さいほど，つまり寿命が長いほどピークが鋭くなります．

問 5.13.

次のようなポテンシャルを考える．

$$V(x) = \begin{cases} +\infty & (x < -L) \\ \Lambda\delta(x) & (x > -L) \end{cases} \tag{5.126}$$

このとき複素共鳴エネルギーを決める方程式を書き下しなさい．

解 $-L < x < 0$ の領域に閉じ込められていた粒子がデルタ関数の壁をすり抜けて無限遠方に逃げていきます．シーゲルト境界条件は

$$\varphi(x) = \begin{cases} Ae^{ikx} & (x > 0) \\ B\sin k(x + L) & (-L < x < 0) \end{cases} \tag{5.127}$$

となります．$x = 0$ での接続条件は

$$A = B\sin kL$$
$$ikA - kB\cos kL = \lambda A, \quad \lambda := \frac{2m\Lambda}{\hbar^2} \tag{5.128}$$

なので

$$\begin{pmatrix} 1 & -\sin kL \\ \lambda/k - i & \cos kL \end{pmatrix} \begin{pmatrix} A \\ B \end{pmatrix} = 0 \tag{5.129}$$

226 第 5 章 進んだ話題

となります．これから

$$\cos kL + \left(\frac{\lambda}{k} - i\right)\sin kL = 0 \tag{5.130}$$

が得られます．これが複素共鳴エネルギーを決める式です．■

● ちょっと一言 ●

方程式 (5.130) は解析的には解けませんが，次のような**摂動論**と呼ばれる近似的な解析は可能です．まず $X = \lambda L, Y = kL$ と置くと，

$$X = -Y \cot Y + iY \tag{5.131}$$

と書けます．$X \to \infty$ のとき，$\sin Y = \sin kL = 0$ となりますが，これは幅 L の無限井戸のエネルギー固有値を決める式と同じです．このときはデルタ関数の壁からの透過が全くなく，$-L < x < 0$ に完全に閉じ込められた状態です．X が非常に大きいときは固有値を $1/X$ の展開として求めることができます．$X = \infty$ での固有モード $Y = n\pi$ について

$$Y = n\pi + \frac{a_1}{X} + \frac{a_2}{X^2} + O(1/X^3) \tag{5.132}$$

の形の展開を仮定して式 (5.131) に代入すると，

$$\cot Y = \frac{X}{a_1} - \frac{a_2}{a_1^2} + O(1/X) \tag{5.133}$$

より右辺は

$$-Y\cot Y + iY = -\frac{n\pi}{a_1}X + \frac{n\pi a_2}{a_1^2} - 1 + in\pi + O(1/X) \tag{5.134}$$

と展開されます．これが X に等しいので

$$a_1 = -n\pi, \quad a_2 = n\pi(1 - in\pi) \tag{5.135}$$

と決まります．もっと高次の補正も逐次的に決められます．これから複素エネルギー固有値の $1/\lambda$ 展開も計算できます．方程式が解析的に解けない場合は，このような近似的な級数解の構成が有用です．

5.6 超対称量子力学

5.6.1 厳密に解ける模型の有用性

既に述べたように定常状態のシュレーディンガー方程式 (4.1) は普通は厳密には解けません。4.8 節で一般的な状況に対して、この問題にどうアタックするかを考察しました。本書では粒子 1 個の問題のみを扱いましたが、多粒子系の量子力学を考えることもできて、やはり定常状態のシュレーディンガー方程式の固有値問題が重要になります。このような多体問題の場合は厳密に解くことはもはや絶望的に期待できません。しかし、ごく限られた状況においては（多体問題にもかかわらず）厳密に解ける場合があります。そのような模型は**可積分系**や**可解模型**と呼ばれ、数理物理学で特に興味が持たれています。また 5.3 節で取り上げた例のように、問題の一部分が厳密に解けることもあって、そういう場合を**準可解模型**ということもあります。

厳密に解ける模型はそれ自体が面白い研究対象ですし、設定が単純なものが多いので教育上も有用です。本書でもほとんど厳密に解ける例ばかり扱っています。実用的な面でも役に立ちます。まず定量的な解析が可能なので、定性的な物理描像の確認に役立ちます。また、複雑な系はしばしば厳密に解ける系の変形とみなせます。つまり、厳密に解ける模型は複雑な問題の土台になります。さらに、そのような複雑な問題では最終的には近似法や数値計算に頼ることになりますが、厳密に解ける模型はそれらの方法のベンチマークに使えます。解ける模型では任意精度での計算が可能なので、近似法や数値計算がどの程度の精度で計算できているのかの確認に役立ちます。

5.6.2 超対称量子力学

以上の正当化のもとで厳密に解ける模型の例として**超対称量子力学**の方法を紹介します [10]。この方法は適用範囲はそれほど広くはないのですが、非常に美しく問題が解けます [11]。基本的なアイディアは難しい模型を簡単な模型にマップさせて解こうというものです。具体例から始めます。次のようなポテンシャルを考えます。

228　第 5 章　進んだ話題

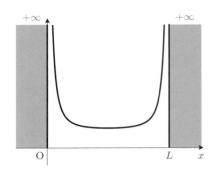

図 5.10　ポテンシャル (5.136) の概形.

$$V(x) = \begin{cases} \dfrac{\pi^2 \hbar^2}{mL^2 \sin^2 \frac{\pi x}{L}} & (0 < x < L) \\ +\infty & (\text{それ以外}) \end{cases} \quad (5.136)$$

つまり無限井戸でありながら井戸の中にも $1/\sin^2$ 型のポテンシャルが存在しているような状況です（図 5.10）．厳密に解ける模型を扱うときは，「なぜそんな模型を考えるんだ？」とか悩むのはやめましょう．「厳密に解けるから」という一言で片づきます．この模型はサザーランド模型というもっと難しい多体模型の特別な場合とほぼ同じ設定です．サザーランド模型は量子可積分系の代表例です．

境界条件は $\varphi(0) = \varphi(L) = 0$ となります．束縛状態は $E > 0$ に無限個存在します．初見でこの固有値問題を解ける人は皆無でしょう．以下ではもっぱら

[†10] 超対称量子力学については文献 [22] が日本語のテキストとして非常に詳しいです．ここで紹介するのは超対称量子力学のごく一部の側面です．**超対称性**とはボース粒子とフェルミ粒子の入れ替えに対する仮想的な対称性のことです．理論に超対称性があると非常に面白いことが次々と起こるので理論物理学の分野で活発に研究されています．

[†11] 驚くべきことに量子力学とは全く異なる文脈で研究されていたブラックホールの研究において，超対称量子力学とほとんど同じ構造が発見されています．したがって，全くの理論上の産物というわけでもないです．例えば E. Berti et al., "*Quasinormal modes of black holes and black branes,*" Class. Quant. Grav. **26** (2009) 163001 の Appendix A で議論されています．

井戸の中 $0 < x < L$ について考えます。実はこのポテンシャルには調和振動子に似たナイスな構造があります。シュレーディンガー方程式に現れる微分演算子が

$$-\frac{\hbar^2}{2m}\frac{d^2}{dx^2} + V(x) = \mathcal{A}\mathcal{A}^\dagger + \frac{\pi^2\hbar^2}{2mL^2} \tag{5.137}$$

と"因数分解"の形で書けます。ここで $\mathcal{A}$, $\mathcal{A}^\dagger$ は 1 階の微分演算子で

$$\mathcal{A} := -\frac{i\hbar}{\sqrt{2m}}\left(\frac{d}{dx} - \frac{\pi}{L}\cot\frac{\pi x}{L}\right)$$

$$\mathcal{A}^\dagger := -\frac{i\hbar}{\sqrt{2m}}\left(\frac{d}{dx} + \frac{\pi}{L}\cot\frac{\pi x}{L}\right) \tag{5.138}$$

と定義されます[†12]。

問 5.14.

式 (5.137) を確かめなさい。

解　右辺の $\mathcal{A}\mathcal{A}^\dagger$ を展開する方針で示せますが、微分演算子の展開は非常に間違いやすいので注意してください。例えば

$$\frac{d}{dx}\left(\frac{d}{dx} + p(x)\right) \overset{誤り}{=} \frac{d^2}{dx^2} + \frac{dp(x)}{dx} \tag{5.139}$$

などとやっては駄目です。正しくは補助的な関数 $f(x)$ を右に持ってきて

$$\frac{d}{dx}\left(\frac{d}{dx} + p(x)\right)f(x) = \frac{d}{dx}\left(\frac{df(x)}{dx} + p(x)f(x)\right)$$

$$= \frac{d^2 f(x)}{dx^2} + \frac{dp(x)}{dx}f(x) + p(x)\frac{df(x)}{dx}$$

[†12] 抽象的なヒルベルト空間のケットに作用する演算子と区別するためにシュレーディンガー表現での微分演算子にはハットを付けずに $\mathcal{A}$ のように別字体で区別します。あまり標準的な書き方ではないのですが、どの空間に作用する演算子か区別できるように工夫しました。抽象的なヒルベルト空間上の演算子とシュレーディンガー表現での微分演算子の区別がしっかりついている人は同じ記号を使っても問題ないです。

230 第 5 章 進んだ話題

$$= \left(\frac{d^2}{dx^2} + p(x)\frac{d}{dx} + p'(x) \right) f(x) \qquad (5.140)$$

と計算してから微分演算子としての等式に読み替えてください. 作用する関数をあらわに書く癖をつけてください. 間違いやすいので計算過程を詳しく書きます.

$$\begin{aligned}
\mathcal{A}\mathcal{A}^\dagger f(x) &= -\frac{\hbar^2}{2m}\left(\frac{d}{dx} - \frac{\pi}{L}\cot\frac{\pi x}{L} \right)\left(\frac{d}{dx} + \frac{\pi}{L}\cot\frac{\pi x}{L} \right)f(x) \\
&= -\frac{\hbar^2}{2m}\left(\frac{d}{dx} - \frac{\pi}{L}\cot\frac{\pi x}{L} \right)\left(\frac{df(x)}{dx} + f(x)\frac{\pi}{L}\cot\frac{\pi x}{L} \right) \\
&= -\frac{\hbar^2}{2m}\left(\frac{d^2 f(x)}{dx^2} + \frac{df(x)}{dx}\frac{\pi}{L}\cot\frac{\pi x}{L} + f(x)\left(-\frac{\pi^2}{L^2 \sin^2\frac{\pi x}{L}} \right) \right. \\
&\qquad\left. - \frac{df(x)}{dx}\frac{\pi}{L}\cot\frac{\pi x}{L} - f(x)\frac{\pi^2}{L^2}\cot^2\frac{\pi x}{L} \right) \\
&= -\frac{\hbar^2}{2m}\left(\frac{d^2}{dx^2} - \frac{\pi^2}{L^2 \sin^2\frac{\pi x}{L}} - \frac{\pi^2}{L^2}\cot^2\frac{\pi x}{L} \right)f(x)
\end{aligned}$$
$$(5.141)$$

となりますが, $\cot^2 x = 1/\sin^2 x - 1$ を使えば,

$$\begin{aligned}
\mathcal{A}\mathcal{A}^\dagger &= -\frac{\hbar^2}{2m}\left(\frac{d^2}{dx^2} - \frac{2\pi^2}{L^2 \sin^2\frac{\pi x}{L}} + \frac{\pi^2}{L^2} \right) \\
&= -\frac{\hbar^2}{2m}\frac{d^2}{dx^2} + V(x) - \frac{\pi^2\hbar^2}{2mL^2}
\end{aligned}$$
$$(5.142)$$

が得られます. ∎

式 (5.137) の形で表せるだけなら, 「ああそうなんだ」で終わってしまうわけですが, この模型の場合はミラクルなことが起こります. $\mathcal{A}$ と $\mathcal{A}^\dagger$ を入れ替えてみると

$$\mathcal{A}^\dagger\mathcal{A} = -\frac{\hbar^2}{2m}\frac{d^2}{dx^2} - \frac{\pi^2\hbar}{2mL^2} \qquad (5.143)$$

となってなんとポテンシャル部分の x の依存性が消えてしまいます.

5.6 超対称量子力学 231

問 5.15.

式 (5.143) を確かめなさい.

ヒント 先ほどと同じ計算を繰り返します. 信じられないと思いますので,
ぜひ自分で確かめてみてください. ■

式 (5.143) は無限井戸型ポテンシャルに他なりません（井戸の外はそのまま
です）. したがって既に解けています. この 2 つは互いに**超対称パートナー**で
あるといって, 以下で見るようにお互いのエネルギー固有値と固有関数を厳密
に関係づけることができます. シュレーディンガー表現での 2 つのハミルトニ
アンを

$$\mathcal{H} := \mathcal{A}\mathcal{A}^\dagger + v_0 = -\frac{\hbar^2}{2m}\frac{d^2}{dx^2} + V(x)$$
$$\widetilde{\mathcal{H}} := \mathcal{A}^\dagger\mathcal{A} + v_0 = -\frac{\hbar^2}{2m}\frac{d^2}{dx^2} \tag{5.144}$$

としましょう. $v_0 = \pi^2\hbar/(2mL^2)$ としました. $\widetilde{\mathcal{H}}$ は無限井戸なので厳密に解
けています.

$$\widetilde{\mathcal{H}}\widetilde{\varphi}_n(x) = \widetilde{E}_n\widetilde{\varphi}_n(x) \quad (n = 0, 1, 2, \dots)$$
$$\widetilde{E}_n = \frac{\hbar^2}{2m}\left(\frac{(n+1)\pi}{L}\right)^2, \quad \widetilde{\varphi}_n(x) = \sqrt{\frac{2}{L}}\sin\frac{(n+1)\pi x}{L} \tag{5.145}$$

これが出発点です. 量子数 n が 4.3.1 項とは違って $n = 0$ から始まることに注
意してください. 調和振動子の議論を見習って $\mathcal{A}\widetilde{\varphi}_n(x)$ という関数を考えてみ
ます. ハミルトニアン $\mathcal{H}$ を作用させてみると

$$\mathcal{H}\mathcal{A}\widetilde{\varphi}_n = (\mathcal{A}\mathcal{A}^\dagger + v_0)\mathcal{A}\widetilde{\varphi}_n = \mathcal{A}\mathcal{A}^\dagger\mathcal{A}\widetilde{\varphi}_n + \mathcal{A}v_0\widetilde{\varphi}_n$$
$$= \mathcal{A}(\mathcal{A}^\dagger\mathcal{A} + v_0)\widetilde{\varphi}_n = \mathcal{A}\widetilde{\mathcal{H}}\widetilde{\varphi}_n$$
$$= \widetilde{E}_n\mathcal{A}\widetilde{\varphi}_n \tag{5.146}$$

となるので, $\mathcal{A}\widetilde{\varphi}_n(x)$ は $\mathcal{H}$ の固有値 $\widetilde{E}_n$ に対応する固有関数になっていること

232 第5章 進んだ話題

が分かります！これで問題はほぼ解けていますが，注意すべき点が1つだけあります．$\mathcal{A}\widetilde{\varphi}_n(x)$ がゼロになる可能性があることです．ゼロは固有関数とはみなせませんから，その場合を排除する必要があります．実際，$\mathcal{A}\widetilde{\varphi}_n(x)$ を計算してみると

$$\mathcal{A}\widetilde{\varphi}_n(x) \propto (n+1)\cos\frac{(n+1)\pi x}{L} - \cot\frac{\pi x}{L}\sin\frac{(n+1)\pi x}{L} \tag{5.147}$$

となりますが，$n=0$ のときだけ右辺は恒等的にゼロになります．したがって $\mathcal{A}\widetilde{\varphi}_0 = 0$ は固有関数ではありません．これは次のような理由からも納得できます．$\widetilde{E}_0$ と $V(x)$ の最小値 $V_{\min}$ を比較してみると

$$\widetilde{E}_0 = \frac{\pi^2\hbar^2}{2mL^2} \leq \frac{\pi^2\hbar^2}{mL^2} = V_{\min} \tag{5.148}$$

の大小関係がありますが，4.8節で述べたように，束縛状態のエネルギー固有値は必ずポテンシャルの最小値以上なので，$\widetilde{E}_0$ は $\mathcal{H}$ のエネルギー固有値ではありえません．

以上の考察により，$\mathcal{H}$ の固有値，固有関数は

$$\mathcal{H}\varphi_n(x) = E_n\varphi_n(x) \quad (n=1,2,3,\dots)$$
$$E_n = \widetilde{E}_n = \frac{\hbar^2}{2m}\left(\frac{(n+1)\pi}{L}\right)^2, \quad \varphi_n(x) \propto \mathcal{A}\widetilde{\varphi}_n(x) \tag{5.149}$$

で与えられることが分かりました．今度は $n=1$ から始まっていることに注意しましょう．例えば基底状態の固有値，固有関数は

$$E_1 = \frac{\hbar^2}{2m}\left(\frac{2\pi}{L}\right)^2, \quad \varphi_1(x) = C_1\sin^2\frac{\pi x}{L} \tag{5.150}$$

となります．C_1 は規格化定数です．

問 5.16.

$\varphi_n(x)$ が $\mathcal{H}$ の固有関数であるとき，$\mathcal{A}^\dagger\varphi_n(x)$ は $\widetilde{\mathcal{H}}$ の固有関数であることを確かめなさい．

ヒント 上の議論で $\mathcal{A} \leftrightarrow \mathcal{A}^\dagger, \widetilde{\varphi}_n \leftrightarrow \varphi_n, \widetilde{\mathcal{H}} \leftrightarrow \mathcal{H}$ と交換してください． ■

以上の具体例の成果を一般化しましょう．ハミルトニアンが（定数項を除いて）1 階の微分演算子で

$$\mathcal{H} = \mathcal{A}\mathcal{A}^\dagger \tag{5.151}$$

と書けたとします．このとき超対称パートナー

$$\widetilde{\mathcal{H}} = \mathcal{A}^\dagger \mathcal{A} \tag{5.152}$$

を計算してみて，解けるハミルトニアンなら $\mathcal{H}$ も解ける模型です．理想はそうなんですが，そうそう都合よくこのような隠れた構造があるわけではないので，現実的には既に知っている厳密に解ける模型から出発して超対称パートナーを見つけて解ける模型のバリエーションを増やすというルートにならざるをえません．

シュレーディンガー方程式の形になるためには微分演算子は一般に

$$\begin{aligned} \mathcal{A} &= -\frac{i\hbar}{\sqrt{2m}}\left(\frac{d}{dx} + \frac{1}{\hbar}W'(x)\right) \\ \mathcal{A}^\dagger &= -\frac{i\hbar}{\sqrt{2m}}\left(\frac{d}{dx} - \frac{1}{\hbar}W'(x)\right) \end{aligned} \tag{5.153}$$

の形をしています．実際，このときは

$$\begin{aligned} \mathcal{H} = \mathcal{A}\mathcal{A}^\dagger &= -\frac{\hbar^2}{2m}\frac{d^2}{dx^2} + \frac{1}{2m}W'(x)^2 + \frac{\hbar}{2m}W''(x) \\ \widetilde{\mathcal{H}} = \mathcal{A}^\dagger \mathcal{A} &= -\frac{\hbar^2}{2m}\frac{d^2}{dx^2} + \frac{1}{2m}W'(x)^2 - \frac{\hbar}{2m}W''(x) \end{aligned} \tag{5.154}$$

となります．$W(x)$ を**スーパーポテンシャル**といいます．与えられたポテンシャルに対して，スーパーポテンシャル（の導関数）が知りたいわけですが，解ける模型から出発する場合は基底状態の固有関数から構成できます．$\widetilde{\mathcal{H}}$ が解ける模型として，その基底状態の固有関数を $\widetilde{\varphi}_0(x)$ とすると，スーパーポテンシャルは

$$W(x) = -\hbar \log \widetilde{\varphi}_0(x), \quad W'(x) = -\hbar \frac{\widetilde{\varphi}_0'(x)}{\widetilde{\varphi}_0(x)} \tag{5.155}$$

234　第5章　進んだ話題

で与えられます．このスーパーポテンシャルを式 (5.154) に代入すれば新たな
模型 $\mathcal{H}$ が得られます．無限井戸の基底状態に対してやってみると

$$\widetilde{\varphi}_0(x) = \sqrt{\frac{2}{L}} \sin \frac{\pi x}{L} \implies W'(x) = -\frac{\pi \hbar}{L} \cot \frac{\pi x}{L} \qquad (5.156)$$

となって，確かに式 (5.138) を再現します．

　調和振動子の場合は生成・消滅演算子 $\hat{a}^\dagger$, $\hat{a}$ が $\mathcal{A}^\dagger$, $\mathcal{A}$ の働きをしますが，こ
の場合は $[\hat{a}, \hat{a}^\dagger] = 1$ という交換関係のために，$\mathcal{H}$ も $\widetilde{\mathcal{H}}$ もどちらも調和振動子
のハミルトニアンになっていて上のケースに当てはまりません．調和振動子の
問題を解きたいのに調和振動子の問題にマップされてしまい先ほどの方法が使
えません．しかしこの場合は**形状不変性**という追加のナイスな性質があるため
に解けます．つまり，両方が解ける模型かどうか分からない場合でも，形状不
変性があれば解くことができます．実はここで取り上げた $1/\sin^2$ 型のポテン
シャルも形状不変性を持っているため無限井戸型ポテンシャルの解を知らなく
ても解けます．超対称量子力学の真価は形状不変性を持った模型で発揮される
と言えます．水素原子のエネルギー固有値の問題でも形状不変性の構造があり
ます．詳しくは文献 [22] を参照してください．

5.7 $\mathcal{PT}$ 対称性 —— 非エルミート量子力学の紹介

　この節では物性物理学や数理物理学で近年活発に研究されている $\mathcal{PT}$ 対称
性を持つ量子力学模型について基本事項を解説します[†13]．$\mathcal{PT}$ 対称性の $\mathcal{P}$ は空
間反転 (Parity)，$\mathcal{T}$ は時間反転 (Time-reversal) のことです．系がこれらを合
わせた変換の下で不変であるとき，$\mathcal{PT}$ 対称性があるといいます．

　これから考えるのはハミルトニアンがエルミート演算子ではない状況です．
ハミルトニアンも物理量ですから，量子力学のルールに従えばエルミート演算
子のはずで，これは一見すると荒唐無稽な設定に思えます．しかし，例外があ
ることにも既に言及しています．それは量子系が開いている場合です．開いた

[†13] この節の内容は主に文献 [23] を参考にしました．

量子系では時間発展は非ユニタリなので系のハミルトニアンは非エルミートと考えられます．つまり非エルミート量子力学は開いた量子系と密接に関係しています．より大きな閉じた全体系から出発して，開いた部分系に着目することで非エルミートなハミルトニアンが現れたと考えるのは自然ではないでしょうか？5.5 節で見た共鳴状態も粒子が無限遠方（外部系）に逃れられるという意味で開いた系に対応しているので実は非エルミートな模型の例になっています．複素エネルギー固有値がその現れです．ハミルトニアンの見た目はエルミートですが，演算子のドメインまで考えると非エルミートであると結論付けられます．$\mathcal{PT}$ 対称な模型の場合は見た目の段階で明らかに非エルミートなものが容易に作れます．そして近年になって，実効的に $\mathcal{PT}$ 対称性を持つような光学系実験が実現されたため[†14]，単なる理論的な研究だけにとどまらず，実験分野の研究者にとっても興味を持たれる話題となっています．

$\mathcal{PT}$ 対称性の不思議な性質の 1 つはハミルトニアンがあからさまに非エルミートであるにもかかわらず，固有値は基本的にすべて実数です[†15]．エルミート演算子の固有値は必ず実数ですが，その逆の固有値がすべて実数である演算子は必ずエルミートであるという主張は成り立ちません．$\mathcal{PT}$ 対称な模型がその反例を与えます．

5.7.1 量子力学における対称性

$\mathcal{PT}$ 対称性に入る前に，これまできちんと議論してこなかった対称性について考えます．対称性とは変換に対する不変性のことです．例えば系に並進対称性があるときは，平行移動という変換を行っても物理法則は不変です．量子力学（のシュレーディンガー表示）で対称性を考えるときは，状態ベクトルが変換を受けると考えます．今 $\hat{S}$ という変換の下で状態ベクトルが $|\psi(t)\rangle$ から $|\psi'(t)\rangle$ に変わったとします．ここでは簡単のために時間パラメータ t は変換の下で変更を受けないと仮定します．このような変換の具体例は並進や回転やこれから

[†14] 例えば A. Guo et al., *"Observation of $\mathcal{PT}$-Symmetry Breaking in Complex Optical Potentials,"* Phys. Rev. Lett. **103** (2009) 093902.

[†15] $\mathcal{PT}$ 対称性が破れている場合は固有値は複素数になります．

236 第 5 章 進んだ話題

見る空間反転です. この仮定は時間反転に対しては満たされないので, この場合は後で改めて考察します. 式で書けば

$$|\psi(t)\rangle \to |\psi'(t)\rangle = \hat{S}|\psi(t)\rangle \tag{5.157}$$

です. 変換前の状態がシュレーディンガー方程式

$$i\hbar\frac{d}{dt}|\psi(t)\rangle = \hat{H}|\psi(t)\rangle \tag{5.158}$$

を満たすとき, 変換後の状態 $|\psi'(t)\rangle$ も同じシュレーディンガー方程式を満たせば同じ物理法則を満たすと言えるので, そのための変換 $\hat{S}$ の条件を考えます. $\hat{S}$ は時間に依存しないと仮定しています.

$$\begin{aligned}
i\hbar\frac{d}{dt}|\psi'(t)\rangle = i\hbar\frac{d}{dt}\hat{S}|\psi(t)\rangle &= \hat{S}\cdot i\hbar\frac{d}{dt}|\psi(t)\rangle = \hat{S}\hat{H}|\psi(t)\rangle \\
&= \hat{S}\hat{H}\hat{S}^{-1}\cdot\hat{S}|\psi(t)\rangle \\
&= \hat{S}\hat{H}\hat{S}^{-1}|\psi'(t)\rangle \tag{5.159}
\end{aligned}$$

したがって $|\psi'(t)\rangle$ は新たなハミルトニアン $\hat{H}' := \hat{S}\hat{H}\hat{S}^{-1}$ で記述されるシュレーディンガー方程式に従って時間発展します. $\hat{H}'$ がエルミートであることと $|\psi'(t)\rangle$ が状態ベクトルであることを要請すると, $\hat{S}$ はユニタリになります (時間反転はそもそもの前提条件を満たしていないことに注意してください). もちろん一般には

$$\hat{H}' \neq \hat{H} \tag{5.160}$$

ですが,

$$\hat{S}\hat{H}\hat{S}^{-1} = \hat{H} \tag{5.161}$$

であれば, $|\psi'(t)\rangle$ も元のハミルトニアン $\hat{H}$ に対するシュレーディンガー方程式を満たします. この式はさらに

$$[\hat{S}, \hat{H}] = 0 \tag{5.162}$$

5.7 $\mathcal{PT}$ 対称性 — 非エルミート量子力学の紹介 **237**

とも書けるので，考えている変換がハミルトニアンと可換であれば，シュレーディンガー方程式は不変に保たれます．このとき，（その変換に対する）対称性があるといいます．

5.7.2 空間反転と時間反転

次に，空間反転 $\mathcal{P}$ と時間反転 $\mathcal{T}$ を見てみましょう．特に時間反転は量子力学では特殊な変換になっているため要注意です．空間反転とは座標 x を $-x$ に変える操作で，量子力学では

$$\mathcal{P}|x\rangle = |-x\rangle \tag{5.163}$$

となる演算子 $\mathcal{P}$ として導入されます．まず

$$\langle x'|\mathcal{P}^\dagger\mathcal{P}|x\rangle = \langle -x'|-x\rangle = \delta(-x'+x) = \delta(x'-x) = \langle x'|x\rangle \tag{5.164}$$

より $\mathcal{P}$ はユニタリです．さらに $\mathcal{P}^2|x\rangle = \mathcal{P}|-x\rangle = |x\rangle$ より $\mathcal{P}^2 = \hat{I}$ です．

問 5.17.

$\mathcal{P}$ の固有値は 1 または -1 であることを示しなさい．

解 もちろん $\mathcal{P}^2 = \hat{I}$ を使います．$\mathcal{P}|\lambda\rangle = \lambda|\lambda\rangle$ とすると

$$|\lambda\rangle = \mathcal{P}^2|\lambda\rangle = \mathcal{P}\lambda|\lambda\rangle = \lambda^2|\lambda\rangle \tag{5.165}$$

となり，左から $\langle\lambda|$ を作用させれば $\lambda^2 = 1$ が得られます．$\mathcal{P}$ の固有値のことを**パリティ**といいます． ∎

さらに

$$\begin{aligned}
\hat{x}\mathcal{P}|x\rangle &= \hat{x}|-x\rangle = -x|-x\rangle \\
\mathcal{P}\hat{x}|x\rangle &= x\mathcal{P}|x\rangle = x|-x\rangle
\end{aligned} \tag{5.166}$$

より

238　第 5 章　進んだ話題

$$\mathcal{P}\hat{x}\mathcal{P}^{-1} = -\hat{x} \tag{5.167}$$

が得られます.

　次に運動量の変換性を見ます. 古典力学で考えれば座標を反転させれば運動量も符号を変えるので, 量子力学でも運動量演算子が $\hat{p} \to -\hat{p}$ に変わると予想できます. これを具体的に見るには並進演算子 $\hat{T}(\epsilon)$ を考えます.

$$\mathcal{P}\hat{T}(\epsilon)|x\rangle = \mathcal{P}|x+\epsilon\rangle = |-x-\epsilon\rangle = \hat{T}(-\epsilon)|-x\rangle = \hat{T}(-\epsilon)\mathcal{P}|x\rangle$$

より, $\mathcal{P}\hat{T}(\epsilon) = \hat{T}(-\epsilon)\mathcal{P}$ であることが分かります. 並進してから反転させるのと反転させてから逆向きに並進するのが同じ操作という当たり前のことを言ってるだけです. 微小な並進に対しては式 (3.39) が使えるので

$$\mathcal{P}\hat{p}\mathcal{P}^{-1} = -\hat{p} \tag{5.168}$$

となって期待通りの結果が得られます.

　空間反転を使って 4.8 節で保留にしていた宿題に答えます.

問 5.18.

ポテンシャルが $V(-x) = V(x)$ を満たすとき, エネルギー固有関数は偶関数か奇関数のどちらかであることを示しなさい.

解　$\mathcal{P}\hat{p}\mathcal{P}^{-1} = -\hat{p}$ より $\mathcal{P}\hat{p}^2\mathcal{P}^{-1} = \hat{p}^2$ となるので運動エネルギーの部分は空間反転に対して不変です. 前提条件よりポテンシャルも空間反転に対して不変なので, ハミルトニアンも不変, つまり $\mathcal{P}$ と $\hat{H}$ は可換になります. このとき $\mathcal{P}$ と $\hat{H}$ の同時固有状態が存在しますが, 既に示したように $\mathcal{P}$ の固有値は ± 1 のどちらかです. 位置表示で見たときに, 固有値 $+1$ に対応するのが偶関数で, -1 に対応するのが奇関数です. ■

　次は時間反転 $\mathcal{T}$ を見ていきましょう[16]. 時間反転とは時間のパラメータ t

---

[16] 時間反転対称性については文献 [2] に詳しい解説があります.

5.7 $\mathcal{PT}$ 対称性 —— 非エルミート量子力学の紹介 **239**

を $t' = -t$ に写す変換です. 時間反転の下では状態は

$$|\psi(t)\rangle \quad \rightarrow \quad |\psi'(t')\rangle = \mathcal{T}|\psi(t)\rangle \tag{5.169}$$

と変換されます. 空間反転の場合と違って変換後の状態は新たな時間 t' をパラメータとして持つことに注意してください. $t' = -t$ なので

$$|\psi'(t)\rangle = \mathcal{T}|\psi(-t)\rangle \tag{5.170}$$

とも書けます. シュレーディンガー方程式

$$i\hbar\frac{d}{dt}|\psi(t)\rangle = \hat{H}|\psi(t)\rangle \tag{5.171}$$

を考えます. t を $-t$ に置き換えると

$$i\hbar\frac{d}{d(-t)}|\psi(-t)\rangle = \hat{H}|\psi(-t)\rangle \tag{5.172}$$

となりますが, これは元のシュレーディンガー方程式とは左辺の符号だけずれています. つまり, $|\psi(-t)\rangle$ は元のシュレーディンガー方程式は満たしません. $|\psi(-t)\rangle = \mathcal{T}^{-1}|\psi'(t)\rangle$ を代入すると

$$-i\hbar\frac{d}{dt}\mathcal{T}^{-1}|\psi'(t)\rangle = \hat{H}\mathcal{T}^{-1}|\psi'(t)\rangle \tag{5.173}$$

となり, さらに左から $\mathcal{T}$ を作用させると

$$\mathcal{T}(-i\hbar)\mathcal{T}^{-1}\frac{d}{dt}|\psi'(t)\rangle = \mathcal{T}\hat{H}\mathcal{T}^{-1}|\psi'(t)\rangle \tag{5.174}$$

となります. ここで単に対称性の要請 $\mathcal{T}\hat{H}\mathcal{T}^{-1} = \hat{H}$ を課すだけだと, 左辺のマイナスが消えないためにやはり $|\psi'(t)\rangle$ は元のシュレーディンガー方程式を満たしません. しかし, もし追加で

$$\mathcal{T}i\mathcal{T}^{-1} = -i \tag{5.175}$$

という変換性を要求したとすると, $|\psi'(t)\rangle$ は $|\psi(t)\rangle$ と同じシュレーディンガー方程式を満たします. 式 (5.175) はこれまで考えてきたユニタリ演算子では決

240 第 5 章 進んだ話題

して成り立たないので新しいクラスの演算子です. この性質（とノルムの不変性）を満たす演算子を**反ユニタリ演算子**といいます. つまり時間反転 $\mathcal{T}$ は反ユニタリ演算子です. 式 (5.175) が意味するところは $\mathcal{T}$ より右にある数が $\mathcal{T}$ を超えて左にすり抜けると複素共役に変わるということです.

$$\mathcal{T}(c_1|\psi_1\rangle + c_2|\psi_2\rangle + \cdots) = c_1^* \mathcal{T}|\psi_1\rangle + c_2^* \mathcal{T}|\psi_2\rangle + \cdots \tag{5.176}$$

このような性質は**反線形性**と呼ばれます.

位置表示で同じことを考えてみましょう. シュレーディンガー方程式は

$$i\hbar\frac{\partial}{\partial t}\psi(x,t) = \left(-\frac{\hbar^2}{2m}\frac{\partial^2}{\partial x^2} + V(x)\right)\psi(x,t) \tag{5.177}$$

です. $t \to -t$ とすると

$$-i\hbar\frac{\partial}{\partial t}\psi(x,-t) = \left(-\frac{\hbar^2}{2m}\frac{\partial^2}{\partial x^2} + V(x)\right)\psi(x,-t) \tag{5.178}$$

となってやはり $\psi(x,-t)$ はシュレーディンガー方程式を満たしません. しかし両辺の複素共役を取ると

$$i\hbar\frac{\partial}{\partial t}\psi^*(x,-t) = \left(-\frac{\hbar^2}{2m}\frac{\partial^2}{\partial x^2} + V(x)\right)\psi^*(x,-t) \tag{5.179}$$

となって, $\psi^*(x,-t)$ はシュレーディンガー方程式を満たします. したがって時間反転の下では波動関数は

$$\psi(x,t) \quad \to \quad \psi^*(x,-t) \tag{5.180}$$

と変換されます. 複素共役を取らないといけません. これは反線形変換 (5.175) と対応しています.

時間反転の下では空間座標は変更を受けず, 運動量は符号を変えるので

$$\mathcal{T}\hat{x}\mathcal{T}^{-1} = \hat{x}, \quad \mathcal{T}\hat{p}\mathcal{T}^{-1} = -\hat{p} \tag{5.181}$$

であることが示されます. この変換則が正準交換関係と矛盾していないことを

確かめてみます。$[\hat{x}, \hat{p}] = i\hbar$ に両側から $\mathcal{T}$ と $\mathcal{T}^{-1}$ を作用させると左辺は

$$\mathcal{T}[\hat{x}, \hat{p}]\mathcal{T}^{-1} = \mathcal{T}\hat{x}\mathcal{T}^{-1} \cdot \mathcal{T}\hat{p}\mathcal{T}^{-1} - \mathcal{T}\hat{p}\mathcal{T}^{-1} \cdot \mathcal{T}\hat{x}\mathcal{T}^{-1}$$
$$= \hat{x}(-\hat{p}) - (-\hat{p})\hat{x} = -[\hat{x}, \hat{p}] \tag{5.182}$$

となります。一方、右辺は

$$\mathcal{T}(i\hbar)\mathcal{T}^{-1} = -i\hbar \tag{5.183}$$

となるので正準交換関係は $\mathcal{T}$ 変換の下で不変であることが分かります。逆に反線形性 (5.175) がないと正準交換関係は不変に保たれません。

ここまで出てきた変換性をまとめると次のようになります。

空間反転　　$\mathcal{P}\hat{x}\mathcal{P}^{-1} = -\hat{x}$　　$\mathcal{P}\hat{p}\mathcal{P}^{-1} = -\hat{p}$　　$\mathcal{P}i\mathcal{P}^{-1} = i$

時間反転　　$\mathcal{T}\hat{x}\mathcal{T}^{-1} = \hat{x}$　　　$\mathcal{T}\hat{p}\mathcal{T}^{-1} = -\hat{p}$　　$\mathcal{T}i\mathcal{T}^{-1} = -i$

$\mathcal{PT}$ 対称性を持つ模型とは $\mathcal{P}$ 変換と $\mathcal{T}$ 変換を合わせた $\mathcal{PT}$ 変換とハミルトニアンが可換であるような模型に他なりません。

$$[\mathcal{PT}, \hat{H}] = 0 \tag{5.184}$$

ここで $\mathcal{P}$ 単独、$\mathcal{T}$ 単独では $\hat{H}$ と可換である必要はないことに注意してください。あくまでも $\mathcal{PT}$ と $\hat{H}$ が可換であるという意味です。

問 5.19.

$\mathcal{PT}$ 変換の下での $\hat{x}, \hat{p}, i$ の変換性を求めなさい。

解　上の結果を合成してください。

$$(\mathcal{PT})\hat{x}(\mathcal{PT})^{-1} = -\hat{x}, \quad (\mathcal{PT})\hat{p}(\mathcal{PT})^{-1} = \hat{p}, \quad (\mathcal{PT})i(\mathcal{PT})^{-1} = -i \tag{5.185}$$

したがって、$\mathcal{PT}$ 変換も反ユニタリです。　　■

242 第 5 章 進んだ話題

5.7.3 なぜ固有値が実数なのか

$\mathcal{PT}$ 対称性があるとき $\mathcal{PT}$ がハミルトニアンと可換なので,「2 つの演算子が可換であれば同時固有状態が存在する」という事実がすぐに思い浮かびますが,実は片方が反ユニタリ演算子のときはこの定理は一般に成り立ちません. しかし成り立つときもあります. ここでは $\mathcal{PT}$ と $\hat{H}$ が同時固有状態を持つとき, エネルギー固有値は必ず実数となることを示します. このような場合を「$\mathcal{PT}$ 対称性が破れていない」といいます. 一方, $\mathcal{PT}$ 対称性破れているときは同時固有状態は存在せず, エネルギー固有値は複素数になります.

証明:同時固有状態を $|E, \lambda\rangle$ とします.

$$\hat{H}|E, \lambda\rangle = E|E, \lambda\rangle, \quad \mathcal{PT}|E, \lambda\rangle = \lambda|E, \lambda\rangle \tag{5.186}$$

が出発点です. このとき $\mathcal{PT}$ が反ユニタリであることに注意すると

$$\mathcal{PT}\hat{H}|E, \lambda\rangle = \mathcal{PT}E|E, \lambda\rangle = E^*\mathcal{PT}|E, \lambda\rangle = E^*\lambda|E, \lambda\rangle$$
$$\hat{H}\mathcal{PT}|E, \lambda\rangle = \hat{H}\lambda|E, \lambda\rangle = \lambda\hat{H}|E, \lambda\rangle = \lambda E|E, \lambda\rangle \tag{5.187}$$

となります. $\mathcal{PT}$ と $\hat{H}$ は可換なので $\lambda E^* = \lambda E$ が得られます. また $(\mathcal{PT})^2 = \hat{I}$ なので

$$|E, \lambda\rangle = (\mathcal{PT})^2|E, \lambda\rangle = \mathcal{PT}\lambda|E, \lambda\rangle = \lambda^*\mathcal{PT}|E, \lambda\rangle = |\lambda|^2|E, \lambda\rangle \tag{5.188}$$

より $|\lambda|^2 = 1$ が得られます. つまり λ はゼロではないので, $E^* = E$ が示されました. ■

5.7.4 $\mathcal{PT}$ 対称な模型

$\mathcal{PT}$ 対称性を持つ模型の具体的な例を見てみましょう. まず運動エネルギーの項は明らかに $\mathcal{PT}$ 対称です. なぜなら $\hat{p}$ 自体が $\mathcal{PT}$ 変換で不変だからです. 次にポテンシャルについて考えます. 式 (5.185) から分かるように $\hat{x}$ は $\mathcal{PT}$ 変換で符号を変えるために, $\hat{x}$ の偶関数は $\mathcal{PT}$ 不変ですが, 奇関数は符号が変わります. しかし, i という因子を掛けてやれば反ユニタリ性のために, 符号が

5.7 $\mathcal{PT}$ 対称性 — 非エルミート量子力学の紹介　243

ちょうどキャンセルされて $\mathcal{PT}$ 対称となります．このときエルミート性は一般に破れます．したがって，$F(x)$ を実数値関数としたとき，

$$V(x) = F(ix) \tag{5.189}$$

という形のポテンシャルは常に $\mathcal{PT}$ 対称だということが分かります．つまり $\mathcal{PT}$ 対称な模型は連続無限個あり，容易に構成できます．

以下では $\hbar = 1, 2m = 1$ となる単位系で考えます†17．そうするとハミルトニアンは

$$\hat{H} = \hat{p}^2 + V(\hat{x}), \quad [\hat{x}, \hat{p}] = i \tag{5.190}$$

となります．非常に簡単な $\mathcal{PT}$ 対称な模型として調和振動子に1次の補正項を加えた

$$\hat{H} = \hat{p}^2 + \hat{x}^2 + ig\hat{x} \quad (g \in \mathbb{R}) \tag{5.191}$$

というハミルトニアンを考えてみます．ここで角振動数の単位も $\omega = 2$ となるように選びました．g が実数なので明らかに $\mathcal{PT}$ 対称です．定常状態のシュレーディンガー方程式は

$$\left(-\frac{d^2}{dx^2} + x^2 + igx\right)\varphi(x) = E\varphi(x) \tag{5.192}$$

となります．この模型は厳密に解ける例になっています．まずポテンシャルを平方完成させます．

$$\left(-\frac{d^2}{dx^2} + \left(x + \frac{ig}{2}\right)^2 + \frac{g^2}{4}\right)\varphi(x) = E\varphi(x) \tag{5.193}$$

---

†17 これはどういう意味かと言うと，質量の基本単位を $2m$ に，角運動量の基本単位を $\hbar$ に取るということです（プランク定数の次元が角運動量の次元と同じであることを思い出しましょう）．例えばこの単位系で質量が4というのは元の単位系では $8m$ に対応します．無次元化した質量 $M/(2m)$ や角運動量 $\bar{L}/\hbar$ で物事を考えることに相当します．次元解析を使えば，元の単位系に戻ってこれます．これまでやってきた無次元化の作業とほとんど同じです．最後の次元解析が少し面倒ですが，途中の式が劇的に簡単になるのでよく使われます．

244 第 5 章 進んだ話題

$X = x + ig/2$ と置くと

$$\left(-\frac{d^2}{dX^2} + X^2 \right)\varphi(X) = \left(E - \frac{g^2}{4} \right)\varphi(X) \tag{5.194}$$

これは調和振動子のシュレーディンガー方程式そのものなので既に解けています．4.5 節の結果で $\hbar = 1, 2m = 1, \omega = 2$ としてください．エネルギー固有値と固有関数は

$$E_n - \frac{g^2}{4} = 2\left(n + \frac{1}{2} \right), \quad \varphi_n(X) = A_n H_n(X)e^{-\frac{X^2}{2}} \tag{5.195}$$

となります．元の x に戻すと

$$E_n = 2n + 1 + \frac{g^2}{4}, \quad \varphi_n(x) = A_n H_n\left(x + \frac{ig}{2} \right)e^{-\frac{1}{2}(x+\frac{ig}{2})^2} \tag{5.196}$$

が得られます．エネルギー固有値は確かにすべて実数です．また固有関数も自乗可積分関数のままなのでヒルベルト空間の元になっています．

先ほどの例は簡単すぎましたが，もう少し非自明な例として

$$\hat{H} = \hat{p}^2 + i\hat{x}^3 \tag{5.197}$$

というハミルトニアンを考えてみましょう．虚数因子がないただの x^3 ポテンシャルは最小値を持たないので明らかに束縛状態を持ちませんが，虚数因子を掛けることで $\mathcal{PT}$ 対称になり，さらに固有関数が自乗可積分である実のエネルギー固有値が存在します．

この項の残りでこの模型の固有値をどう計算するかを教育的観点から説明します．基本方針は 3.6.1 項で見たように正規直交基底を自分で選んでハミルトニアンの行列表示を計算します．どのような正規直交基底を選ぶのがベストかは全く非自明ですが，ここでは調和振動子 $\hat{H}_0 = \hat{p}^2 + \hat{x}^2$ の固有状態を取ることにします．計算が簡単だからという理由もありますが，1 番の理由はこれまで学んだことを活かせるからです．$\hat{H}_0$ の固有状態を $|n\rangle$ とします．今の単位系では

$$\hat{H}_0|n\rangle = (2n + 1)|n\rangle, \quad \langle m|n\rangle = \delta_{mn} \tag{5.198}$$

5.7 $\mathcal{PT}$ 対称性 —— 非エルミート量子力学の紹介 **245**

です. 目標は行列表示の成分

$$H_{mn} = \langle m|\hat{H}|n\rangle = \langle m|\hat{p}^2|n\rangle + i\langle m|\hat{x}^3|n\rangle \quad (m, n = 0, 1, 2, \dots) \quad (5.199)$$

を解析的に計算することです. 生成・消滅演算子を使えばすべて代数的に計算できます. まず $\hat{H}_0|n\rangle = (\hat{p}^2 + \hat{x}^2)|n\rangle = (2n+1)|n\rangle$ より

$$\langle m|\hat{p}^2|n\rangle = (2n+1)\delta_{mn} - \langle m|\hat{x}^2|n\rangle \quad (5.200)$$

なので $\hat{x}^2$ と $\hat{x}^3$ の行列成分を計算すればよいことが分かります. こう書き換えておくことで $\hat{x}^3$ の計算の途中に出てくる結果が使えるので少しだけ効率が良くなります. 位置演算子と運動量演算子は

$$\hat{x} = \frac{1}{\sqrt{2}}(\hat{a}^\dagger + \hat{a}), \quad \hat{p} = \frac{i}{\sqrt{2}}(\hat{a}^\dagger - \hat{a}) \quad (5.201)$$

で与えられます. 生成・消滅演算子の作用は

$$\hat{a}^\dagger|n\rangle = \sqrt{n+1}|n+1\rangle, \quad \hat{a}|n\rangle = \sqrt{n}|n-1\rangle \quad (5.202)$$

でした. これらを使って頑張って計算していきます. まず

$$\hat{x}|n\rangle = \frac{1}{\sqrt{2}}(\hat{a}^\dagger + \hat{a})|n\rangle = \frac{1}{\sqrt{2}}\left(\sqrt{n+1}|n+1\rangle + \sqrt{n}|n-1\rangle\right) \quad (5.203)$$

となるので

$$\begin{aligned}
\hat{x}^2|n\rangle &= \frac{1}{2}(\hat{a}^\dagger + \hat{a})\left(\sqrt{n+1}|n+1\rangle + \sqrt{n}|n-1\rangle\right) \\
&= \frac{1}{2}\left\{\sqrt{(n+1)(n+2)}|n+2\rangle + (2n+1)|n\rangle + \sqrt{n(n-1)}|n-2\rangle\right\}
\end{aligned} \quad (5.204)$$

が得られます. もう 1 回 $\hat{x}$ を作用させれば終了です.

$$\begin{aligned}
\hat{x}^3|n\rangle &= \frac{1}{2}(\hat{a}^\dagger + \hat{a})\hat{x}^2|n\rangle \\
&= \frac{1}{2\sqrt{2}}\Big\{\sqrt{(n+1)(n+2)(n+3)}|n+3\rangle + 3(n+1)^{3/2}|n+1\rangle \\
&\qquad + 3n^{3/2}|n-1\rangle + \sqrt{n(n-1)(n-2)}|n-3\rangle\Big\}
\end{aligned} \quad (5.205)$$

246　第5章　進んだ話題

となります．したがって

$$\langle m|\hat{x}^2|n\rangle = \frac{1}{2}\Big\{\sqrt{(n+1)(n+2)}\delta_{m,n+2} + (2n+1)\delta_{m,n}$$
$$+ \sqrt{n(n-1)}\delta_{m,n-2}\Big\},$$

$$\langle m|\hat{x}^3|n\rangle = \frac{1}{2\sqrt{2}}\Big\{\sqrt{(n+1)(n+2)(n+3)}\delta_{m,n+3} + 3(n+1)^{3/2}\delta_{m,n+1}$$
$$+ 3n^{3/2}\delta_{m,n-1} + \sqrt{n(n-1)(n-2)}\delta_{m,n-3}\Big\} \tag{5.206}$$

と計算できます．$\hat{x}^2$ の式から運動エネルギーの項の行列成分が

$$\langle m|\hat{p}^2|n\rangle = \frac{1}{2}\Big\{(2n+1)\delta_{m,n} - \sqrt{(n+1)(n+2)}\delta_{m,n+2} \tag{5.207}$$
$$- \sqrt{n(n-1)}\delta_{m,n-2}\Big\}$$

となることも分かります．これらを使えば $\hat{H} = \hat{p}^2 + i\hat{x}^3$ の行列成分が計算できます．H_{mn} を成分とする表現行列 H を具体的に計算してみると

$$H = \frac{1}{2\sqrt{2}}\begin{pmatrix}
\sqrt{2} & 3i & -2 & \sqrt{6}i & 0 & \cdots \\
3i & 3\sqrt{2} & 6\sqrt{2}i & -2\sqrt{3} & 2\sqrt{6}i & \cdots \\
-2 & 6\sqrt{2}i & 5\sqrt{2} & 9\sqrt{3}i & -2\sqrt{6} & \cdots \\
\sqrt{6}i & -2\sqrt{3} & 9\sqrt{3}i & 7\sqrt{2} & 24i & \cdots \\
0 & 2\sqrt{6}i & -2\sqrt{6} & 24i & 9\sqrt{2} & \cdots \\
\vdots & \vdots & \vdots & \vdots & \vdots & \ddots
\end{pmatrix} \tag{5.208}$$

となります．もちろん無限に続く行列であり，さらに $H^\dagger \neq H$ であることが確かめられます．あとはこの行列を有限サイズ M で打ち切って固有値を評価すれば $\hat{H}$ の固有値の近似値が得られます．$M = 200$ としたときの具体的な値が表 5.2 です．M を少し変化させたときの固有値の安定な桁を見ることで真の値（$M \to \infty$ での収束値）にどれくらい収束しているかを見積もれます．もっと精度を高めたい場合は $M \to \infty$ に外挿した方がよいです．表中に示した桁数に関しては真の値と同じになっています．

5.7 $\mathcal{PT}$ 対称性 —— 非エルミート量子力学の紹介 **247**

表 5.2 $\mathcal{PT}$ 対称なハミルトニアン $\hat{H} = \hat{p}^2 + i\hat{x}^3$ のエネルギー固有値. ハミルトニアンが非エルミートにもかかわらず $\mathcal{PT}$ 対称性のために固有値はすべて実数となります. 調和振動子の固有状態を基底に選んで H_{mn} を成分に持つ有限サイズの行列を作り, その固有値を求めています. 行列のサイズは 200×200 にしました.

n	E_n	n	E_n
0	1.156267072	6	23.76674044
1	4.109228753	7	28.21752497
2	7.562273855	8	32.78908278
3	11.31442182	9	37.46982536
4	15.29155375	10	42.25040522
5	19.45152913	11	47.12310557

エネルギー固有値が実数であることは分かりましたが, 固有関数は非エルミート性を反映してこれまでと違う結果になります. 固有状態を $|E\rangle$ として

$$|E\rangle = \sum_{n=0}^{\infty} c_n |n\rangle \tag{5.209}$$

と展開すると $\hat{H}|E\rangle = E|E\rangle$ より

$$\sum_{n=0}^{\infty} H_{mn} c_n = E c_m \tag{5.210}$$

なので表現行列 H の固有ベクトルは $(c_0, c_1, c_2, \cdots)^T$ であり, 展開係数そのものです. したがって固有関数はこの固有ベクトルを重み係数として調和振動子の固有関数を重ね合わせれば得られます. このようにして作った固有関数 $\varphi_n(x)$ は普通の内積の意味では直交していません. つまり

$$\int_{-\infty}^{\infty} dx\, \varphi_m^*(x) \varphi_n(x) \neq 0 \tag{5.211}$$

なので固有関数は正規直交性を満たしません. 一方, 次のような積分の意味では直交しています.

$$\int_{-\infty}^{\infty} dx\, \varphi_m^*(-x) \varphi_n(x) = 0 \quad (m \neq n) \tag{5.212}$$

したがって, この積分に関して規格化してやれば一応正規直交性は満たされま

248　第 5 章　進んだ話題

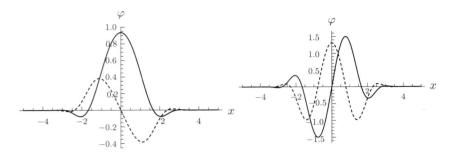

図 5.11 $\mathcal{PT}$ 対称なハミルトニアン $\hat{H} = \hat{p}^2 + i\hat{x}^3$ の基底状態と第 1 励起状態の固有関数．固有関数は複素数に値を取るので実部と虚部に分けました．非エルミートな演算子にもかかわらず自乗可積分な固有関数が存在します．ただし普通の内積の意味での直交性は成り立ちません．

す．定常状態では $\mathcal{T}$ 変換は単なる複素共役を取るだけなので，$\mathcal{PT}$ 変換を使って $\varphi_m^*(-x) = \langle x|\mathcal{PT}|E_m\rangle$ と書くこともできます．内積 (5.212) の左辺の意味で規格化した固有関数を図 5.11 に示しました．固有関数 $\varphi_n(x)$ は複素数に値を持つので実部と虚部を示しました．一般の $\mathcal{PT}$ 対称性を持つ模型でどのように内積を定義するべきかは非自明であり，未だに結論は出ていないようです．文献 [23, 24] に議論があります．

$\mathcal{PT}$ 対称性の原論文[18] では，もっと一般的なハミルトニアン

$$\hat{H} = \hat{p}^2 - (i\hat{x})^N \qquad (5.213)$$

の固有値を調べています．$N = 2$ が調和振動子で，$N = 3$ が先ほどの例です．$N \geq 2$ のときは $\mathcal{PT}$ 対称性のために，やはりすべての固有値が実数になります．一方，$N < 2$ のときは複素数の固有値も現れます．このとき $\mathcal{PT}$ 対称性は破れていると考えられます．N を色々と変化させたときの固有値の様子は図 5.12 のようになります．

---

[18] C. M. Bender and S. Boettcher, "*Real Spectra in Non-Hermitian Hamiltonians Having $\mathcal{PT}$ Symmetry*," Phys. Rev. Lett. **80** (1998) 5243–5246.

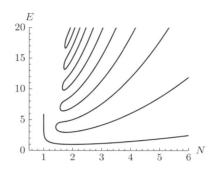

図 5.12 $\mathcal{PT}$ 対称なハミルトニアン $\hat{H} = \hat{p}^2 - (i\hat{x})^N$ の固有値の様子. $N \geq 2$ のときは無限個の, $1 < N < 2$ のときは有限個の実数の固有値が存在します. 一方, $N < 1$ のときは実数の固有値は 1 つも存在しなくなります. このような振る舞いは $\mathcal{PT}$ 対称性の破れと関係しています. 文献 [23] の §2.7 を参考に固有値を求めています.

$N \geq 4$ のときはシュレーディンガー方程式の独立変数 x の定義域を複素領域まで拡張する必要があるので問題設定が段違いで難しくなります. 特に $N = 4$ のときのハミルトニアンは

$$\hat{H} = \hat{p}^2 - \hat{x}^4 \tag{5.214}$$

ですが, このようなハミルトニアンですら, 複素平面の適切な領域で $|x| \to \infty$ としたときに固有関数がゼロになるという境界条件を課せば離散的な実のエネルギー固有値を持ちます. 実軸で考えている限りは決して束縛状態は存在しません. この問題を理解するためには, WKB 法, 複素領域での微分方程式, ストークス現象などの知識が必要になるので本書のレベルを完全に超えます. 興味がある人はぜひ原論文や文献 [23] などにあたってみてください.

補遺 **A**

線形代数の復習

ここでは線形代数の基礎事項をまとめます[†1]. 線形代数は量子力学を学ぶ上での生命線です. ここでの内容は抽象的な定義の部分を除いては十分に理解していることが望ましいです.

A.1 | 複素ベクトル空間

ベクトル空間とは足し算とスカラー倍という 2 つの演算が定義された空間です. 内積は定義されている必要はありません.

A.1.1 厳密な定義

ベクトル空間を厳密かつ抽象的に定義します. 以下の定義を特に丸暗記しないといけないということはないです. とりあえずはこのように抽象的に定義される空間がベクトル空間であると認識すれば十分です.

> ケットベクトルの集合 V で, 以下を満たすものを**複素ベクトル空間**という.
>
> (I) $|u\rangle, |v\rangle \in V$ に対して和 $|u\rangle + |v\rangle \in V$ が定義され, 以下を満たす.
>
> (1) $|u\rangle + |v\rangle = |v\rangle + |u\rangle$ （交換法則）

[†1] 線形代数に関しては主に松坂和夫 著,『線型代数入門（数学入門シリーズ 2）』, 岩波書店 (2018) を参考にしました.

252 補遺 A 線形代数の復習

---

(2) $(|u\rangle + |v\rangle) + |w\rangle = |u\rangle + (|v\rangle + |w\rangle)$ （結合法則）

(3) ゼロベクトル $0 \in V$ の存在：$|v\rangle + 0 = |v\rangle$

(4) 逆ベクトルの存在：任意の $|v\rangle \in V$ に対して $|v\rangle + |v'\rangle = 0$ を満たす $|v'\rangle \in V$ が存在する.

(II) $c \in \mathbb{C}$, $|v\rangle \in V$ に対して，スカラー倍 $c|v\rangle \in V$ が定義され，以下を満たす.

(1) $c(|u\rangle + |v\rangle) = c|u\rangle + c|v\rangle$

(2) $(c_1 + c_2)|v\rangle = c_1|v\rangle + c_2|v\rangle$

(3) $(c_1 c_2)|v\rangle = c_1(c_2|v\rangle)$

(4) $1|v\rangle = |v\rangle$

色々と書かれていて複雑そうに見えますが，要するに「ベクトル空間とは和とスカラー倍が定義され，それらの演算が閉じている空間のこと」と覚えましょう．このように抽象的に定義しておけば，矢印で図形的に表せないようなベクトルに関しても扱えるので非常に応用範囲が広くなります．線形代数が至るところに現れる理由です．例えば 1 次元定常状態のシュレーディンガー方程式の解全体の空間は（2 次元）ベクトル空間になります．

A.1.2 いくつかの注意点

まず (II) のスカラー倍は複素数に対して定義されています．したがって，このベクトル空間は複素ベクトル空間と呼ばれます．また，量子力学ではしばしば $|0\rangle$ というベクトルが登場しますが，これはゼロベクトルでないので気をつけてください．本書ではゼロベクトルを単に 0 で表します．

ベクトル空間 V の元 $|e_1\rangle, \ldots, |e_r\rangle \in V$ が

$$\sum_{i=1}^{r} c_i |e_i\rangle = 0 \quad \Longleftrightarrow \quad c_1 = \cdots = c_r = 0 \tag{A.1}$$

を満たすとき，これらのベクトルは**線形独立**（あるいは **1 次独立**）といいます．線形独立でないときを**線形従属**といいます．V の中の線形独立なベクトルの最

大数を**次元**と呼びます．つまり，V に n 個の線形独立なベクトルが存在し，$n+1$ 個以上の線形独立なベクトルは存在しないとき，V は n 次元ベクトル空間です．非常に重要な帰結として，V が n 次元ベクトル空間であるとき，n 個の線形独立なベクトル $|e_1\rangle, \ldots, |e_n\rangle$ を取れば，V の任意の元 $|v\rangle$ はそれらの線形結合

$$|v\rangle = \sum_{i=1}^{n} v_i |e_i\rangle \tag{A.2}$$

として一意的に表されます．このとき $|e_1\rangle, \ldots, |e_n\rangle$ は V の**基底**と呼ばれます．基底の選び方は一意的ではありません．線形独立であれば何でも基底とみなせます．$|v\rangle$ 自体は基底に依らない量であることに注意しましょう．

A.1.3 数ベクトル空間

1.1 節に出てきた $\mathbb{C}^2$ は 2 次元複素ベクトル空間の例です．$\mathbb{C}^2$ の定義は複素数 2 個を縦に並べたものの集合です．これを特に数ベクトル空間といいます．基底ベクトルは

$$|e_1\rangle = \begin{pmatrix} 1 \\ 0 \end{pmatrix}, \quad |e_2\rangle = \begin{pmatrix} 0 \\ 1 \end{pmatrix} \tag{A.3}$$

でした．ゼロベクトルは

$$0 = \begin{pmatrix} 0 \\ 0 \end{pmatrix} \tag{A.4}$$

です．この書き方が気持ち悪い人はゼロベクトルを $\vec{0}$ とか $\mathbf{0}$ とか書いてもらっても構いません．ただし $|0\rangle$ は既に予約済みなので駄目です[†2]．$\mathbb{C}^2$ の任意のベクトル $|v\rangle$ は基底の線形和

$$|v\rangle = v_1 |e_1\rangle + v_2 |e_2\rangle = \begin{pmatrix} v_1 \\ v_2 \end{pmatrix} \tag{A.5}$$

[†2] 量子ビットの状態や調和振動子の基底状態や場の量子論の真空状態で使われます．

254 補遺 A 線形代数の復習

で表されます. 逆ベクトルは明らかに $|v'\rangle = -v_1|e_1\rangle - v_2|e_2\rangle = -|v\rangle$ です.

問 A.1.

$|w_1\rangle = \begin{pmatrix} 2i \\ \sqrt{3}+i \end{pmatrix}$, $|w_2\rangle = \begin{pmatrix} 4\sqrt{3}+4i \\ 4\sqrt{3}-4i \end{pmatrix}$ は線形独立か線形従属か？

解 定義通りにやれば解けます. $c_1|w_1\rangle + c_2|w_2\rangle = 0$ はもちろん

$$c_1 \begin{pmatrix} 2i \\ \sqrt{3}+i \end{pmatrix} + c_2 \begin{pmatrix} 4\sqrt{3}+4i \\ 4\sqrt{3}-4i \end{pmatrix} = 0 \tag{A.6}$$

のことですが, この方程式は行列を用いて

$$\begin{pmatrix} 2i & 4\sqrt{3}+4i \\ \sqrt{3}+i & 4\sqrt{3}-4i \end{pmatrix} \begin{pmatrix} c_1 \\ c_2 \end{pmatrix} = 0 \tag{A.7}$$

と書けます. もし左辺の行列が逆行列を持てば, $(c_1, c_2) = (0,0)$ となって $|w_1\rangle$ と $|w_2\rangle$ は線形独立であることが分かります. 逆行列が存在しない場合は $(c_1, c_2) = (0,0)$ 以外の解も存在するので必ず線形従属です. 逆行列の存在の有無は行列式がゼロかどうかで判定できます. 行列式は

$$\begin{vmatrix} 2i & 4\sqrt{3}+4i \\ \sqrt{3}+i & 4\sqrt{3}-4i \end{vmatrix} = 0 \tag{A.8}$$

となるので逆行列は存在しません. つまり $|w_1\rangle$ と $|w_2\rangle$ は線形従属です. ∎

n 個の複素数を縦に並べたものを n 次元の**数ベクトル**（あるいは列ベクトル）と呼ぶことにします. 複素の n 次元数ベクトル空間は $\mathbb{C}^n$ です. 1 次元数ベクトル空間 $\mathbb{C}$ は通常の複素平面と同一視できます.

A.1.4 別の例：多項式の空間

もう一つ例を見てみましょう. 複素係数を持つ n 次以下の多項式全体は和に

関して複素ベクトル空間となります. つまり

$$|f\rangle := f(x) = f_0 + f_1 x + \cdots + f_n x^n \quad (f_i \in \mathbb{C}) \tag{A.9}$$

と同一視します. 2 つのベクトルの和とスカラー倍は

$$|f\rangle + |g\rangle = f_0 + g_0 + (f_1 + g_1)x + \cdots + (f_n + g_n)x^n$$
$$c|f\rangle = cf_0 + cf_1 x + \cdots + cf_n x^n \tag{A.10}$$

で定義されます. これらは明らかに n 次以下の多項式です. ゼロベクトルは多項式としての 0 であり, 逆ベクトルは $|-f\rangle = -f(x)$ です. 要請 (I), (II) がすべて成り立つことも明らかでしょう. この空間の基底は例えば

$$|e_0\rangle = 1, \quad |e_1\rangle = x, \quad |e_2\rangle = x^2, \quad \ldots, \quad |e_n\rangle = x^n \tag{A.11}$$

と選べます. このとき任意のベクトル $|f\rangle$ は

$$|f\rangle = \sum_{i=0}^{n} f_i |e_i\rangle \tag{A.12}$$

と一意的に展開できます. したがって, この空間は $n+1$ 次元の複素ベクトル空間です.

A.2 内 積

　前項のベクトル空間の定義には内積は含まれていません. ベクトル空間における内積はオプション扱いで, 内積が導入されたベクトル空間を**内積空間**とか計量ベクトル空間といいます. 量子力学では基本的に内積が定義されたベクトル空間しか現れません.

　内積を分かりやすく書くために, 以下の約束事を導入します. $|v_1\rangle, |v_2\rangle \in V$, $c_1, c_2 \in \mathbb{C}$ に対して

$$|c_1 v_1 + c_2 v_2\rangle := c_1 |v_1\rangle + c_2 |v_2\rangle \tag{A.13}$$

256　補遺 A　線形代数の復習

A.2.1　厳密な定義

ベクトル空間と同じく内積を厳密かつ抽象的に定義します.

> V を複素ベクトル空間とする.　$|v\rangle \in V$, $|w\rangle \in V$ に対して,　以下の性質を満たす複素数 $\langle v|w \rangle \in \mathbb{C}$ を内積という.
>
> (I) $|v\rangle, |w_1\rangle, |w_2\rangle \in V$, $c_1, c_2 \in \mathbb{C}$ に対して,　$\langle v|c_1 w_1 + c_2 w_2 \rangle = c_1 \langle v|w_1 \rangle + c_2 \langle v|w_2 \rangle$
>
> (II) $\langle v|w \rangle = \langle w|v \rangle^*$
>
> (III) $\langle v|v \rangle \geq 0$.　特に $\langle v|v \rangle = 0$ となるのは $|v\rangle = 0$ のときのみ.

複素ベクトル空間に対する内積は複素数に値を取るので,　一般に $\langle v|w \rangle \neq \langle w|v \rangle$ です.　定義から

$$\langle c_1 w_1 + c_2 w_2 |v \rangle = c_1^* \langle w_1 |v \rangle + c_2^* \langle w_2 |v \rangle \tag{A.14}$$

は自然に導かれます.

問 A.2.

上記の内積の定義だけを使って式 (A.14) を示しなさい.

ヒント (II) より $\langle c_1 w_1 + c_2 w_2 |v \rangle = \langle v|c_1 w_1 + c_2 w_2 \rangle^*$ となるので (I) が使えます.　∎

ブラベクトル

ここでブラベクトルを導入します.　ブラベクトルは,ケットベクトルをインプットとして内積によって実数をアウトプットとして返すような線形写像 $V \to \mathbb{R}$ として抽象的に定義されます.　このような写像を**線形汎関数**といいます.　式で書けば,　$\langle f| : |v\rangle \mapsto \langle f|v \rangle$ です.　ケットの作る集合 V がベクトル空間を作るよ

うに，ブラの作る集合もベクトル空間を作り，これを V の**双対空間** V^* といいます．内積には 2 つのケットベクトルから実数を対応させる $V \times V \to \mathbb{R}$ という見方と，ブラベクトルとケットベクトルから実数を対応させる $V^* \times V \to \mathbb{R}$ の 2 つの見方があります．ブラ・ケット記法ではもちろん後者の見方をすることが多いです．

式 (A.14) の結果はブラベクトルの分配則

$$\langle c_1 v_1 + c_2 v_2 | = \langle v_1 | c_1^* + \langle v_2 | c_2^* = c_1^* \langle v_1 | + c_2^* \langle v_2 | \tag{A.15}$$

を導きます．

例で理解する

これだけでは抽象的すぎてよく分からないので，数ベクトル空間 $\mathbb{C}^2$ の場合を考えます．この場合は

$$|v\rangle = \begin{pmatrix} v_1 \\ v_2 \end{pmatrix}, \quad |w\rangle = \begin{pmatrix} w_1 \\ w_2 \end{pmatrix} \tag{A.16}$$

に対して

$$\langle v | w \rangle := v_1^* w_1 + v_2^* w_2 = \begin{pmatrix} v_1^* & v_2^* \end{pmatrix} \begin{pmatrix} w_1 \\ w_2 \end{pmatrix} \tag{A.17}$$

と定義すれば，内積の定義に現れるすべての要請が満たされます．1.1 節ではこれを標準的な内積と呼びました．

問 A.3.

上の標準的な内積が内積の要請をすべて満たすことを確かめなさい．

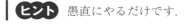 愚直にやるだけです．

258 補遺 A 線形代数の復習

例えば,

$$|v\rangle = \begin{pmatrix} 1+i \\ -2i \end{pmatrix}, \ |w\rangle = \begin{pmatrix} 3+i \\ 2+2i \end{pmatrix}$$

$$\Rightarrow \quad \langle v|w\rangle = (1-i \quad 2i)\begin{pmatrix} 3+i \\ 2+2i \end{pmatrix} = (1-i)(3+i) + 2i(2+2i) = 2i$$

$$\langle w|v\rangle = (3-i \quad 2-2i)\begin{pmatrix} 1+i \\ -2i \end{pmatrix} = (3-i)(1+i) + (2-2i)(-2i)$$

$$= -2i$$

(A.18)

のように計算できます.

問 A.4.

上記の数ベクトル $|v\rangle$, $|w\rangle$ に対して内積 $\langle v|v\rangle$ と $\langle w|w\rangle$ を計算しなさい.

解 $\langle v|v\rangle = 6$, $\langle w|w\rangle = 18$. 上の計算に習って愚直に計算するだけです.自分で手を動かして練習しましょう. ∎

n 次元内積空間 V の n 個の線形独立なベクトル $|e_1\rangle, \ldots, |e_n\rangle$ が

$$\langle e_i|e_j\rangle = \delta_{ij} \tag{A.19}$$

を満たすとき,これらのベクトルを**正規直交基底**と呼びます.これまでの $\mathbb{C}^2$ に対しては

$$\langle e_1|e_1\rangle = \langle e_2|e_2\rangle = 1, \quad \langle e_1|e_2\rangle = \langle e_2|e_1\rangle = 0 \tag{A.20}$$

が成り立つので,$|e_1\rangle$ と $|e_2\rangle$ は正規直交基底を成します.

A.2 内 積 259

一般の n 次元内積空間 V の 2 つのベクトル $|v\rangle$, $|w\rangle$ が正規直交基底を用いて,

$$|v\rangle = \sum_{i=1}^n v_i|e_i\rangle, \quad |w\rangle = \sum_{i=1}^n w_i|e_i\rangle$$

と展開できるとき, $|v\rangle$ と $|w\rangle$ の内積は

$$\langle v|w\rangle = \sum_{i,j=1}^n v_i^* w_j \langle e_i|e_j\rangle = \sum_{i,j=1}^n v_i^* w_j \delta_{ij} = \sum_{i=1}^n v_i^* w_i \tag{A.21}$$

となります. これはちょうど数ベクトル空間 $\mathbb{C}^n$ において $|e_1\rangle = (1,0,\ldots,0)^T$, $|e_2\rangle = (0,1,0,\ldots,0)^T,\ldots,|e_n\rangle = (0,\ldots,0,1)^T$ と正規直交基底を選んで標準的な内積を導入したことに相当します. 正規直交基底の選び方は一意的ではありません.

A.2.2 距離について

ベクトル空間に内積が定義されていると, 2 つのベクトルの間の "距離" が定義できます. ケット $|v\rangle \in V$ に対して, 自分自身との内積のルートをノルムと呼んで, $\|v\|$ (あるいは $\||v\rangle\|$ や $|v|$ と書くこともあります) で表します. 式で書けば

$$\|v\| := \sqrt{\langle v|v\rangle} \tag{A.22}$$

です. 内積の定義により, $\langle v|v\rangle \geq 0$ なのでノルムは必ずゼロ以上の実数です. 特にノルムがゼロになるのは $|v\rangle = 0$ のときのみです.

重要な事実として複素ベクトルに $e^{i\theta}$ (θ は実数) を掛けてもノルムは変わりません. つまり

$$\|e^{i\theta}v\|^2 = \langle e^{i\theta}v|e^{i\theta}v\rangle = \langle v|e^{-i\theta}e^{i\theta}|v\rangle = \|v\|^2 \tag{A.23}$$

が成り立ちます. $e^{i\theta}$ のことを**位相因子**あるいは単に**位相**といいます.

260 補遺 A 線形代数の復習

第2章で見るように量子力学ではノルムが1のベクトルが特に重要です．与えられたゼロでないベクトル $|v\rangle$ に対して

$$|\bar{v}\rangle := \frac{|v\rangle}{\|v\|} = \frac{|v\rangle}{\sqrt{\langle v|v\rangle}} \tag{A.24}$$

はノルムが1になっています．このとき $|\bar{v}\rangle$ は**規格化**（あるいは正規化）されたベクトルといいます．ベクトル解析では単位ベクトルと呼んでいました．すぐ上の重要な事実と組み合わせれば，$|\bar{v}\rangle$ が規格化されたベクトルのとき $e^{i\theta}|\bar{v}\rangle$ のノルムも1です．

問 A.5.

$\|\bar{v}\| = 1$ を確かめなさい．また $|v\rangle = \begin{pmatrix} 1+i \\ 2i \end{pmatrix}$ を規格化しなさい．

解 前半は

$$\|\bar{v}\|^2 = \langle \bar{v}|\bar{v}\rangle = \frac{\langle v|v\rangle}{\|v\|^2} = 1 \tag{A.25}$$

です．後半は $\langle v|v\rangle = 6$ なので

$$|\bar{v}\rangle = \frac{1}{\sqrt{6}} \begin{pmatrix} 1+i \\ 2i \end{pmatrix} \tag{A.26}$$

です．位相因子をつけた方が正確ではありますが，普通は省略されます． ■

2つのベクトル $|v\rangle$, $|w\rangle$ に対してこれらの差のベクトル $|v-w\rangle := |v\rangle - |w\rangle$ のノルム $\|v-w\|$ を2つのベクトルの間の**距離**と呼びます．もしこれらのベクトルが正規直交基底により

$$|v\rangle = \sum_{i=1}^{n} v_i|e_i\rangle, \quad |w\rangle = \sum_{i=1}^{n} w_i|e_i\rangle \tag{A.27}$$

A.3 演算子 **261**

と展開されていたとすると，距離の 2 乗は

$$\|v - w\|^2 = \sum_{i=1}^{n} |v_i - w_i|^2 \tag{A.28}$$

となります．この距離の式はユークリッド空間 $\mathbb{R}^n$ の距離を複素空間に自然に
拡張したものになっているので，$\mathbb{C}^n$ は**複素ユークリッド空間**と呼ばれること
もあります．

A.3 演算子

A.3.1 厳密な定義

線形代数ではベクトルを別のベクトルに移す線形の写像が特に重要です．

複素ベクトル空間 V から自分自身への写像 $\hat{A}$ で以下の性質を満たすもの
を**演算子**（または**作用素**または**線形変換**）という．

 (I) $|v\rangle, |w\rangle \in V$ に対して，$\hat{A}|v+w\rangle = \hat{A}|v\rangle + \hat{A}|w\rangle$
 (II) $|v\rangle \in V$, $c \in \mathbb{C}$ に対して，$\hat{A}|cv\rangle = c\hat{A}|v\rangle$

本書では全体を通じて演算子という用語を使います．演算子と（表現）行列
は別概念です（次項で少し解説しています）．本書では親しみやすさを重視し
て，あえて両者を混同して用いることがあります．そういうときはベクトル空
間として特に数ベクトル空間 $\mathbb{C}^n$ を選んでいると思ってください．

A.3.2 演算子と表現行列

ここは抽象的なベクトル空間を理解している人向けの内容です．慣れていな
い人はベクトル空間を数ベクトル空間に限れば，いつでも演算子は行列と同一
視できます．初期段階ではそのような理解でも特に支障はないです．

演算子はベクトルに直接作用するため，基底の有無に関係なく定義されてい
ます．特に基底を定めれば演算子は行列で表すことができます．これを**表現行**

262 補遺 A　線形代数の復習

列といいます．まずベクトル空間 V の適当な基底 $|e_1\rangle, \ldots, |e_n\rangle$ を取ります[†3]．
任意のベクトル $|v\rangle \in V$ は

$$|v\rangle = \sum_{j=1}^{n} v_j |e_j\rangle \tag{A.29}$$

と表せますが，このベクトルに演算子 $\hat{A} : V \to V$ を施すと，

$$|Av\rangle = \hat{A}|v\rangle = \sum_{j=1}^{n} v_j \hat{A}|e_j\rangle = \sum_{j=1}^{n} v_j |Ae_j\rangle \tag{A.30}$$

となります．ここで，変換後のベクトル $|Av\rangle$ も $|Ae_j\rangle$ もすべて V の元なので
これらもまた基底 $|e_1\rangle, \ldots, |e_n\rangle$ で展開できます．

$$|Av\rangle = \sum_{i=1}^{n} v'_i |e_i\rangle, \quad |Ae_j\rangle = \sum_{i=1}^{n} A_{ij} |e_i\rangle \tag{A.31}$$

となります．これらを式 (A.30) に代入すると，

$$\sum_i v'_i |e_i\rangle = \sum_i \left(\sum_j A_{ij} v_j \right) |e_i\rangle \tag{A.32}$$

となるので，

$$v'_i = \sum_{j=1}^{n} A_{ij} v_j \tag{A.33}$$

が得られます．$|v\rangle = \sum_j v_j |e_j\rangle$ の係数を数ベクトル $\vec{v} = (v_1, \ldots, v_n)^T$ と同
一視すると，$A = (A_{ij})$ を n 次正方行列として

$$\vec{v}' = A\vec{v} \tag{A.34}$$

とも書けます．演算子 $\hat{A}$ から正方行列 $A = (A_{ij})$ が自然に現れました．行列
とは演算子の適当な基底における 1 つの表示と思えます．式 (A.31) を見れば
分かりますが，基底の演算子による変換によって表現行列は決まっています．

[†3] 一般には内積が定義されている必要はありません．

A.3 演算子 **263**

もちろん基底の選び方によって同じ演算子でも表現行列は違って見えます．基底を変換したときの表現行列の変化を相似変換といいます．

特にベクトル空間 V として数ベクトル空間 $\mathbb{C}^n$ を選んだときは，抽象的なベクトル $|v\rangle$ と数ベクトル $\vec{v}$ は全く同じものになり，結果として演算子 $\hat{A}$ も表現行列 A と同じとみなせます．

例で理解する

3 次以下の多項式全体が成す 4 次元ベクトル空間に作用する演算子を考えてみましょう．$|f\rangle = f(x) = f_0 + f_1 x + f_2 x^2 + f_3 x^3$ に対して，次のような微分の作用を考えてみます．

$$\hat{D}|f\rangle := \frac{d}{dx} f(x) = f_1 + 2f_2 x + 3f_3 x^2 \tag{A.35}$$

このとき，$\hat{D}$ はこのベクトル空間上の演算子になっています．基底を

$$|e_0\rangle = 1, \quad |e_1\rangle = x, \quad |e_2\rangle = x^2, \quad |e_3\rangle = x^3 \tag{A.36}$$

と選びます．基底への作用は $\hat{D}|e_0\rangle = 0$, $\hat{D}|e_1\rangle = |e_0\rangle$, $\hat{D}|e_2\rangle = 2|e_1\rangle$, $\hat{D}|e_3\rangle = 3|e_2\rangle$ となるので，この基底に対する演算子 $\hat{D}$ の表現行列 D は

$$D = \begin{pmatrix} 0 & 1 & 0 & 0 \\ 0 & 0 & 2 & 0 \\ 0 & 0 & 0 & 3 \\ 0 & 0 & 0 & 0 \end{pmatrix} \tag{A.37}$$

となります．$\vec{f} = (f_0, f_1, f_2, f_3)^T$ として，$\hat{D}|f\rangle \leftrightarrow D\vec{f}$ の対応があります．

問 A.6.

このベクトル空間の別の基底 $|e_0'\rangle = 1$, $|e_1'\rangle = 1 + x$, $|e_2'\rangle = 1 + x + x^2/2$, $|e_3'\rangle = 1 + x + x^2/2 + x^3/3$ を選んだときの $\hat{D}$ の表現行列 D' を求めなさい．

264 補遺 A　線形代数の復習

解　$\hat{D}$ の新たな基底への作用を計算すると，次のようになります．

$$\hat{D}|e_0'\rangle = 0, \quad \hat{D}|e_1'\rangle = |e_0'\rangle, \quad \hat{D}|e_2'\rangle = |e_1'\rangle, \quad \hat{D}|e_3'\rangle = -|e_1'\rangle + 2|e_2'\rangle \tag{A.38}$$

したがって，表現行列は

$$D' = \begin{pmatrix} 0 & 1 & 0 & 0 \\ 0 & 0 & 1 & -1 \\ 0 & 0 & 0 & 2 \\ 0 & 0 & 0 & 0 \end{pmatrix} \tag{A.39}$$

となります．　　　　　　　　　　　　　　　　　　　　　　　■

A.3.3　固有値と固有ベクトル

　演算子で特に重要なのが固有値です．$\hat{A}$ を V 上の演算子とします．このとき特別なベクトルに対しては

$$\hat{A}|a\rangle = a|a\rangle \quad (a \in \mathbb{C}) \tag{A.40}$$

となる場合があります．このような複素数 a を**固有値**，ケット $|a\rangle$ を**固有ベクトル**（あるいは**固有ケット**）といいます．ディラックの記法では固有ケットの中を固有値に合わせることが多いです．そうすればどの固有値に対応する固有ベクトルか一目瞭然なので．ゼロベクトルは自明に $\hat{A}0 = 0$ を満たしますが，これは固有ベクトルとはみなしません．同じ固有値に対して，独立な固有ベクトルが複数存在する場合は**縮退**があるといいます．n 次元ベクトル空間上の演算子の固有値は n 個存在します．ただし，縮退した固有値も区別して数えます．ベクトル空間の基底を適切に選んだときに，演算子の表現行列を対角行列にできるとき，その演算子は**対角化可能**であるといいます．本書では対角化可能な演算子のみを扱います．

A.3 演算子 265

問 A.7.

与えられた行列 A の固有値と固有ベクトルを求める方法を説明しなさい.

解 ざっくり言えば次のような手順になります. 行列 A の固有値の式は

$$A|a\rangle = a|a\rangle \iff (aI - A)|a\rangle = 0 \tag{A.41}$$

なので $aI - A$ が逆行列を持てば $|a\rangle$ は必ずゼロベクトルになり固有ベクトルではありません. したがって固有ベクトルに対しては $aI - A$ は逆行列を持ちません. 逆行列を持たない必要十分条件は行列式がゼロであることなので

$$\det(aI - A) = 0 \tag{A.42}$$

で固有値は求まります. 固有値がすべて求まれば, 各固有値ごとに改めて $A|a\rangle = a|a\rangle$ を考えることで固有ベクトルが満たすべき条件式が得られます. 縮退がなければ全体の因子を除いて方向が一意に定まります. ∎

固有空間

演算子 $\hat{A}$ の固有値 a に対応する固有ベクトル全体にゼロベクトルを加えたベクトル空間 $W(a)$ を**固有空間**といいます. 固有値 a が縮退していないときは, 固有ベクトルはスカラー倍を除いて一意に定まるので固有空間 $W(a)$ は 1 次元になります. 一方, 縮退がある場合は固有空間は 2 次元以上のベクトル空間になります. ゼロベクトルは固有ベクトルではないのですが, 固有空間には含まれることに注意します. n 次元ベクトル空間 V 上の対角化可能な演算子 $\hat{A}$ の相異なる固有値を $a_1, a_2, \ldots, a_s$ とすると固有空間による直和分解[†4]

$$V = W(a_1) \oplus W(a_2) \oplus \cdots \oplus W(a_s) \tag{A.43}$$

[†4] ベクトル空間の直和 $V \oplus W$ とは, $V \oplus W$ の任意の元が $|v\rangle \in V$, $|w\rangle \in W$ を用いて $|v\rangle + |w\rangle$ の形で一意的に表せるようなベクトル空間のことです. 内積が定義されている場合は, これは V のベクトルと W のベクトルが必ず直交することを意味します.

266 補遺 A　線形代数の復習

が成り立ちます.

射影演算子

固有空間に関連して**射影**という操作が重要です. $\hat{P}^2 = \hat{P}$ を満たすような演算子 $\hat{P}$ を**射影演算子**といいます.

問 A.8.

射影演算子 $\hat{P}$ の固有値は 0 または 1 であることを示しなさい.

解　このような問題を解くときの定石は,その演算子の持つ特徴(エルミート演算子なら $\hat{A}^\dagger = \hat{A}$,ユニタリ演算子なら $\hat{U}^\dagger \hat{U} = \hat{I}$ など)を使うことです. 1 つのクラスの演算子につき 1 つの特徴的な条件式が付随することが多いです. 射影演算子を特徴づけるのは上の $\hat{P}^2 = \hat{P}$ です. 固有値の方程式 $\hat{P}|\lambda\rangle = \lambda|\lambda\rangle$ を考えます. 両辺に $\hat{P}$ を掛けると

$$\hat{P}^2|\lambda\rangle = \lambda\hat{P}|\lambda\rangle = \lambda^2|\lambda\rangle \tag{A.44}$$

となりますが,$\hat{P}^2 = \hat{P}$ なので

$$\hat{P}^2|\lambda\rangle = \hat{P}|\lambda\rangle = \lambda|\lambda\rangle \tag{A.45}$$

でもあります. つまり $\lambda^2|\lambda\rangle = \lambda|\lambda\rangle$ が成り立ちます. 左から $\langle\lambda|$ を作用させれば $\langle\lambda|\lambda\rangle \neq 0$(固有ベクトルは必ず非ゼロベクトル)なので $\lambda^2 = \lambda$ が得られます. ■

ベクトル空間 V が式 (A.43) のように直和分解されているとき,V の任意のベクトル $|v\rangle$ は $W(a_j)$ のベクトル $|v_j\rangle$ を用いて

$$|v\rangle = |v_1\rangle + |v_2\rangle + \cdots + |v_s\rangle \tag{A.46}$$

と一意的に表せます. このとき V のベクトル $|v\rangle$ を $W(a_j)$ のベクトル $|v_j\rangle$ に写す演算子 $\hat{P}_j$ が射影演算子に他なりません. なぜなら $\hat{P}_j$ によって $|v_j\rangle$ は自

分自身に写るので

$$\hat{P}_j^2 |v\rangle = \hat{P}_j |v_j\rangle = |v_j\rangle = \hat{P}_j |v\rangle \tag{A.47}$$

が任意の $|v\rangle$ に対して成り立ちます．したがって $\hat{P}_j^2 = \hat{P}_j$ です．同様に

$$\hat{P}_j \hat{P}_k = 0 \quad (j \neq k) \tag{A.48}$$

も簡単に示せます．さらに

$$(\hat{P}_1 + \hat{P}_2 + \cdots + \hat{P}_s)|v\rangle = |v_1\rangle + |v_2\rangle + \cdots + |v_s\rangle = |v\rangle \tag{A.49}$$

がやはり任意の $|v\rangle$ に対して成り立つので，射影演算子の完全性

$$\hat{P}_1 + \hat{P}_2 + \cdots + \hat{P}_s = \hat{I} \tag{A.50}$$

が得られます．

A.3.4 エルミート共役，エルミート演算子，ユニタリ演算子

$|Aw\rangle = \hat{A}|w\rangle$ とします．演算子 $\hat{A}$ の**エルミート共役** $\hat{A}^\dagger$ は任意の $|v\rangle$ と $|w\rangle$ に対して，

$$\langle v|Aw\rangle = \langle v'|w\rangle \tag{A.51}$$

が成り立つような $|v\rangle$ から $|v'\rangle$ への演算子として定義されます．$|v'\rangle = \hat{A}^\dagger |v\rangle = |A^\dagger v\rangle$ なのでブラ・ケット記法では

$$\langle v'|w\rangle = \langle A^\dagger v|w\rangle = \langle v|\hat{A}|w\rangle \tag{A.52}$$

です．この抽象的な定義は非常に分かりにくいですが，表現行列 A の言葉では，転置を取ってさらに複素共役を取った行列 $A^\dagger := (A^T)^* = (A^*)^T$ のことです．

特に $\hat{A}^\dagger = \hat{A}$ を満たす演算子を**エルミート演算子**といいます．エルミート演算子の固有値はすべて実数です．

演算子 $\hat{U}$ に対して $\hat{U}^\dagger \hat{U} = I$ を満たすものを**ユニタリ演算子**といいます．2つのベクトル $|v\rangle$, $|w\rangle$ に対して，同じユニタリ演算子を作用させた $\hat{U}|v\rangle = |Uv\rangle$, $\hat{U}|w\rangle = |Uw\rangle$ に対しては

268 補遺 A　線形代数の復習

$$\langle Uv|Uw\rangle = \langle v|\hat{U}^\dagger\hat{U}|w\rangle = \langle v|w\rangle \tag{A.53}$$

となるので内積が保存されます．この性質は超重要です．

問 A.9.

ユニタリ演算子の固有値はどれも絶対値が 1 の複素数であることを示しなさい．

解　$\hat{U}|u\rangle = u|u\rangle$, $\langle u|u\rangle = 1$ とします．このとき

$$\langle u|\hat{U}^\dagger\hat{U}|u\rangle = \langle u|u^*u|u\rangle = |u|^2 \tag{A.54}$$

ですが，一方ユニタリ性より左辺は 1 になります．　　　　■

　第 2 章で見るように，エルミート演算子とユニタリ演算子は量子力学において極めて重要なクラスの演算子です．

補遺 B

特殊関数

本書で必要となる特殊関数について簡単にまとめます[†1]. 物理における特殊関数の位置づけはツールとしての使用がほとんどなので，極端な話，証明などは一切知らなくても便利に使いこなせればそれで十分だと思います. 一応，教育的配慮から証明問題も少し入れました.

B.1 ディラックのデルタ関数

デルタ関数は正確には関数ではなく，**超関数**[†2] と呼ばれるものです. $x = 0$ で連続な任意の関数 $f(x)$ に対して

$$\int_{-\infty}^{\infty} f(x)\delta(x)dx = f(0) \tag{B.1}$$

となるような"関数"として定義されます. しばしば，次のように書かれるこ

[†1] 物理数学全般のテキストとしてジョージ・アルフケン，ハンス・ウェーバーの「基礎物理数学シリーズ」（講談社）を，特殊関数のテキストとして小野寺嘉孝 著，『物理のための応用数学（基礎演習シリーズ）』，裳華房 (1988) を挙げます. また特殊関数に関しては以下の 2 つのウェブサイトがデータベースとして非常に有用です.
- NIST Digital Library of Mathematical Functions
  https://dlmf.nist.gov/
- The Mathematica Functions Site (Wolfram Research)
  https://functions.wolfram.com/

[†2] 超関数にもシュワルツの超関数 (distribution) と佐藤の超関数 (hyperfunction) の 2 種類がありますが，数学の専門家以外は気にしなくて大丈夫です. ここでの導入は distribution の方です.

270 補遺 B 特殊関数

ともあります．同じ意味です．

$$\int_{-\infty}^{\infty} f(x)\delta(x-a)dx = f(a) \tag{B.2}$$

問 B.1.

式 (B.1) を使って式 (B.2) を示しなさい．

解 変数変換で式 (B.1) が使える形に持っていきます．$X = x - a$ と積分変数を変換すると

$$\int_{-\infty}^{\infty} f(x)\delta(x-a)dx = \int_{-\infty}^{\infty} f(X+a)\delta(X)dX = f(0+a) = f(a) \tag{B.3}$$

です． ∎

デルタ関数は気持ちとしては以下のような振る舞いを持つ "関数" です．

$$\delta(x) = \begin{cases} 0 & (x \neq 0) \\ \infty & (x = 0) \end{cases} \tag{B.4}$$

もちろんこのような "関数" は私たちが微積分学で学んだ普通の関数のクラスには入っていないので，取り扱いには十分な注意が必要です．直観的に分かりやすいのは，よく知っている関数の特殊な極限と捉えることです．ここでは特に以下の事実を使います．

$$\delta(x) = \lim_{\epsilon \to +0} \frac{1}{\sqrt{2\pi\epsilon}} e^{-\frac{x^2}{2\epsilon}} \tag{B.5}$$

ϵ がゼロに近づいていくとき，右辺のグラフは $x = 0$ 付近に鋭いピークを持ちます（図 B.1）．

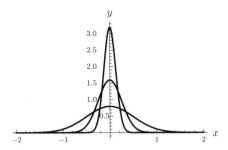

図 B.1 $y = \frac{1}{\sqrt{2\pi\epsilon}} e^{-\frac{x^2}{2\epsilon}}$ の概形．$\epsilon \to +0$ の極限で $x = 0$ のピークが無限に伸び，幅がゼロとなってデルタ関数を再現します．

問 B.2.

デルタ関数の他の関数による極限表示を調べなさい．

解 例えば次のようなものがあります．

$$\delta(x) = \lim_{k \to \infty} \frac{\sin kx}{\pi x}$$
$$\delta(x) = \lim_{k \to \infty} \frac{k}{\pi(1 + k^2 x^2)} \tag{B.6}$$

他にもあるか自分で調べてみましょう． ∎

$x \neq 0$ では $\delta(x) = 0$ とみなせるので，積分領域は 0 を含む任意の領域で十分です．

$$\int_{-\epsilon_1}^{\epsilon_2} f(x)\delta(x)dx = f(0) \tag{B.7}$$

ここで ϵ_1, ϵ_2 は任意の正の数です．色々な公式が成り立ちますが，特に覚える必要はなく，基本方針は置換積分で定義 (B.1) または式 (B.7) の形に持っていきます．

272 補遺 B 特殊関数

問 B.3.

次の積分を計算しなさい.

$$\int_{-\infty}^{\infty} dx \, \frac{\delta(x^2-4)}{x^2+x+1}$$

解 デルタ関数の公式を使わない場合は即座に評価することは難しいですが, 基本に忠実にやればゴリ押しでも計算できます. $x = \pm 2$ でデルタ関数の引数がゼロになるので, これらの近くで積分領域を分けて, さらに積分変数を変換します.

$$\int_{-\infty}^{\infty} dx \, \frac{\delta(x^2-4)}{x^2+x+1} = \int_{-2-\epsilon}^{-2+\epsilon} dx \, \frac{\delta(x^2-4)}{x^2+x+1} + \int_{2-\epsilon}^{2+\epsilon} dx \, \frac{\delta(x^2-4)}{x^2+x+1} \tag{B.8}$$

ϵ は正の小さな数です. ここでデルタ関数の中身を簡単にするために, $x^2-4=t$ とおくと $x = \pm\sqrt{4+t}$ という 2 つの解が得られますが, この 2 つはまさに上の 2 つの積分の領域に対応しています. 右辺最初の積分を実行するためには $x = -\sqrt{4+t}$ と取ればよくて

$$\int_{-2-\epsilon}^{-2+\epsilon} dx \, \frac{\delta(x^2-4)}{x^2+x+1} = \int_{4+\epsilon^2}^{-4\epsilon+\epsilon^2} \frac{-dt}{2\sqrt{4+t}} \cdot \frac{\delta(t)}{5+t-\sqrt{4+t}} = \frac{1}{12} \tag{B.9}$$

となります. ルートが出てきて複雑そうに見えますが, デルタ関数があるために簡単に積分できます. 同様に

$$\int_{2-\epsilon}^{2+\epsilon} dx \, \frac{\delta(x^2-4)}{x^2+x+1} = \int_{-4\epsilon+\epsilon^2}^{4\epsilon+\epsilon^2} \frac{dt}{2\sqrt{4+t}} \cdot \frac{\delta(t)}{5+t+\sqrt{4+t}} = \frac{1}{28} \tag{B.10}$$

です. したがって

$$\int_{-\infty}^{\infty} dx \, \frac{\delta(x^2-4)}{x^2+x+1} = \frac{1}{12} + \frac{1}{28} = \frac{5}{42} \tag{B.11}$$

となります. ■

B.1 ディラックのデルタ関数 **273**

もちろんデルタ関数の公式を知っていればもっと簡単に計算できます. 有名な公式

$$\delta(g(x)) = \sum_i \frac{\delta(x - a_i)}{|g'(a_i)|} \tag{B.12}$$

が使えます. ここで a_i は $g(x)$ のゼロ点で和はすべてのゼロ点について取ります. 今の問題については

$$\delta(x^2 - 4) = \frac{\delta(x - 2) + \delta(x + 2)}{4} \tag{B.13}$$

が成り立ちます.

以下のフーリエ変換表示も非常に重要です.

$$\delta(x) = \frac{1}{2\pi} \int_{-\infty}^{\infty} e^{ikx} dk \tag{B.14}$$

これは次のガウス積分で $\epsilon \to +0$ の極限を取ることで得られます.

$$\frac{1}{2\pi} \int_{-\infty}^{\infty} e^{ikx} e^{-\frac{\epsilon k^2}{2}} dk = \frac{1}{\sqrt{2\pi\epsilon}} e^{-\frac{x^2}{2\epsilon}} \tag{B.15}$$

問 B.4.

式 (B.15) を示しなさい.

解 本当は複素積分の知識が必要ですが, 気にせずにやりましょう. 指数部分を平方完成させます.

$$\exp\left(ikx - \frac{\epsilon k^2}{2}\right) = \exp\left[-\frac{\epsilon}{2}\left(k - \frac{ix}{\epsilon}\right)^2 - \frac{x^2}{2\epsilon}\right] \tag{B.16}$$

積分変数を $z = k - ix/\epsilon$ と取り直します. このとき細かいことを言うと, 積分範囲が実軸全体から虚軸方向へ $-x/\epsilon$ だけずれてしまいますが, 気にせず

274 補遺 B 特殊関数

に z を実数と思って積分してもよいです．なぜかは複素積分を勉強すると理解できます．

$$\frac{1}{2\pi}\int_{-\infty}^{\infty}e^{ikx}e^{-\frac{\epsilon k^2}{2}}dk = \frac{1}{2\pi}e^{-\frac{x^2}{2\epsilon}}\int_{-\infty}^{\infty}e^{-\frac{\epsilon z^2}{2}}dz = \frac{1}{\sqrt{2\pi\epsilon}}e^{-\frac{x^2}{2\epsilon}} \quad \text{(B.17)}$$

∎

B.2 エルミート多項式

　量子力学ではシュレーディンガー方程式の特別な解として直交多項式と呼ばれるクラスの特殊関数が次々に現れます．エルミート多項式はその代表格です．その他にルジャンドル多項式，ラゲール多項式，チェビシェフ多項式，ゲーゲンバウアー多項式，ヤコビ多項式などがあります．基本的にはここで見る性質を他でも繰り返すだけです．

　調和振動子の固有関数にエルミート多項式が現れました．さまざまな導入の仕方がありますが，ここでは母関数として定義します．

$$e^{-z^2+2xz} = \sum_{n=0}^{\infty}H_n(x)\frac{z^n}{n!} \quad \text{(B.18)}$$

$n = 0, 1, 2, 3, 4, 5$ に対しては

$$
\begin{aligned}
H_0(x) &= 1 & H_1(x) &= 2x \\
H_2(x) &= 4x^2 - 2 & H_3(x) &= 8x^3 - 12x \\
H_4(x) &= 16x^4 - 48x^2 + 12 & H_5(x) &= 32x^5 - 160x^3 + 120x
\end{aligned}
\quad \text{(B.19)}
$$

となることが定義式の左辺をテイラー展開することで確かめられます．数式処理システムなどで確かめてみましょう．

　$H_n(x)$ を直接計算する公式としてロドリゲスの公式

B.2 エルミート多項式 275

$$H_n(x) = (-1)^n e^{x^2} \frac{d^n}{dx^n} e^{-x^2} \tag{B.20}$$

があります．明示公式なのでこちらをエルミート多項式の定義に採用することも多いです．母関数との関係は，$f(x) = e^{-x^2}$ として次のように分かります．

$$\begin{aligned}
\sum_{n=0}^{\infty} (-1)^n e^{x^2} \frac{d^n}{dx^n} e^{-x^2} \frac{z^n}{n!} &= e^{x^2} \sum_{n=0}^{\infty} (-1)^n \frac{f^{(n)}(x)}{n!} z^n \\
&= e^{x^2} f(x-z) = e^{x^2} e^{-(x-z)^2} \\
&= e^{-z^2 + 2xz}
\end{aligned} \tag{B.21}$$

次のような漸化式も成り立ちます．

$$\begin{aligned}
H_n'(x) &= 2n H_{n-1}(x) \\
H_{n+1}(x) &= 2x H_n(x) - 2n H_{n-1}(x)
\end{aligned} \tag{B.22}$$

またエルミート多項式は次の微分方程式を満たします．

$$\frac{d^2 y}{dx^2} - 2x \frac{dy}{dx} + 2ny = 0 \tag{B.23}$$

導出は練習問題とします．

問 B.5.

式 (B.22) と式 (B.23) を証明しなさい.

解 母関数を 2 通りで評価して示します．

$$F(x,z) := e^{-z^2 + 2xz} = \sum_{n=0}^{\infty} H_n(x) \frac{z^n}{n!} \tag{B.24}$$

とすると

276　補遺 B　特殊関数

$$\frac{\partial F}{\partial x} = \sum_{n=0}^{\infty} H'_n(x)\frac{z^n}{n!} = \sum_{n=1}^{\infty} H'_n(x)\frac{z^n}{n!}$$

$$= 2ze^{-z^2+2xz} = 2\sum_{n=0}^{\infty} H_n(x)\frac{z^{n+1}}{n!} = 2\sum_{n=1}^{\infty} H_{n-1}(x)\frac{z^n}{(n-1)!}$$

$$= \sum_{n=1}^{\infty} 2nH_{n-1}(x)\frac{z^n}{n!} \tag{B.25}$$

となります. z^n の係数を比較すれば $H'_n(x) = 2nH_{n-1}(x)$ が得られます.
同様に

$$\frac{\partial F}{\partial z} = \sum_{n=0}^{\infty} H_n(x)\frac{z^{n-1}}{(n-1)!} = \sum_{n=0}^{\infty} H_{n+1}(x)\frac{z^n}{n!}$$

$$= (-2z+2x)e^{-z^2+2xz} = \sum_{n=0}^{\infty} \Big\{ 2xH_n(x) - 2nH_{n-1}(x) \Big\}\frac{z^n}{n!} \tag{B.26}$$

より $H_{n+1}(x) = 2xH_n(x) - 2nH_{n-1}(x)$ です. さらに

$$\frac{\partial^2 F}{\partial x^2} - 2x\frac{\partial F}{\partial x} + 2z\frac{\partial F}{\partial z} = \sum_{n=0}^{\infty} \Big\{ H''_n(x) - 2xH'_n(x) + 2nH_n(x) \Big\}\frac{z^n}{n!} \tag{B.27}$$

ですが, 左辺は

$$\Big\{ (2z)^2 - 2x \cdot 2z + 2z(-2z+2x) \Big\}e^{-z^2+2xz} = 0 \tag{B.28}$$

となります. したがって, $H''_n(x) - 2xH'_n(x) + 2nH_n(x) = 0$ が得られます. ∎

エルミート多項式には直交関係が成り立ちます.

$$\int_{-\infty}^{\infty} H_n(x)H_m(x)e^{-x^2}dx = 2^n n!\sqrt{\pi}\delta_{nm} \tag{B.29}$$

これを使えば調和振動子の固有関数の正規直交性を直接示せます.

B.2 エルミート多項式 277

問 B.6.

母関数表示を使って式 (B.29) を示しなさい.

解 式 (B.29) の両辺に $z^n w^m/(n!m!)$ を掛けて n, m についての和を取ると，左辺には母関数が現れます.

$$
\begin{aligned}
(\text{左辺}) &= \int_{-\infty}^{\infty} dx\, e^{-x^2} e^{-z^2+2xz} e^{-w^2+2xw} \\
&= \int_{-\infty}^{\infty} dx\, e^{-(x-z-w)^2+(z+w)^2-z^2-w^2} \\
&= \int_{-\infty}^{\infty} dX\, e^{-X^2+2zw} \qquad (X = x - z - w) \\
&= \sqrt{\pi} e^{2zw} \tag{B.30}
\end{aligned}
$$

と評価できます. 一方，右辺は

$$
\begin{aligned}
(\text{右辺}) &= \sum_{n=0}^{\infty} \sum_{m=0}^{\infty} \frac{z^n w^m}{n!m!} 2^n n! \sqrt{\pi} \delta_{nm} \\
&= \sqrt{\pi} \sum_{n=0}^{\infty} \frac{(2zw)^n}{n!} \\
&= \sqrt{\pi} e^{2zw} \tag{B.31}
\end{aligned}
$$

となります. $\sqrt{\pi} e^{2zw}$ の $z^n w^m/(n!m!)$ の係数が元々示したい式だったわけで，和を取った母関数のレベルで等式が成り立つということは，すべての非負整数 n, m に対して式 (B.29) が成り立つということに他なりません. ∎

278 補遺 B 特殊関数

B.3 エアリー関数

エアリー関数はエアリーの微分方程式

$$\frac{d^2y}{dx^2} - xy = 0 \tag{B.32}$$

の独立な 2 解です. $x \to \infty$ で指数関数的に減少するものを $\mathrm{Ai}(x)$, 指数関数的に増大するものを $\mathrm{Bi}(x)$ で表します. より正確には以下のような積分で定義します[3].

$$\mathrm{Ai}(x) := \frac{1}{\pi} \int_0^\infty \cos\left(\frac{t^3}{3} + xt\right) dt$$
$$\mathrm{Bi}(x) := \frac{1}{\pi} \int_0^\infty \left[\exp\left(-\frac{t^3}{3} + xt\right) + \sin\left(\frac{t^3}{3} + xt\right)\right] dt \tag{B.33}$$

調和振動子（ウェーバーの微分方程式）のときと同様の議論をすれば，微分方程式からエアリー関数の $x \to \infty$ での振る舞いが分かります. $y = e^{ax^b}$ $(b > 0)$ の形を仮定して微分方程式に代入します.

$$y'' = (ab)^2 x^{2b-2} e^{ax^b} + ab(b-1)x^{b-2} e^{ax^b} \tag{B.34}$$

となりますが，$b > 0$ のときは右辺第 1 項が最も大きな寄与になります. これが $xy = xe^{ax^b}$ と等しくなればいいので

$$(ab)^2 = 1, \quad 2b - 2 = 1 \tag{B.35}$$

が得られます. これを解けば $(a, b) = (-2/3, 3/2), (2/3, 3/2)$ が得られます. したがって $x \to \infty$ で $\mathrm{Ai}(x) \sim e^{-\frac{2}{3}x^{3/2}}$, $\mathrm{Bi}(x) \sim e^{\frac{2}{3}x^{3/2}}$ と振る舞うことが分かります. もっと正確な $x \to \infty$ における漸近展開は[4]

---

[3] ただし，この定義では微分方程式 (B.32) を満たすことを示すのが面倒です. 複素積分の知識が必要になります.

[4] 漸近展開とはテイラー展開を拡張したものだと思ってください. 定義は結構面倒です. 漸近展開では級数がいつも収束するわけではないので = ではなく ~ を使っています. ここで示したエアリー関数の漸近展開は収束半径がゼロであり，どのような x を代入しても漸近展開の無限級数は必ず発散します！

$$\mathrm{Ai}(x) \sim \frac{e^{-\frac{2}{3}x^{3/2}}}{2\sqrt{\pi}x^{1/4}}\left(1 - \frac{5}{48x^{3/2}} + \frac{385}{4608x^3} - \frac{85085}{663552x^{9/2}} + O(x^{-5})\right)$$

$$\mathrm{Bi}(x) \sim \frac{e^{\frac{2}{3}x^{3/2}}}{\sqrt{\pi}x^{1/4}}\left(1 + \frac{5}{48x^{3/2}} + \frac{385}{4608x^3} + \frac{85085}{663552x^{9/2}} + O(x^{-5})\right)$$

$$\text{(B.36)}$$

で与えられます．この展開も全体に掛かる定数因子を除いて微分方程式から導けます．

微分方程式 (B.32) をフーリエ変換で解くことを考えます．

$$F(k) = \int_{-\infty}^{\infty} dx\, e^{-ikx} y(x), \quad y(x) = \frac{1}{2\pi} \int_{-\infty}^{\infty} dk\, e^{ikx} F(k) \qquad \text{(B.37)}$$

このとき

$$y'' = \frac{1}{2\pi} \int_{-\infty}^{\infty} dk\, e^{ikx}(ik)^2 F(k)$$

$$xy = \frac{1}{2\pi} \int_{-\infty}^{\infty} dk\, e^{ikx} x F(k) = \frac{1}{2\pi} \int_{-\infty}^{\infty} dk\, (-ie^{ikx})' F(k) \qquad \text{(B.38)}$$

$$= \frac{1}{2\pi} \int_{-\infty}^{\infty} dk\, e^{ikx} i F'(k)$$

となるので，$F(k)$ の満たす微分方程式は

$$k^2 F(k) + i F'(k) = 0 \qquad \text{(B.39)}$$

となります．これは 1 階の微分方程式なので簡単に解けて

$$F(k) = C e^{\frac{ik^3}{3}} \qquad \text{(B.40)}$$

が得られます．したがって

$$y(x) = \frac{C}{2\pi} \int_{-\infty}^{\infty} dk\, e^{ikx + \frac{ik^3}{3}} \qquad \text{(B.41)}$$

となりますが，これを少し書き換えると

280 補遺 B 特殊関数

$$y(x) = \frac{C}{2\pi} \int_0^\infty dk \, e^{i(\frac{k^3}{3}+kx)} + \frac{C}{2\pi} \int_{-\infty}^0 dk \, e^{i(\frac{k^3}{3}+kx)}$$

$$= \frac{C}{2\pi} \int_0^\infty dk \, e^{i(\frac{k^3}{3}+kx)} + \frac{C}{2\pi} \int_0^\infty dk \, e^{-i(\frac{k^3}{3}+kx)}$$

$$= \frac{C}{\pi} \int_0^\infty dk \, \cos\left(\frac{k^3}{3}+kx\right) \tag{B.42}$$

となるので $C = 1$ と選べば $\mathrm{Ai}(x)$ と完全に一致します.一方,この方法では $\mathrm{Bi}(x)$ は作れません.なぜかというと,$\mathrm{Bi}(x)$ は $x \to \infty$ で指数関数的に発散するためにフーリエ変換可能な関数のクラスに入っていないからです.

B.4 ベッセル関数

B.4.1 ガンマ関数

ベッセル関数を定義するためにまずガンマ関数を復習しておきます.ガンマ関数の定義は

$$\Gamma(x) := \int_0^\infty t^{x-1} e^{-t} dt \quad (x > 0) \tag{B.43}$$

です.$x < 0$ に対しては以下の関数等式を使います.

$$\Gamma(x+1) = x\Gamma(x) \tag{B.44}$$

これは階乗 $n! = n \cdot (n-1)!$ の拡張となっています.つまりガンマ関数は階乗の連続変数版です.$\Gamma(1) = 1$ なので $\Gamma(n+1) = n!$ が成り立ちます.また $x = 0, -1, -2, -3, \ldots$ で発散しています.

問 B.7.

$\Gamma(1/2)$ と $\Gamma(-1/2)$ を計算しなさい.

B.4 ベッセル関数 **281**

解 定義の積分を評価するために変数変換します. $t = s^2$ と変換すると

$$\Gamma\Big(\frac{1}{2}\Big) = \int_0^\infty 2e^{-s^2}ds = \int_{-\infty}^\infty e^{-s^2}ds = \sqrt{\pi} \tag{B.45}$$

となります. $x < 0$ に対して定義式を使おうとしても積分が収束しません. このときは関数等式を使います. 関数等式 $\Gamma(x+1) = x\Gamma(x)$ で $x = -1/2$ とすると

$$\Gamma\Big(\frac{1}{2}\Big) = -\frac{1}{2}\Gamma\Big(-\frac{1}{2}\Big) \tag{B.46}$$

となるので $\Gamma(-1/2) = -2\sqrt{\pi}$ です. ∎

B.4.2 ベッセル関数とハンケル関数

ベッセル関数 $J_\nu(x)$, $Y_\nu(x)$ を以下で定義します.

$$J_\nu(x) := \sum_{k=0}^\infty \frac{(-1)^k}{k!\Gamma(k+\nu+1)}\Big(\frac{x}{2}\Big)^{2k+\nu}$$
$$Y_\nu(x) := \frac{J_\nu(x)\cos\nu\pi - J_{-\nu}(x)}{\sin\nu\pi} \tag{B.47}$$

これらはベッセルの微分方程式

$$x^2\frac{d^2y}{dx^2} + x\frac{dy}{dx} + (x^2 - \nu^2)y = 0 \tag{B.48}$$

の線形独立な2解を与えます. ν が非整数のときは $J_\nu(x)$ と $J_{-\nu}(x)$ もまた線形独立な2解となりますが, ν が整数のときは独立にはなりません. $J_\nu(x)$ と $Y_\nu(x)$ は ν が整数だろうが非整数だろうがいつでも線形独立です.

一方, ハンケル関数は次のように定義されます.

$$H_\nu^{(1)}(x) := J_\nu(x) + iY_\nu(x), \quad H_\nu^{(2)}(x) := J_\nu(x) - iY_\nu(x) \tag{B.49}$$

ベッセル関数の線形和なのでハンケル関数もベッセル関数と全く同じ微分方程式を満たします. 用途に合わせて使い分けます.

282　補遺 B　特殊関数

5.5 節の解析では $x \to \infty$ での漸近展開が必要ですのでまとめておきます.

$$
J_\nu(x) = \sqrt{\frac{2}{\pi x}} \left[\cos\left(x - \frac{2\nu + 1}{4}\pi \right) A_\nu(x) - \sin\left(x - \frac{2\nu + 1}{4}\pi \right) B_\nu(x) \right]
$$

$$
Y_\nu(x) = \sqrt{\frac{2}{\pi x}} \left[\sin\left(x - \frac{2\nu + 1}{4}\pi \right) A_\nu(x) + \cos\left(x - \frac{2\nu + 1}{4}\pi \right) B_\nu(x) \right]
\tag{B.50}
$$

ここで

$$
A_\nu(x) \sim \sqrt{\frac{2}{\pi x}} - \frac{(4\nu^2 - 1)(4\nu^2 - 9)}{64\sqrt{2\pi}x^{5/2}} + O(x^{-9/2})
$$

$$
B_\nu(x) \sim \frac{4\nu^2 - 1}{4\sqrt{2\pi}x^{3/2}} - \frac{(4\nu^2 - 1)(4\nu^2 - 9)(4\nu^2 - 25)}{1536\sqrt{2\pi}x^{7/2}} + O(x^{-11/2})
\tag{B.51}
$$

です. このとき

$$
H_\nu^{(1)}(x) = \sqrt{\frac{2}{\pi x}} (A_\nu(x) + iB_\nu(x)) \exp\left[i\left(x - \frac{2\nu + 1}{4}\pi \right) \right]
$$

$$
H_\nu^{(2)}(x) = \sqrt{\frac{2}{\pi x}} (A_\nu(x) - iB_\nu(x)) \exp\left[-i\left(x - \frac{2\nu + 1}{4}\pi \right) \right]
\tag{B.52}
$$

であることが分かります. したがって, 特定の進行方向に進む解が欲しいときはハンケル関数が便利です.

参考文献

　量子力学の教科書は数え切れないくらいあるので，とてもすべてを列挙することはできません．本書を執筆する上で特に参考にしたものを中心に取り上げます．それ以外の文献は脚注でその都度引用しました．

　「まえがき」でも述べたように本書執筆にあたっては現代的なスタイルで書かれた

[1] 清水明 著『新版 量子論の基礎 —その本質のやさしい理解のために—』サイエンス社 (2004).

[2] J. J. Sakurai 著，桜井明夫 訳『現代の量子力学（上）第 2 版』吉岡書店 (2014).

の影響を受けています．特に本書の第 2 章は [1] に，第 1 章と第 3 章は [2] にインスパイアされています．

　本書と同じような入門用の位置づけにある教科書として

[3] 谷村省吾 著『量子力学 10 講』名古屋大学出版会 (2021).

[4] 三角樹弘 著『コア・テキスト 量子力学 —基礎概念から発展的内容まで—』サイエンス社 (2023).

を挙げます．相補的な理解に役立つと思います．

　以下の 2 冊は量子情報理論への応用を念頭に，最初から量子状態を密度演算子を使って記述しているので，本書よりさらに現代的です．普通の量子力学の講義では扱われないような様々な話題が取り上げられていて面白いです．

[5] 井田大輔 著『現代量子力学入門』朝倉書店 (2021).

[6] 堀田昌寛 著『入門 現代の量子力学 —量子情報・量子測定を中心として—』講談社 (2021).

284　参考文献

量子コンピュータや量子情報理論への応用としては，例えば

[7] M. A. Nielsen, I. L. Chuang 著，木村達也 訳『量子コンピュータと量子通信（全3巻）』オーム社 (2004, 2005).

[8] 石坂智，小川朋宏，河内亮周，木村元，林正人 著『量子情報科学入門 第2版』共立出版 (2024).

などがあります．本書の第2章まで理解できていればとりあえずは読み始められます．

　次の本は伝統的なスタイルと現代的なスタイルの中間くらいの位置づけの名著です．

[9] 上田正仁 著『現代量子物理学 ─基礎と応用─』培風館 (2004).

最近出版された大部の教科書として

[10] 近藤慶一 著『量子力学講義 I』共立出版 (2023).

があります．第5章までは数学的すぎて辛いですが，それ以降は比較的穏やかです．私見ですが，第5章までの大掛かりな準備が第6章以降の物理を学ぶ上で絶対に必要な役割を果たしているかは微妙だと思います．

　以下は歴史ある教科書で定番だと思われるものです．

[11] P. A. M. Dirac 著，朝永振一郎 他訳『量子力学 原著第4版 改訂版』岩波書店 (2017).

[12] L. I. Schiff 著，井上健 訳『新版 量子力学（上）』吉岡書店 (1985).

[13] A. Messiah 著，小出昭一郎，田村二郎 訳『量子力学1』東京図書 (1971).

[14] L. D. Landau, E. M. Lifshitz 著，佐々木健，好村滋洋 訳『量子力学1 ─非相対論的理論─ 改訂新版（理論物理学教程）』東京図書 (1983).

次の2つは名著ですが，初学者がこれらだけで現在必要とされる量子力学の枠組みを体系的に学ぶのには向きません．ですが，幅広い教養を身につけるのには役に立ちます．

参考文献　285

[15] R. P. Feynman, R. B. Leighton, M. Sands 著，砂川重信 訳『ファインマン物理学 V・量子力学』岩波書店 (1986).

[16] 朝永振一郎 著『量子力学 I, II 第 2 版』みすず書房 (1969, 1997).

本書では章末問題をあえて載せませんでした．演習問題が多く載っているものとして

[17] 猪木慶治，川合光 著『量子力学 I』講談社 (1994).

[18] 後藤憲一 他編『詳解 理論応用量子力学演習』共立出版 (1982).

[19] 丸山耕司，飯高敏晃 著『演習 現代の量子力学 第 2 版』吉岡書店 (2019).

などがあります．しかし，あまり硬派なものにこだわりすぎずに自分のレベルの合ったものを探してください．
　量子力学の数学的側面を本格的に扱ったものとして

[20] 新井朝雄，江沢洋 著『量子力学の数学的構造 I, II（朝倉物理学大系)』朝倉書店 (1999).

がありますが，数学専攻の人以外が読み進めるのは困難を極めるでしょう．もう少し穏やかなものとしては

[21] 新井朝雄 著『ヒルベルト空間と量子力学 改訂増補版（共立講座 21 世紀の数学)』共立出版 (2014).

があります．いずれにしても本文でも述べた通り，普通の人は量子力学の数学には深入りしない方がいいと思います．
　超対称量子力学の日本語のテキストとしては

[22] 坂本眞人 著『量子力学から超対称性へ —超対称性のエッセンスを捉える—（SGC ライブラリ 96)』サイエンス社 (2018).

がおすすめです．$\mathcal{PT}$ 対称性については

[23] C. M. Bender, *"PT Symmetry — In Quantum and Classical Physics"*, World Scientific Publishing (2019).

286 参考文献

を参考にしました．非エルミート量子力学を学び始めたい人向けには，最近出版された日本語のテキスト

[24] 羽田野直道，井村健一郎 著『非エルミート量子力学』講談社 (2023).

があります．

索　引

英数字

1 次独立　252
CONS　18
EPR 状態　199
ℓ^2　37
$\mathcal{PT}$ 対称性　234

あ行

位相　259
位相因子　259
位置演算子　87
位置表示のシュレーディンガー方程式
　117
ウェーバーの微分方程式　163
運動量演算子　93
運動量表示のシュレーディンガー方程式
　119
エアリー関数　169, 278
エアリーの微分方程式　169, 278
エネルギーギャップ　215
エネルギー固有関数　119
エネルギー固有状態　65, 112
エネルギー準位　137
エネルギーバンド　215
エルミート演算子　24, 85, 267
エルミート共役　267
エルミート多項式　162, 274
エルミートの微分方程式　165
演算子　261
小澤の不等式　107
オブザーバブル　50

か行

外積　13
解の接続問題　127
可解模型　227
可観測量　50
確定状態　57
確率混合　187
確率振幅　53
確率の流れ　123
確率密度　85
可積分系　227
カノニカル分布　191
完全系の挿入　19
完全性　18
完全正規直交系　18
観測可能量　50
完備　40
ガンマ関数　280
規格化　24, 260
期待値　56
基底　253
基底状態　137
共鳴状態　218
行列表示　23
巨視的量子現象　108
距離　260
空間反転　234, 237
グラム・シュミットの正規直交化法
　34
クローニッヒ・ペニー模型　217
クロネッカー積　198

計量ベクトル空間　255
ケットベクトル　9, 251
ケナードの不等式　105
交換子　77
古典極限　108
固有空間　265
固有ケット　264
固有値　264
固有ベクトル　264
混合状態　187

さ行

最小不確定状態　106
作用素　261
散乱状態　173
時間発展演算子　62
時間反転　234, 238
シーゲルト境界条件　221
次元　253
自己共役演算子　24, 84
自乗可積分関数　90
射影演算子　19, 266
射影仮説　68
射影測定　68
射線　47
周期的境界条件　132
自由粒子　115, 130
縮退　264
縮約密度演算子　201
シュレーディンガー表現　100
シュレーディンガー表示　74
シュレーディンガー方程式　60
準安定　220
準可解模型　227
純粋化　202

純粋状態　187
状態　45
状態空間　45
状態の収縮　70
状態ベクトル　45
消滅演算子　157
数演算子　157
数ベクトル　254
スーパーポテンシャル　233
スペクトル分解　26
正規化　260
正規直交基底　16, 258
正準交換関係　94
正準量子化　114
生成演算子　157
積状態　199
摂動論　226
遷移振幅　80
線形従属　252
線形独立　252
線形汎関数　256
線形変換　261
束縛状態　130

た行

対角化可能　264
超関数　269
超対称量子力学　227
調和振動子　151
直和　265
定常状態　67
定常状態のシュレーディンガー方程式　118
デコヒーレンス　192
デルタ関数　84, 269

索引 289

点スペクトル 88
テンソル積 15, 194
テンソル積空間 194
同時固有状態 58
閉じた量子系 60
トンネル効果 146, 173, 176

な行

内積空間 255
二重井戸ポテンシャル 203
ノルム 259

は行

ハイゼンベルクの不等式 107
ハイゼンベルク表示 74
ハイゼンベルク方程式 77
パウリ行列 48, 51
波束の収縮 70
波動関数 89
波動関数の規格化条件 90
ハンケル関数 222, 281
半正定値演算子 190
反線形性 240
バンド構造 209
反ユニタリ演算子 240
表現行列 23, 261
標準偏差 104
開いた量子系 60, 70
ヒルベルト空間 37
不確定状態 57
不確定性関係 105
不確定性原理 104
複素ベクトル空間 251
複素ユークリッド空間 261
物理量 45, 50

部分トレース 200
ブラ・ケット記法 9
ブラベクトル 10, 256
フーリエ級数 135
フーリエ変換 103
フロケの定理 209
ブロッホ関数 210
ブロッホ球 48
ブロッホの定理 209
ブロッホ表示 48
分散 104
並進演算子 94
平面波解 131
ベッセル関数 281
ベッセルの微分方程式 281
ベル状態 199
ボルンの確率則 51

ま行

マシューの微分方程式 212
密度演算子 74, 187
無限井戸型ポテンシャル 135

や行

有限井戸型ポテンシャル 142
有限準位系 65
ユニタリ演算子 267

ら行

理想測定 68
量子エンタングルメント 200
量子状態トモグラフィー 54, 193
量子数 137
量子測定理論 70
量子ビット 47, 195

290　索　引

量子もつれ　　199
励起状態　　137
連続スペクトル　　88
連続の方程式　　122
ロバートソンの不等式　　111
ロンスキアン　　181

Memorandum

Memorandum

著者紹介

初田泰之（はつだ　やすゆき）

2009 年　東京大学大学院理学系研究科物理学専攻博士課程修了 博士（理学）
現　　在　立教大学大学院理学研究科物理学専攻 准教授
専　　門　数理物理学，場の量子論，超弦理論

ライブ形式で理解する量子力学入門
　　　　　―現代的アプローチから―

An Introduction to Quantum Mechanics
in Live Style
　　　―From the Modern Approach―

2025 年 2 月 25 日　初版 1 刷発行

著　者　初田泰之　ⓒ 2025

発行者　南條光章

発行所　**共立出版株式会社**

東京都文京区小日向 4-6-19
電話　03-3947-2511（代表）
郵便番号　112-0006
振替口座　00110-2-57035
www.kyoritsu-pub.co.jp

印　刷　藤原印刷

製　本　ブロケード

検印廃止
NDC 421.3

ISBN 978-4-320-03633-8

一般社団法人
自然科学書協会
会員

Printed in Japan

JCOPY ＜出版者著作権管理機構委託出版物＞

本書の無断複製は著作権法上での例外を除き禁じられています．複製される場合は，そのつど事前に，
出版者著作権管理機構（ＴＥＬ：03-5244-5088，ＦＡＸ：03-5244-5089，e-mail：info@jcopy.or.jp）の
許諾を得てください．

解析力学

― 基礎の基礎から発展的なトピックまで ―

渡辺悠樹 著

解析力学をはじめて学ぶ際にも、発展的な内容を学ぶ際にも、おすすめの一冊！

解析力学の教科書。「対称性」を基に力学、電磁気、相対性理論を導出していく。スピンや自発的対称性の破れについても解説。

A5判・352頁・定価3,630円（税込）
ISBN978-4-320-03631-4

目次

第0章 数学の復習

第Ⅰ部 ラグランジュ形式の解析力学
第1章 ニュートン力学の復習と変分法の導入
第2章 ニュートン力学のラグランジアン
第3章 拘束条件の取り扱い

第Ⅱ部 対称性
第4章 ニュートン力学の対称性
第5章 ローレンツ対称性と特殊相対性理論

第Ⅲ部 ハミルトン形式の解析力学
第6章 ハミルトン形式の解析力学
第7章 正準変換の基礎

第8章 正準変換の応用

第Ⅳ部 発展的内容
第9章 剛体運動
第10章 自発的対称性の破れ
第11章 古典場の理論
第12章 特異系の取り扱い

第Ⅴ部 補遺
補遺A 数学の準備
補遺B 定理の証明
補遺C 演習問題略解

www.kyoritsu-pub.co.jp　　共立出版　　（価格は変更される場合がございます）